科技创新300年

SCIENTIFIC AND TECHNOLOGICAL INNOVATION IN 300

韦火 著

南方日报出版社
NANFANG DAILY PRESS
中国·广州

图书在版编目（CIP）数据

科技创新300年 / 韦火著. -- 广州 : 南方日报出版社，2019.1

ISBN 978-7-5491-1934-9

Ⅰ. ①科… Ⅱ. ①韦… Ⅲ. ①科学技术—技术史—世界 Ⅳ. ①N091

中国版本图书馆CIP数据核字(2018)第294524号

KEJI CHUANGXIN SANBAINIAN

科技创新300年

作　　者：韦　火
出版发行：南方日报出版社
地　　址：广州市广州大道中289号
出 版 人：周山丹
出版统筹：谭庭浩
责任编辑：陈　静
装帧设计：邓晓童
责任校对：王　燕
责任技编：王　兰
经　　销：全国新华书店
印　　刷：广东信源彩色印务有限公司
开　　本：787mm×1092mm　1/32
印　　张：13
字　　数：255千字
版　　次：2019年1第1版
印　　次：2019年1第1次印刷
定　　价：58.00元

投稿热线：（020）87360640　　读者热线：（020）87363865

发现印装质量问题，影响阅读，请与承印厂联系调换。

序

将象牙之塔的科技史 说成市井街巷的聊大天

左朝胜

和韦火先生阔别几年，重逢把酒，难免海阔天空。因为同好，没有几句就聊到了当前科技界的一个热门话题，“基因编辑”。事出2018年11月26日，一则来自中国深圳的科学家贺某开展基因编辑婴儿的报道。

对此，堪称科普行家的韦火先生对我娓娓道来。科学研究也许无禁区，但是科学的应用一定是有限度的。科研与伦理之间是存在博弈的。如果说科学技术的发展是一匹奔驰的骏马，那么伦理就是制约它的缰绳。在科技史上曾出现过几次失控，第一次是化学的失控，产生了高爆炸药，导致大规模热兵器战争的出现；第二次是物理学的失控，产生了核爆装置，导致人类至今没走出自毁的阴影；第三次可能就是生物学的失控，后果是不可想象的。此次事件引发的热议也足以说明人们对科技伦理问题的关注。

一张口就是高屋建瓴。我也单刀直入相问：您的观点呢？

他回答的毫不迟疑：不能一边倒简单抨击，洗澡水和孩子要分开。赞成为治疗人类疾病而开展基因编辑的探索，反对现阶段利用基因编辑改变人类的违反人伦的研究。

樽俎之间，韦火先生就为我展开了基因编辑的科普。

关于基因编辑能否用于人类胚胎生殖问题，早在几年前华盛顿召开的人类基因编辑国际峰会上就有过讨论，当时中国中山大学科学家修改人类胚胎基因的研究一经宣布，立即导致争议升级。之后，关于基因编辑技术能否用于人类胚胎研究或以怀孕为目的，争论非常激烈。基因编辑技术可以用来治病，这点科学界似乎可以接受，但用于胚胎生殖，科学家们反对呼声很高。大多数科学家都提出，要抑制“订制婴儿”和“完美宝宝”的出生，这背后体现出的是对人类未来命运的担忧。事实上，科技创新已经走到了重新设计人类自身的大门口，但大家在方方面面都没有做好迎接的准备。

紧接着，韦火先生又抛出了一个让人类堪忧的半人半机器的“杂合人”问题。他说，与基因编辑类似的问题，就是人工智能与人类生物智能的结合。目前AI研究方兴未艾，人机杂合体迟早会在将来变成技术现实，重新设计人类的问题也必将在另一方面出现。对此，好莱坞的艺术家们，早就为我们画出了一幅幅或震撼或可怕的图景……

对于科技发展未雨绸缪的思考，离不开反思人类走过的科技创新道路。他拿出了自己的一部新书稿《科技创新300年》。几年了，他离开了朋友的视野，潜心写下了100多万字的科技作品，这是即将出版的其中一本。

人类的科技创新史，经历了无数类似今天基因编辑这一类的沟沟坎坎，甚至以鲜血与生命的代价，终于一步步地走到了今天。那么，今天是离真理更近了，还是更远了？

韦火先生就对千年科技史做了个300年的“截图”，推出了一本《封神榜》《三国演义》般的章回体科技史读物。随手拈来几章：“哥白尼剑指地心说，伽利略大破神学阵”“牛顿脚踩巨人之肩，经典力学大旗树起”“各路豪杰八仙过海，科学盟主花落英国”“一个好汉三个帮手，瓦特蒸汽机占鳌头”“元素周期汇于一表，门捷列夫技高一筹”“法拉第领路电磁学，麦克斯韦尔集大成”“诺贝尔慷慨设大奖，科学界动力再激发”“爱因斯坦大智大勇，相对论亮剑旧权威”“阿波罗飞船登月成功，哈勃望远镜再添风采”……

他让我想起来儿时最为倾慕“长袍折扇惊堂木”的说书人，“欲知后事如何，且听下回分解”，差一点口水就流下来了。大雅大俗，将象牙之塔的科技史，说成市井街巷的聊大天，想不服您都不中！

以史为鉴，可以知兴替，这道理其实人人都懂。科技创新大潮滚滚，谁不想了解点科技史？但在如今信息爆炸的快节奏时代，时间的碎片化正颠覆着人们的阅读习惯，想认真读一些大部头的书越来越不容易了。其实对大多数人来说，学习历史知识并非一定要看厚厚的通史，读一本极简史已足够受用。然而就科技史而言，若是没有一定的学术基础，即使读极简史也是很烧脑的事，雅俗共赏的读本尚属寥寥。究其原因，除了科技史资料浩繁、庞杂，难以简洁叙事之外，还有对作者的素质要求颇高，既要有宽泛的科技理论功底，还要有较深的文史知识素养，一般的学者写起来很难二者兼顾。我在科技传媒界工作几十年，对此是深有体会的。

令人十分欣慰的是，韦火先生知难而上，另辟蹊径，以独具一格的形式，终于写成了这样的一本极简史，在传播科技创新方面进行了一次大胆探索。作者的笔墨大开大合，用五十多个章回串成一体，勾勒出一幅波澜壮阔的科技创新史卷。虽说是极简史，内容却不简单。麻雀虽小五脏俱全，既有对重大科技创新史实的客观阐述，也有对众多科学家生动形象的刻画，还有作者精辟深刻的思想评述，在精选科学事件、历史人物的基础上，结合当今现实打造了一出300 年来科技创新的文字盛宴。这种有益的尝试，值得大大称道。

其实，比这还要让我震撼的是作者这些年的写作过程和写作环境，如果没有多年积累的学术功底，如果没有万念归一的锲而不舍，如果没有热爱科学的深入骨髓，如果没有和血带泪的自我挑战……要梳理出300 年科技创新的简要历程，要找到惊心动魄的历史节奏感，想让昨天解释今天？想让今天描绘明天？想让明天昭示更远的未来？门儿都没有！

不信，拿他一本书，瞧着走……

（作者系资深媒体人、《科技日报》广东记者总站原站长）

目　录

引回

哥白尼剑指地心说　伽利略大破神学阵

主角：哥白尼，伽利略。

场景：太阳中心学说冲破千年黑暗，向宗教神学宣战。

看点：近代自然科学诞生，科学研究方法问世。

上下 5000 年，科技创新在青史上分明实写，那看起来是一幅长长的画卷。然仔细鉴赏不难察觉，近 300 年来的科技发展，乃一幅波澜壮阔、异彩纷呈的历史“截图”。我们今天所熟知的科学理论、技术发明，以及由此带来的人类生产和生活方式的巨大变革，几乎都是科技创新这 300 年来的成就。

口说无凭，不足为据，列位看官可以花上一丁点心思来个自证。不妨随便数一数身边琳琅满目、五花八门的物品，恐怕数个百十种也数不出两三样东西是 300 年前业已存在的。那年月别说是汽车、空调、手机了，就连电灯、抗生素甚至圆珠笔、丝袜这样的小玩意也没人见过，更遑论飞机、高铁、摩天大楼这种大型科技产品了。说来咱们这些当今草民的生活质量都很高，实际上远远超过了康熙时代、斯图亚特王朝的皇帝、国王和富豪们，这不能不归功于近 300 年来的科技创新。

或问，既然说是 300 年，那何必又搞个弯弯绕，把那四五百年前的哥白尼、伽利略等人物推出来，干脆直接作个500年的“截图”多好？其实不然。相对而言，17世纪下半叶以后的科技发展，明显地呈现出快步、加速直至腾飞的前进历程。因此，300年这个截点更体现出惊心动魄的历史节奏感。但此前100多年间，科学所经历的“脱胎换骨”般的痛楚与变革，却是前奏而无法阉割，故以“引回”做铺垫。

何出“脱胎换骨”之言，那也是有说法的。科技创新源远流长，仿佛在泥泞的羊肠小道上缓慢前行了数千年，突然间“砰”的一声巨响，从此一切都变了，找到高速路的入口了。可这一声巨响从何而来，不得不先来表一表。

闲话已叙，言归正传。话说科技创新源于何时何地，那要从近代欧洲扯起。波兰天文学家哥白尼（Copernicus，1473—1543）以其创立的太阳中心说，向宗教神学的地球中心说发出了挑战书，正式宣告近代自然科学诞生。从此，自然科学便摆脱了桎梏，从神学中解放出来，开始了其艰难、曲折、辉煌的发展历程。

说来话长，从公元5世纪开始，直到哥白尼时代的1000多年间，欧洲处在罗马天主教会的统治之下，神学教义成为神圣不可侵犯的信条，人们对自然的探索被残酷扼杀，史称“黑暗的中世纪”。在那漫长的年代，天是黑沉沉的天，地是黑沉沉的地，灾难深重的社会几乎停滞不前，愚昧无知的人们远离科学技术，作威作福的教皇和神父把一切科学知识统统斥为“异端邪说”。

这个时期的科学只是教会恭顺的“婢女”，她只能为神学教义服务，敢有越雷池半步者，统统受暴力伺候。史上记载的惨案比比皆是，举几例观之。5世纪早期的女科学家海帕西娅因研究数学，竟被神父们用贝壳剥掉全身皮肤后，投入大火中活活烧死，教会随即宣布数学是“魔鬼的艺术”。在这样的恐怖氛围中，许多对科学知识跃跃欲试的探索者，或被终身监禁，或被扔进大火，或被钉死在十字架上。公元13世纪后，教皇还设立了宗教裁判所，这实际上是个用神学教义来审判科学知识的法庭，黑白彻底颠倒，是非完全不分。1327年，意大利科学家阿斯科里经过观察，大胆地提出“大地是个球形体”，即被宗教裁判所判令烧死。宗教裁判所为了维护教会的统治可谓无恶不作，豢养了一批刽子手般的宗教裁判官。15世纪西班牙有个名叫托马奎马达的宗教裁判官，在其丑恶的一生中共判处一万多人火刑，平均每天下令烧死一个“异教徒”，暴行令人发指。

与此同时，为强化对人们的思想禁锢，宗教神学还衍生出另一个怪胎——经院哲学。其方法就是用抽象、烦琐的推理来论证神学教义，引诱人们沉溺于玄想空谈之中，否定感觉经验的收获。这实际上是封建教会摆下的一个冥顽的神学阵，在这个邪阵面前，人们的行为荒唐到难以置信的程度。神父们可以围绕“一个针尖上能站几个天使”这样无聊的命题写出长篇经文，也可以为“鼹鼠是否有眼睛”而长期争论不休，却没有人亲自抓一只鼹鼠来观察一下，你说是不是荒唐透顶？经院哲学还歪曲利用古希腊天文学家托勒密的地球中心说，宣称地球是上帝特意安排供人类居住的宇宙中心，因而地心说实际成了神圣不可侵犯的天条。教会中的一些“聪明人”把托勒密学说改造成披着科学外衣的神学体系，并用这个烦琐的体系去解释航海、农业生产及日常生活中遇到的种种天文现象，厚颜无耻地胡说八道。

欧洲那段千年的黑暗时代，科学经受着难产的巨大痛苦，胎位不正生不下来。虽然如此，人们的生产活动仍在缓慢地发展着，到了15世纪下半叶，纺织业的兴起带动手工制造业有了较快发展，近代科学的“催生婆”开始现形了。

这个“催生婆”不是什么妖魔鬼怪，其实它就是生产方式的变革。你想，新生的企业主、商人们一多起来，谁不想扩大贸易、寻找新的市场呢，这就使远洋航海和探险业应运而生。从意大利的哥伦布、葡萄牙的麦哲伦等人相继远航到达新大陆之后，西欧各国随即开始扩大海外贸易和掠夺殖民地，继而刺激着工农业生产迅速发展，各方面迫切需要新的知识、新的技术来为生产服务，靠神学的胡说八道显然行不通了。不仅如此，新兴的土豪阶层在经济上发达了，在政治上必然要求取代教会的统治地位，他们也期待着新的思想武器、新的理论武器，向宗教神学思想体系发起全面进攻。事实上，波及整个欧洲的文艺复兴运动，就是新兴资产阶级急切要求思想大解放的产物，他们要找到新知识向封建教会发难。在这样一种大背景下，近代自然科学便呼之欲出了。恩格斯对这段历史，曾经作过这样的评价："如果说，在中世纪的黑夜之后，科学以意想不到的力量一下子重新兴起，并且以神奇的速度发展起来，那么，我们要把这个奇迹归功于生产。"他说的一点没错。

话到此处，该主角哥白尼登场了。且慢一步，为何哥白尼拉开科学革命的序幕是从天文学入手，而不是从其他学科呢？说来话又长，姑且以一例来说明。宗教神学歪曲利用地心说来论证上帝创世，并解释各种天文现象，遇到了越来越多的麻烦，也就是越来越不灵光了。你想，以地心说为指导编制的天体运行表，在远洋航海中与实际观测的结果相去甚远，而远洋航海在当时正蓬勃发展着，不闹革命能行吗？可见，近代科学革命以天文学为突破口，看似偶然，实则必然。

话又说回来，天文学领域的革命，能够代表整个自然科学的革命吗？不妨继续分解。天文学是一门最古老的科学，在当年靠天吃饭的岁月里，它与人们的生产和生活息息相关，种田靠天，畜牧靠天，航海靠天，观测时间也靠天，一切都要靠天。可以说，天文学的每一个理论观点，都同人们的宇宙观有着直接的联系，而地心说的宇宙观，其实也是教会长期误导人们“靠天吃饭”的理论基础。因此，一旦新的宇宙观出现，就必然要彻底震撼人们的思想，也必然要震撼遍布各地的教堂，震撼全世界千家万户。所以说哥白尼天文学作为全新的宇宙观，也就标志着近代自然科学革命的开始。

哥白尼是一位德国血统的波兰科学家，他 18 岁进入波兰的克莱考大学攻读数学和医学，学习期间对天文学产生了兴趣。1496 年，23 岁的哥白尼到意大利的博洛尼亚大学留学，在那里他结识了文艺复兴运动的许多学者，对托勒密的地心说体系产生了怀疑，同时他也学到了天文观测的技术和方法。后来，他来到波罗的海边的弗莱堡担任牧师，在一所教堂里住了 30 年。那所教堂如今还在，假如你去德国旅游顺着莱茵河南下，到达弗莱堡就会找到那所教堂。就在那所教堂的阁楼上，哥白尼进行了长达 30 年的天象观测和研究，你若是登上阁楼身临其境一定会对这位科学革命的旗手肃然起敬。

实际上，哥白尼并不是一位职业天文学家，他的巨大成就全是在业余时间完成的。他一方面长期坚持天象观测，观测内容包括日食、月食、火星冲日、木星冲日、土星冲日、黄赤交角等，并且测算了太阳与地球的距离、恒星年的时间、月球到地球的平均距离；另一方面，他刻苦钻研了包括托勒密地心说在内的古代天文学书籍，发现了地心说所谓“本轮、均轮”的致命错误。他大胆怀疑道：“前人有权虚构圆轮来解释星空的现象，我也有权尝试发现一种比圆轮更为妥当的方法，来解释天体的运行。”30 年如一日坚持业余观测和钻研，才有了他后来的巨大成就。

从 1516 年起，哥白尼开始撰写《天体运行论》这一不朽的巨著，历时 10 年完成了书稿。然而，由于他的新体系主张日心说和地动说，与教会支持的地心说针锋相对，慑于教会残酷迫害的淫威，书稿迟迟没能公开发表。直到 1543 年，在朋友们的帮助下，才得以印刷出版。这时哥白尼已经双目失明、奄奄一息，他用无力的手摸了摸新书的封面，一个小时后便与世长辞了。

《天体运行论》共有六卷本，宣布了一个崭新学说体系的形成。哥白尼在书中首先论述了地心说，驳斥了地球不动的谬论。他根据运动相对性的原理，解释了行星运行的视运动。他写道："无论观测对象运动，还是观测者运动，都会使观测对象的视位置发生变化。要知道，我们是在地球上看天空的旋转，如果地球是运动着的，我们也会觉得地外物体作方向相反的运动。"尔后，哥白尼明确提出了地球不是宇宙的中心，而是像其他行星一样，在自己的轨道上绕着太阳运行，太阳才是宇宙的中心。他还在书中用三角学原理阐述了天体运行的基本规律，详细论证了太阳、地球、月球和其他行星的运动。这些理论在今天看来并不复杂，但在当时可以说是站在了科学的珠穆朗玛峰上。

哥白尼学说的问世就像一把利剑，直刺神学地心说的要害。他所建立的科学宇宙观，划破了中世纪欧洲上空的黑暗，迎来了文明时代的曙光。然而，宗教神学岂肯轻易就范，他们采取种种残酷的镇压手段，严厉阻挠、打压日心说的传播。罗马教皇很快就宣布《天体运行论》为禁书，不得流传。与此同时，几乎所有的反动势力和受旧观念束缚的人们都反对哥白尼学说，口诛笔伐指责他的观点是歪理邪说。就这样，《天体运行论》这一光辉巨著，主要以手抄本的形式带着遍体鳞伤，在人世间秘密流传了 300 多年，直到 19 世纪中叶才得以公开出版重见天日。

毫无疑问，哥白尼学说对神学的打击是沉重的，旧势力顽抗也是必然的。在异常激烈的斗争中，日心说本身也经历了一个完善的过程。比如，起初的日心说不能解释"为什么人们感觉不出地球的运动""地球既然自转，为何地球上的物体下落了不偏斜"

等问题，而这些问题常常成为旧势力恶意攻击的靶子。在这一过程中，有三位科学家为传播和完善哥白尼学说作出了杰出贡献。

第一位是意大利的布鲁诺（Bruno，1548—1600）。这位哥白尼的忠实信徒，在欧洲到处宣讲日心说，同时他还阐述了宇宙无限、世界无数的观念，进一步丰富了哥白尼学说。宗教法庭对他恨之入骨，把他投进大火中活活烧死，他的故事是历史上宗教迫害科学家的典型案例，几乎妇孺皆知。第二位是丹麦科学家第谷·布拉赫（Tycho Brahe，1546—1601）。他虽然主观上不愿接受日心说，但却承认“哥白尼把我们从过去烦琐的矛盾中解放出来，而且他的理论更能满足天象”。他边怀疑边坚持细心观测，把上千年星表中的错误一个个纠正过来，在其一生中共对 700 多个星体作了精确的观测记录，从客观上支持了哥白尼的学说。第三位是德国科学家开普勒（Kepler，1571—1630）。他是哥白尼学说的坚定支持者，同时他又根据第谷·布拉赫的观测结果，发现了著名的“行星运动三定律”。开普勒的巨大贡献多年来为人们津津乐道，2009 年 NASA 发射的太空望远镜就是以他的名字来命名的。开普勒望远镜升空近 10 年间已发现了 2600 多颗系外行星，其中不乏一批类地星球或可供人移居，正激励着现代人去实现星际殖民的梦想，这是外话了。

以上三位创新高手对天文学所做的添砖加瓦之事非三言两语道得完，此处不再一一细表，且来表一表同时期另一位大破神学阵的创新斗士。此翁在整个自然科学界享有奠基人的美誉，你道他何许人也？他就是伽利略（Galileo，1564—1642）。

这位意大利科学家，不但用实验观察的方法验证并发展了哥白尼的学说，而且还开创了近代力学和物理学中的数学、实验方法。他的科学成就、科学思想，似利刀宝剑，彻底斩除了近代科学前进道路上的种种障碍，把神学的经院哲学体系冲得七零八落、丢盔弃甲。如果说哥白尼是近代科学的揭幕者，那么伽利略则是科学方法的奠基人。甚至可以说，没有伽利略就没有后来自然科学的长足发展，这丝毫不是什么夸张。

伽利略的思想非常活跃，他17岁进入意大利的比萨大学，后来在帕多瓦大学担任教授，其一生的境遇可以用八个字概括：建树颇丰，遭遇悲惨。

在天文学方面，他发明了世界上第一架天文望远镜并用于天体观测，取得了大量成果。这些成果包括：发现月球表面凹凸不平，木星有四个卫星，太阳黑子和太阳的自转，金星、木星的盈亏现象以及银河系由无数个恒星组成等等。1610年他发表了以天文观测结果为内容的《星际使者》《关于太阳黑子的通讯》等论文，在欧洲引起轰动。他用实验证明了哥白尼的日心学说，公开出版的《关于托勒密和哥白尼两大世界体系的对话》一书，批驳了神学教义的种种谬论，成为近代科学史上具有里程碑意义的学术著作。教会和神父们对此书惊恐万状，不顾一切地把他监禁起来，于是伽利略从这第一次牢狱之灾开始，终生遭受残酷迫害。

后来伽利略“悔罪”出狱，仍坚定不移地开展科学研究。他对着神学阵左冲右突，杀出了近代科学一条条血路。除了天文学之外，伽利略在力学方面的贡献，也是前无古人的。他在教堂看到灯在风中摆动而发现了摆的等时性原理，后人根据这一原理制成了钟表；他发表了《天平》《论重力》等论文，第一次揭示了重力、重心问题的实质并给出了准确的数学公式；他以实验方法证明，重量不同的物体下落的速度是一样的，著名的“比萨斜塔实验”说的就是这件事；他对运动基本概念，包括重力、速度、加速度等都作了详尽研究并给出了严格的数学表达式，为经典力学的创立打下了坚实的基础。恩格斯对伽利略的成就给予高度评价，称赞他是：“不管有任何障碍，都能不顾一切地打破旧学说，创立新学说的巨人。”

作为科技创新史上的杰出人物，伽利略最突出的贡献在于，他开辟了科学研究方法的崭新纪元。他的辉煌业绩所展示出的科学方法，共有四大法宝，这些法宝说来很简单，实际上却是科学研究的一块块基石。哪四大法宝？不妨一一细数。

一宝乃观察。伽利略十分重视对自然现象和现场的观察，他的大量重要发现都是实地观测得出的。正如他自己所说：“我不是要人们信服我的话，而是求得大家详察我所做过的事。”他的这番话至今还是指导科学研究的一项重要准则，你阅读的一篇篇科学论文并不是要你相信作者的话，而是要你能重复、详察作者所做过的事，否则那就是鬼话。

二宝乃实验。伽利略在天文学、力学方面的重大成就，几乎都是通过实验获得的。他在做完自由落体实验后，面对诧异的人们说过这样一句话：“在自然科学上，雄辩术是不起作用的。”可别小看了这句话，如今分布在全世界各大学、研究机构里无数的现代化实验室，从源头上说都是伽利略这一思想的产物，要不然科学研究就成了耍嘴皮子的活计。

三宝乃数学的应用。伽利略的许多理论都经过了严密的数学运算，并给出了相应的数学表达式，令人不得不服。他说过：“能工巧匠不能成为科学家，是因为不懂数学。”这话虽然有时代局限性，但现在也依然值得我们深思。事实上离开了缜密严谨的数学思维，很容易让伪科学的“大师”们钻空子，如今“科学算命”“电脑测字”之类的把戏仍然大有市场，披着数学的外衣却缺乏严密的数学推理，人们应该警惕才是。

四宝乃重现实而不泥古。伽利略一生发明了很多仪器，都与他抛开旧理论、学习同代人的机器制造经验有关。如望远镜、两脚规、三棱镜、天平，这些重要的发明创造都是他大胆借鉴旁人的经验而完成的。古往今来，科技创新绝不是无源之水、无本之木，在继承中创新才是正道，伽利略在这方面也给后人树立了榜样。

总而言之，伽利略四大法宝在科学研究中的运用，可以概括为：通过观察把自然现象分解为单一因素，再通过实验确立因果关系，而后用数学加以描述提出假说，进一步再经过实验来验证，使之逐步接近自然现象的本质，最终构成特定的科学规律。这一套科学方法，指导着后来一代又一代科学家的研究实践，直到今天。爱因斯坦曾深有感触地说："伽利略所用的科学方法，是人类思想史上最伟大的成就之一，而且标志着物理学的真正开端。"明白了吧，后辈大科学家高度评价老前辈的话，是深有体会之后发出的肺腑之言。

1633年6月23日是个乌云笼罩的日子，穿着黑袍手持十字架的神父法官，又一次判决年近七旬的伽利略入狱，理由是他死不改悔地宣传日心学说。但是，科学真理的光芒是宗教神学能够遮挡得住的吗？

这正是：天昏地暗上千年，科学曙光终出现。

欲知伽利略第二次入狱及其与宗教势力斗争的最终结局，且听下回分解。

第一回
牛顿脚踩巨人之肩　经典力学大旗树起

主角： 牛顿。

场景： 万有引力定律、运动三定律的发现过程，微积分的创立。

看点： 经典力学体系建立，科学理论首次实现大综合。

且说伽利略年近七旬再次入狱，被判终身监禁，尔后又改为软禁，但他对科学真理的探索却未曾动摇，在囚禁中写出了《两种新科学的对话》一书。这本书实际上是关于力学知识的系统总结，为后来牛顿力学的建立垫下了一块厚砖。教会严厉控制下的意大利不准该书面世，后来书稿被辗转送到了荷兰才得以出版发行。悲惨的遭遇伴随着这位科学巨匠直到人生终点，1642 年，伽利略在囚禁中含冤去世。历史车轮滚滚向前，时代潮流浩浩荡荡，300 多年后的 1979 年，罗马教皇终于在公开集会上承认“过去对伽利略的迫害是不公正的”，神学在科学真理面前最终不得不低下了头。在人类文明日益发达的时代，这种“平反昭雪”看上去有些搞笑，显然已是马后炮了，但它再一次表明，科学的力量无往不胜，终将战胜愚昧、战胜邪恶。

不知是天意还是巧合，就在伽利略逝世的第二年，其事业需要继往开来的关键时刻，一位大科学家诞生在英国，他就是牛顿（Newton，1643—1727）。这是一位妇孺皆知的科学伟人，他对后世的影响之大、之远，是近代历史上任何科学家都无法比拟的。牛顿在天文学、力学、数学、光学等经典科学理论方面创立了辉煌的成就，建立起了人类历史上前所未有的知识体系。事实上，17 世纪的科学大旗由他一手举起，在其后的 100 多年时间里，牛顿的学说和思想一直牢牢地占据主导地位，影响着整个科学界的发展。特别是他的经典力学所体现出的哲学思想，对包括化学、生物学、热学、电学在内的其他诸多科学理论，都产生了巨大影响，这是后话，暂且按下不表。

说来也怪，牛顿小时候并不聪明伶俐，与同龄孩子们相比显得呆滞、木讷，甚至进了大学后成绩也一般般。一些科普读物里说他“自幼聪明，看见苹果落地便发现了万有引力”，不过是传奇而已。天才并不都是神童，牛顿跟同龄人一样起步，18 岁才进入剑桥大学做“工作减费生”。所谓“工作减费生”在今天已用不着多解释，你懂的。

要说牛顿一开始还有点输在起跑线上呢，他在剑桥大学所学的专业是神学，而不是科学。奇怪吧？但事实如此。后来受他的老师巴罗教授开设自然科学讲座的影响，牛顿阅读了欧几里得、哥白尼、伽利略、开普勒等科学家的著作，才开始对力学、天文学、数学和光学产生了浓厚兴趣，并逐渐展露其过人的科学天赋。在巴罗教授的推荐下，牛顿毕业后接替巴罗担任了自然科学的教授职位，而巴罗本人则摇身一变转向神学研究去了。这简直像是喜剧片里的情节，在此不多表，接着话牛顿。他后来在力学领域的成就最突出，除了受巴罗的影响之外，还有一个重要的社会原因，就是当时英国的许多工业作坊普遍存在着机械设备方面的问题，而机械设备最关键的问题在力学方面，这可以说是牛顿下定决心解决力学原理问题的主要精神动力。当然，他有没有考虑到热门专业好就业咱就不得而知了，不管怎么说牛顿选对了路充分展现了他后来的创新才华。

创新激情往往在是长久积累的基础上，刹那间爆发出来的，牛顿的科学成就便是如此。说来也是一波三折，从 1665 年夏天到 1667 年春天，伦敦出现了一场大规模的流行瘟疫，死了不少人。那时候既没有疫苗也没有抗生素，剑桥大学连个会熬清热解毒汤的人都没有，只能被迫停课，把师生们遣散回家。牛顿也回到了穷乡僻壤的农村老家，他在那里住了一年半时间。两耳不闻窗外事的这段乡间岁月，实际上是牛顿科学活动的黄金时期，创新激情在瞬间得到了升华。他发明了数学的微积分，提出了著名的万有引力定律，阐述了力学运动基本规律，成功地实现了对白光的多色分解，基本上完成了他一生中主要的创新成就。

业精于勤荒于嬉，行成于思毁于随，后来牛顿再次进了城且声名大噪，不仅没有再现那段“激情燃烧的岁月”，反而放弃了科学研究而转向研究神学，重走了他的老师巴罗教授的路，这一现象给世人留下许多深思。牛顿自己对乡间岁月完成诸多重大创新是这样解释的：“自然和自然律隐没在黑暗之中，神说，让牛顿去吧！万物遂成光明。”然而瑕不掩瑜，牛顿的巨大成就，使他无可争议地成为整个科技创新史上划时代的杰出人物。

牛顿是经典力学的旗手，他在总结伽利略、开普勒和惠更斯等人工作的基础上集大成，创立了著名的万有引力定律和物体运动三大定律。在牛顿之前，天文学家已经取得了显赫的成就，但天文学家们一直无法解释“为什么行星会按照一定规律围绕太阳运行”这个问题。不少科学家都进行过认真探索，比如开普勒就认识到，要维持行星沿椭圆轨道运动一定有某种力在起作用，他认为这种力类似磁石吸铁一样；荷兰科学家惠更斯在研究摆的运动特点时也发现，保持物体沿圆周轨道运动需要一种向心力；而另一位英国科学家胡克则几乎发现了真谛，他认为是引力在起作用，并试图论证引力与距离的关系，但最终还是没能成功。

当科学的接力棒传到牛顿手中时，他开始大显身手了。牛顿的高明之处在于，他解决了胡克等人没能解决的数学推导问题，终于得出结论：两个物体之间存在引力，引力和距离的平方成反比，与两个物体质量的乘积成正比。这个严密的数量关系，就是万有引力定律。与此同时，牛顿在伽利略等人的基础上，创造性地把“力”和“惯性”这两个最基本的概念，贯穿于力学理论之中，提出了力学三定律。第一定律从质的方面反映了物体运动的惯性本质，第二定律从量的方面说明了作用力与物体运动的关系，第三定律揭示了物体运动的作用力与反作用力的关系。就这样，经典力学的体系大厦在牛顿手中宣告竣工。

1687年，牛顿出版了《自然哲学的数学原理》一书。在这部划时代的伟大著作中，牛顿从基本概念（质量、运动、惯性、力）和基本定律（运动三定律）入手，运用他发明的微积分数学工具，精确地论证了万有引力定律，从而把经典力学确立为完整而严密的科学理论。牛顿的经典力学体系，把天体力学和地面上的物体力学统一到同一个基本的力学理论中，正确揭示了宏观物体低速运动的客观规律，实现了科学史上的第一次理论大综合，这是人类认识自然规律的一次重大飞跃。爱因斯坦认为，牛顿是完整的物理因果关系的创始人，“他之所以成为这样的人物，还有比他的天才所许可的更为重要的东西，那就是因为命运使他处在人类理智的历史转折点上”。

牛顿有一句众人皆知的名言“如果说我看得远，那是因为我站在巨人的肩上”，这句话既是一代科学巨匠的自谦，也是历史的真实写照。牛顿的研究领域非常广泛，除了在力学等方面作出卓越贡献之外，他还花了大量精力从事化学研究。他经常废寝忘食、不分昼夜地做化学实验，却几乎没有取得化学方面的研究成果。这又是为何？道理显而易见，那就是，各个学科处在不同的历史发展阶段，当时的化学还没有“巨人的肩膀”可以让他踩。他之所以能成为经典力学的掌门人，是因为有哥白尼、伽利略、开普勒、胡克、惠更斯等人的工作基础，科学素材的积累已经到了可以摘果子的成熟时节，凭着他超人的智慧一举揽下硕果便是顺理成章之举。而在化学方面，当时还处在刚起步阶段，花儿未开当然就无果可摘，这也就不足为怪了。

牛顿的经典力学理论，尤其是万有引力定律，经过天文学家们的多次检验，得到了科学界的广泛推崇。特别是根据万有引力定律发现了海王星，更是把牛顿力学推向了登峰造极的高度。在发现天王星以后，人们发现其轨道的理论计算总是与实测有出入，于是法国科学家勒维列和英国科学家亚当斯同时认为，这一定是另一颗新行星的引力作用的结果，并计算了新行星的轨道。德国天文学家加尔，很快就用望远镜在指定的位置找到了这颗新星——海王星。于是很多人说，牛顿力学太厉害了，不用朝天空瞥一眼，只靠数学计算，就能在笔头上看到新星。正因为如此，牛顿力学的影响几乎涉及各学科领域，在牛顿之后的各种科学研究都以经典力学理论为模式去思考问题，这在近代科学发展初期起到了积极的推动作用。但到后来，把一切运动方式都归结为力的机械作用，以力学思维推而广之去解释所有自然现象，却走向了极端，陷入形而上学机械论的泥潭，这是后话了。事实上，牛顿的思想、概念、方法不仅影响巨大，而且影响长远，特别是其力学定律的描述，奠定了其后三个世纪物理世界的科学基础。2005年，英国皇家学会进行了一场“谁是科学史上最有影响力的人”的广泛民意调查，牛顿位列爱因斯坦之前，排名第一。

在牛顿的全部科学贡献中，数学成就也占有突出地位。他在数学领域里的第一项创新成果，是发现了二项式定理，这是他在试图修改传统求圆面积的级数时所取得的收获。在代数领域，牛顿出版过一本《普遍算术》专著，书中探讨了代数基础及其在解决各类问题中的应用，在方程的根与其判别式方面有很多建树，"牛顿幂和公式"就是其代表性成果之一。在几何学方面，牛顿也出版过一本《解析几何》专著，书中提出了曲线圆概念，提出了曲率公式及计算曲率的方法。此外，牛顿的数学成就还涉及数值分析、概率论和初等数论等众多领域。可以毫不夸张地说，即使没有其他方面的科学贡献，仅凭数学成果，牛顿就可以在科学史上流芳千古。

然而，这些数学成果与创立微积分相比，还是微不足道的。牛顿在解决运动力学问题的过程中，创立了微积分这种与物理概念直接联系的数学理论，他称之为"流数术"。他将古希腊以来求解极大和极小值问题、切线问题、瞬时速度问题的各种技巧统一为两种普通的算法，即微分和积分，并确立了两类运算的互逆关系，从而完成了微积分发明中最关键的一步。牛顿当时关注于力学问题，只是把微积分当作数学工具来用，而没有将微积分的研究成果及时公之于世。与此同时，德国数学家莱布尼兹（Leibniz，1646—1716）也在专注研究着函数与极限问题，并于1684年发表了《一种求极大极小的奇妙类型的计算》一文，这可以说是历史上最早公布的一篇微积分论文。

一场轩然大波由此产生。牛顿和莱布尼兹为争夺创立微积分的优先权，在数学史上掀起了激烈的争论。这种争论在双方各自的学生、支持者和英、德两国的数学家之间持续了近百年之久，以致英国数学家和欧洲大陆数学家长期对立，影响了数学的交流与发展。在他们两人去世后很久，科学界在广泛调查的基础上形成了共识：牛顿研究微积分应该比莱布尼兹早一些，但莱布尼兹微积分成果的发表早于牛顿，且其采取的表达形式更为合理。因此，人们后来公认，牛顿和莱布尼兹各自独立地创建了微积分。当今数学教科书上的“牛顿－莱布尼兹公式”就是这么来的。

真是一波未平一波又起，如日中天的当儿，新的纷争正在等着牛顿。作为一名多产、高产的科学大师，牛顿的创新成就还涉及光学、热学、声学、流体力学等诸多领域，这使他功成名就之后，经常面对各式各样的科学纷争。特别是在光学研究方面，牛顿的贡献本来已非常之多，正值人们津津乐道其光学理论的当儿，却半路杀出个程咬金，向牛顿光学发起了强有力的挑战。本回仅寥寥数语，对牛顿的巨大成就实难详解，有兴趣之士可找来其专门著作一一细数之，以翔实把握这位创新巨人的丰功伟绩。

这正是：自古英雄时势造，力学掌门数牛顿。

欲知挑战牛顿光学者姓甚名谁，争斗结果又如何，且听下回分解。

第二回

光学奥妙二龙戏珠　惠更斯与老牛斗法

主角：牛顿，惠更斯。

场景：光学“微粒说”“波动说”被相继提出，引发大争论。

看点：科技创新在学术争论中不断发展。

话说牛顿在创建经典力学体系的过程中，有两门密切关联的学科乘势得到发展，可谓左膀右臂。一门是数学，那是因为力学计算的需要而发展起来的，上回已表过。另一门是什么？那就是光学。因为要研究天体力学，必须对光学观测仪器不断改进，这就促使光学得到较快发展。牛顿与他的前辈伽利略、同代人胡克等科学家一样，在研究力学的同时也关注着光学研究，并以极大的兴趣和热情投身其中，取得了令人瞩目的成就。然而，光学理论的发展，却没能像力学那样，让牛顿一枝独秀，而是开成了一朵竞相争艳的并蒂莲。

牛顿在光学领域的创新，共有四大亮点。第一个亮点是，他成功地对白光进行了分解。他用三棱镜进行了著名的色散试验，让一束太阳光通过三棱镜后，分解成多种颜色的光谱带，再用一块遮光板挡住其他颜色的光，而只让一种单色的光通过第二个三棱镜，结果出来的还是同样单色的光。这样，牛顿就发现，白光是由各种不同颜色的光组成的。为了进一步验证这个结论，他反过来把几种不同的单色光合成了白光，并计算出不同颜色光的折射率，从而彻底解开了光色和色散现象之谜。1672 年，牛顿把这一成果发表在了《皇家学会哲学杂志》上。第二个亮点是，他成功地研制出第一架反射望远镜。牛顿擅长自己动手制造设备，用于开展精密的实验研究。为了制造反射望远镜，他自己设计了研磨抛光机，试验各种研磨材料，于 1668 年制成了反射望远镜样机。后来他又对样机进行了改进，于 1671 年把改进好的反射望远镜献给了皇家学会。实际上，反射望远镜是一项重要的技术发明，它奠定了现代大型光学天文望远镜的基础。第三个亮点是，他发现了“牛顿环”现象。牛顿把曲率半径很大的凸镜放在平板玻璃上，当用白光照射时，则可见到透镜与玻璃板接触处出现了一组彩色的同心环，而用单色光照射时，则在接触处出现一组明暗相间的同心环。这种均匀照射却得到了不均匀的光强分布现象，为光学理论的发展提供了新的思路。第四个亮点是，他提出了光学理论的“微粒说”。牛顿根据光的直线传播性，认为光是一种微粒流，微粒从光源飞出，在均匀物质内以力学定律作等速直线运动。这一论点，实际上是牛顿光学理论的主要基础。

谁也没料到，牛顿的光学“微粒说”一出笼，就遇到了麻烦。当初他发表第一篇光学论文时，就兴高采烈地抛出了“微粒说”，成功地解释了光的直进、反射、折射、色散等现象。接下来，令牛顿苦恼的是，用“微粒说”解释光的干涉、衍射等现象时，显得极为勉强，难以自圆其说，但他又不愿放弃。其实，“微粒说”是牛顿物理学全部内容的一个基本思想，他认为所有的物体都是由微粒构成的，光当然也不例外。然而，麻烦越来越多，特别是对他自己发现的“牛顿环”这一重要光学现象的解释，牛顿感到简直无从入手，他不得不假定光在“牛顿环”中能“发生容易的反射和容易的透射”，这就完全是一种臆想了。很显然，“微粒说”解释光学现象成功的一面，难以掩饰其不成功的一面，令人对“微粒说”的信服大打折扣。于是，有人站出来诘难“微粒说”，向牛顿发起挑战了。

荷兰物理学家惠更斯（Huygens，1629—1695）是反对“微粒说”的主要代表人物，他创立了光的“波动说”。1678年，他在法国科学院的一次演讲中公开反对牛顿的“微粒说”。他质问道，如果光是微粒性的，那么两束光在交叉时就会发生碰撞而改变方向，可是我们没有看到这种情况。惠更斯这种一针见血的诘难，使他很快拥有了一批支持者。1690年他出版了《论光》一书，全面阐述了他的光波动原理。根据“波动说”的理论，他精确地计算和解释了光的反射、折射和衍射，并用数学模型解释了“微粒说”所无法解释的双折射等问题。捍卫自己的学说本属正常，然而在书中，惠更斯公然表明了对“微粒说”不屑一顾的态度，这下便惹出了事端来。

于是，一场旷日持久的光学“微粒说”与“波动说”的争论就此拉开了序幕。两派人马唇枪舌剑，一直争论到20世纪。

牛顿得知惠更斯公然跳出来叫板，岂肯善罢甘休。他对“微粒说”进行了充实，于1704年公开出版了《光学》一书，坚定不移地对光的本质作粒子性解释。此时，惠更斯已经病逝，“波动说”失去了主将，加上牛顿的科学声誉如日中天，因而在整个18世纪的争论中“微粒说”占了上风。然而风水轮流转，进入19世纪以后，“波动说”又开始复兴，法国物理学家菲涅尔等人用大量实验证明，光是一种波动。这样，坚持“微粒说”的阵容就越来越小。到了20世纪，量子理论提出以后，人们最终才认识到光既是微粒又是波动，从而彻底终结了关于光本质的这场跨世纪的争论。

由惠更斯发难引起的这场争斗，应该说是一场非常有益的学术辩论。在科技创新史上，许多重要科学成就的取得和许多理论学说的完善与发展都是学术争论的产物，光学的“微粒说”与“波动说”之争就是个典型代表。在这场几百年的争论中，光的“波动说”不止一次地让位于“微粒说”，同样，“微粒说”也不止一次地让位于“波动说”，这最终推动了光学理论的大发展。正是由于不同学派、不同学说之间的争论，才促进科技创新不断迈上新台阶，同时还培育和造就了一大批名载史册的学术代表人物。可以说，学术争论是科技创新的催化剂，科技创新史其实就是一部永不休止的争论史。

然而再看看信息流通高度发达的当今世界，学术争论、非议、批评似乎正在一天天失去原有的光泽，要么鸦雀无声万马齐喑，要么文过饰非气急败坏，甚至专业人士对药酒发表点批评言辞也会招来牢狱之灾，这对科技创新绝不是什么好事。

闲话已叙，回头再来表一表这位敢向牛顿权威挑战的惠更斯，他是何方高人？说起来，这位荷兰物理学家生活在一个富裕宽松的家庭和社会环境中，又受过良好的大学教育，因而能比较自由、洒脱地发挥自己的才华。他善于把科研实践与理论思索结合起来，解决了许多重要的科学和技术问题。他留给后人的科学《全集》共有 22 卷本，在钟摆、碰撞、离心力、数学、光学仪器等方面，都有独到的见解和突出的成就。

千家万户使用的钟摆，就是这个惠更斯发明出来的。他一生中在物理学方面最出色的工作，就是对摆的研究。他不仅解决了理论的问题，而且制成了实用工具。1658 年，他提出了著名的单摆周期公式，研究了复摆及其振动中心的求法，以及三线摆、锥线摆、可倒摆等各自的特点。在研究摆的重心升降问题时，他使用了一个反馈装置，使“反馈”这一重要思想进入了物理学的视野，并沿用至今。他根据摆的理论，设计研制出了各式各样的摆钟，这也是一个划时代的贡献。千百年来，时间测量一直是人们生活中未解决的难题，当时的计时装置有日规、沙漏等多种，但都无法在原理上做到精确。惠更斯将摆运用于计时，制成了摆钟，使人类进入了一个新的计时年代。

惠更斯在数学领域也很有成就，他是概率论的创始人之一。早年惠更斯在莱顿大学读的就是数学专业，因此他早期的科研工作主要也是集中在数学领域，22岁就发表了计算圆长的数学论文。后来，他对各种平面曲线、椭圆弧线、二次曲线、复杂曲线、对数螺线等都进行过研究，并发表了一批相关的论著。1657年，他发表了《论赌博中的计算》一文，使他与同时代的法国数学家费尔玛、帕斯卡一起被誉为概率论的奠基者。要是他活在当下，说不定拉斯维加斯或澳门的赌场大亨会聘他去做顾问。

不仅如此，惠更斯在光学仪器研制和天文学方面也多有建树。他的动手能力很强，一生花了大量精力研制和改进光学仪器，他设计和研制的仪器精巧实用，在望远镜、显微镜的改进方面更是无人能及，有的仪器（如目镜）至今还在沿用。他研制成功了无管、长焦距、可消色差并配以高精度透镜的天文望远镜，并用这种望远镜发现了土星光环，继而又发现了土星的卫星土卫六。2005年欧洲航天局发射的一个探测器成功降落在土卫六表面，这个探测器就被命名为“惠更斯号”。近年来咱们看到的一批来自土卫六的美丽照片，就是“惠更斯号”从遥远的太空发回来的，这是对这位科学巨星的最好纪念。

惠更斯一生在光学理论、光学仪器研制方面成就斐然，这与他所处的生活环境也有直接关系。在他的家乡荷兰，玻璃制造业十分发达，当时欧洲生产的眼镜、玻璃器具等大都出自荷兰，这潜移默化地使他对光学领域产生了浓厚的兴趣。经过多年的潜心钻研，他向牛顿光学发起了强有力的冲击，推动了光学理论的进一步发展。然而遗憾的是，惠更斯一生体弱多病，在与牛顿派的争论中，他常常是带病上阵，特别是在“波动说”与“微粒说”较劲最为激烈的时刻，他却病倒再也没有起来。惠更斯究竟得的是什么病，限于那个时代的医学发展水平，史书未见记载。

这正是：百年争论显奇效，微粒波动比翼飞。

欲知当时的医学发展情况，且听下回分解。

第三回

哈维认定血液循环　医化学派另有说法

主角： 哈维、帕拉萨尔塞斯等。

场景： 血液循环的发现过程，前赴后继的医化学派。

看点： 医学思想的变革从两个方向突破。

话说惠更斯长年体弱多病，原因却不得而知，这表明其时的医学水平着实不敢恭维。实际上，在牛顿时代前后，科学虽然从总体上摆脱了神学的束缚，但你想，那神学的残渣余孽岂能一夜间隐身而退，总还要挣扎一阵子的。因此，传统保守思想仍渗透在四处，各具体学科领域的发展极不平衡。如果说经典力学已经成长为巨人的话，那么其他学科大都还处在襁褓之中，甚至还在经历着分娩的阵痛，医学便是如此。就学科性质而言，医学属于综合性的应用技术科学，它的进步有赖于生理学、生物学、解剖学、化学等诸多学科及相关技术的发展。虽然发展快慢不均，然而伴随着近代科学革命的脚步，生理学、医化学从两个方向开始破茧而出了。

花开两朵，各表一枝。先说生理学的情况，血液循环的发现，那可是医学创新史上一个重要的突破口。当时欧洲的医学领域，古罗马医生盖伦的医学体系占据着绝对统治地位。盖伦认为血液在人体内像潮水一样流动之后，便消失在人体四周。这种闭门造车的说法缺乏基本的观察，却成了千百年来不容置疑的观点。随着科学革命的到来，最早向盖伦医学大胆说“不”的，是比利时医生维萨里（Vesalius，1514—1564）。他冒着极大风险偷尸体做解剖，用事实指出了盖伦医学的上百处错误，他对心脏结构的描述与盖伦医学大相径庭。几乎与此同时，西班牙医生塞尔维特（Servetus，1511—1553）提出了血液在心肺之间进行小循环的观点，也从另一方面否定了盖伦的说法。

说来也是巧合，维萨里与塞尔维特两人是巴黎大学的同学，他们联手挑战盖伦的权威，也因此双双付出了生命的代价。维萨里被宗教裁判所先是判处死刑，后改判去耶路撒冷朝圣，最终死于路途中；塞尔维特为躲避迫害逃往日内瓦，后来还是被教会捉住了，神父问他是否放弃自己的学说，他从容地答道：“我的学说是真理，为真理而死我不怕。”于是教会把他残忍地投入火中活活烧死。这两位可敬的医生、勇士，为使近代医学走上科学轨道而献出了生命。他们的工作基础，为后人进一步揭开血液循环之谜，提供了攀高云梯。

半个世纪以后，英国医生哈维（Harvey，1578—1657）继承了他们未竟的事业。哈维16岁进入剑桥大学攻读医学，读了三年后自己却大病一场，只好在家休学。他母亲请了医生给他治病，当时的欧洲各地，“放血疗法”是医生们治病的常用手段。年轻的哈维多次被“放血”以后，便产生了一种疑问：血液为什么能不停地流出来，它在体内是如何流动的？于是，作为医学生的哈维决心搞清楚血液流动的奥秘，他认为这将在治病救人方面产生突破。哈维系统地分析了前人的研究结果，特别是吸收了维萨里的解剖依据和塞尔维特的小循环观点，他拿动物开刀，用兔子和蛇反复做实验进行观察，终于得出了结论：血液由心脏这个

“泵”压出来，从动脉血管流向身体各处，然后再由静脉血管流回心脏，这样在体内循环流动。

1628年，哈维的《论心脏与血液循环的运动》一书出版。在这部不朽的巨著中，哈维提供了大量证据，包括临床观察、尸体解剖、多种动物实验结果，并用定量分析和生理测试的方法，从各个角度证明，心脏是一个可以泵出血液的肌肉实体，血液在血管系统中以循环的方式不断流动。此书一出版，立刻遭到了当时学术界、医学界、宗教神学界的攻击，说他的著作是一派胡言，荒谬而不可信，并欲惩处之。所幸的是，哈维当时已担任了英国国王查理一世的御医，国王这个保护伞使其免于付出惨重代价，好歹保住了一条命。

哈维逝世以后的第四年，意大利科学家马尔比基，将伽利略发明的望远镜改制成了显微镜，观察到了毛细血管的情况，从而揭开了动静脉血管之间的连接之谜，彻底证实了血液循环理论的正确性。从那以后，医生们才算是走出了浑浑噩噩。哈维的血液循环理论，回答了多年来医学实践中无法解释的问题，比如毒蛇咬人为何能致死等等，它更大的意义在于推动了整个医学的观念更新，19世纪有外科医生高度评价认为，哈维的学说对于医学，犹如罗盘对于航海那样重要，不然医生们总是处在迷茫恍惚之中。

对学术界来说，哈维的名字长期以来与血液循环联系在一起，人们一说起来就是“哈维血液循环论”，而忘了其他。说来，哈维在生物医学上的另一个贡献，则是在胚胎学方面的研究工作。1651年他出版了《动物的生殖》一书，这是近代胚胎学起步的重要标志之一。他认为胚胎的最终结构是逐渐发育形成的，而不是当时流行的“预成说”。现在谁都不会相信，你在娘肚子里跟长大后的身体一个样。但“预成说”一直认为胚胎一开始就与成年动物的总体结构一样，发育过程只是预成的微型动物扩大体型而已。哈维研究了鹿的胚胎生长，最早提出了胚胎发育“渐成说”的思想。这种“渐成说”的思想，经过了与“预成说”一个多世纪的苦斗，最终由德国科学家沃尔弗用小鸡作实验而得到了证明。

表过了哈维的贡献，再来说医化学思想的形成。这是近代医学史上另一起具有革命意义的事件。现代人得了病免不了打针吃药，得了癌症更要来点化疗，这似乎是天经地义的，但这种治病方式的起源在历史上却经历过一番波折，是创新勇士们苦斗而得来的。

医化学思想在其发展过程的不同阶段，有三位可圈可点的代表人物。其初创人物当首推帕拉萨尔塞斯（Paracelsus，1493—1541），他最早倡导用化学药物治疗疾病，在西方医学界享有“医疗化学的奠基人”之誉。早年他在瑞士巴塞尔大学学医，由于猛烈攻击古代和当时的医学权威受到宗教神学势力的迫害，不得不逃离瑞士，后来就一直在欧洲各地流浪行医。在游医过程中，他考察和研究了欧洲各国的疾病治疗方法，逐渐形成了医学与化学相结合的“医化学”思想。他到处宣扬说：“企图将化学与医学彼此分开是不可能的，如果这样做，他在医术上是很糊涂的，这样的医生是绝对愚蠢的。”他认为人体的生命现象是个化学过程，疾病是由于机体的化学缺陷造成的，因而治疗疾病的方法应当用无机药物，而不是当时主要使用的“草药”。在帕拉萨尔塞斯的倡导下，许多医生开始使用汞、锑、铅、硫、砷、硫酸铜等作为主要的治疗药物，从而发现了不少有价值的无机药物，并成功地治愈了一批草药无法医治的“烈性病”病人。

你看看啊，他们用汞、铅、砷这些今天看来都是毒性大大的玩意来治病，不会治死人吗？是的，他们确实也治死了不少人。事实上，医化学派创立之初，由于化学这个主要的依托技术尚未发展起来，因而也被人视为江湖骗子，很多人都觉得他们是古代巫术谬论的残余。

就在医化学派立足未稳之际，比利时医生海尔蒙特（Helmont，1577—1644）出场了。与帕拉萨尔塞斯一样，海尔蒙特也坚信生命现象可以被解释为化学过程，所不同的是，他在开业行医的同时，花了大量精力投入化学实验。他的研究具有精确、定量的性质，并在行医中注重寻找有效的化学治疗手段。他写了《医学概论》一书，从书中可以看出，他把“酒发酵”这一现象与生命活动作了多方面类比，认为机体的所有变化，无论是消化、营养，还是运动、妊娠等过程，都是体内各种“酵素”作用的结果。据此，他较成功地解释了人体的许多生理活动过程，特别是对消化过程的解释已经很接近现代生理学对消化的认识。海尔蒙特还设计了许多化学实验来模拟生理活动，为兴起之初的医化学派的医生们运用无机药物治病提供了大量的理论依据。正因为逐渐有了理论的指导，他们这些“江湖医生”的色彩才慢慢淡化。

还有一位杰出的医化学家，他叫西尔维斯（Sylvius，1614—1672）。他虽然开业行医，但一生主要的工作都是化学研究。他在莱顿大学建立了一个实验室，这可能是历史上第一个专门的医学实验室。在这里，他不仅进行了大量的医化学研究，而且培养了一批医化学思想的继承人。胰液的发现者格拉夫就出自这个实验室，这是外话了。西尔维斯对其前辈海尔蒙特的“酵素”概念很感兴趣，并进一步赋予了其具体内涵，例如他认为消化过程是由唾液引起的发酵，在胆汁和胰液的作用下，继续进行着后期发酵。作为医化学思想的早期开拓者之一，西尔维斯提出了一个很重要的见解，即人体生命活动的化学过程和非生物体的化学过程是一回事，二者并无本质的区别。他认为，凡是生物体所具有的化学活动，都有可能在实验室中得到再现。这样，西尔维斯实际上开创了把生命体的化学研究与无机化学研究统一起来的工作，这不仅有助于克服他的前辈们在宣传医化学思想时的某些神秘主义倾向，而且使医化学思想得到了当时更多的医生和化学家的理解，从而对医化学派站稳脚跟起到了至关重要的作用。

医化学派说起来到底何功之有，史上轻轻一笔带过的事，犯得着浓墨重彩吗？没错，科技创新史不同于一般史实描述，就是要把那些具有颠覆意义的创新事件展现出来。

在今天看来，医化学思想最主要的创新意义在于，它为生命和疾病过程提供了一种新的化学类比方法，这实际上为医学的发展找到了科学的方向。进入 18 世纪中叶以后，由于化学的大发展，掌握了更为精确的化学知识的医生和科学家，成功地沿着医化学思想所指引的方向建立了近代实验医学体系，使医化学思想逐渐成为医学发展的主流，这种影响一直持续到现在。

哈维的血液循环理论与医化学思想，二者有着异曲同工之妙。它们从两个不同的方向，给予宗教神学的人体生命观和疾病观以沉重的打击，二者也都表明了与传统医学理论体系的彻底决裂，同时二者都把实验思想引入医学，引起了近代医学思想的深刻变革。如果说哈维等人从形态机能的角度撕开了医学发展的一个突破口的话，那么，医化学派则从疾病发生和治疗机理方面撕开了另一个突破口，虽然当时的化学还纠缠在“炼金术”之中。

这正是：两股车道相向而行，异曲同工推进医学。

欲知化学如何摆脱“炼金术”而发展，且听下回分解。

第四回

波义尔挑战炼金术　施塔尔抛出燃素论

主角： 波义尔，施塔尔。

场景： 化学元素概念的提出，燃素论的出笼。

看点： 化学在早期发展中一波三折。

且说“医化学”这个概念本身就长了两只脚，一只脚踩着医学，另一只脚则踏进化学。两只脚来自一体当然都是有用场的，事实上，医化学思想在历史上起到了一石二鸟的作用，不仅推动了医学的进步，而且在更大程度上促进了化学的发展。有一个令人大跌眼镜的事实是，16 和 17 世纪的化学家多半出身于医生和药剂师。

其实，那时候的化学正沉溺于“炼金术”的泥潭，医生和药剂师也在帮着干这种事。化学在当时的主要任务就是要把“贱”金属制造成金、银等“贵”金属。炼金术认为，各种金属在本质上都是一样的，汞是金属之父，硫是金属之母，贵贱之分就在于金属中汞和硫含量的多少。由于火可以去硫留汞，所以贱金属经过冶炼就可以变成贵金属。按照炼金术这种“点石成金”的臆想，人们折腾了几百年也没折腾出名堂，铁渣变不了金子，铅块也变不成银子，终于使化学走到了穷途末路，再守着炼金术不创新不行了。

在今天你肯定会大骂炼金术士而不会骂化学家，因为炼金术的毛病大了去了，纯属瞎掰，简直就是一无是处。但你可别忘了，炼金术其实就是化学的最初形态或前身，它主张物质可以相互转化，这在早期是一个很大胆、很合理的猜想。同时，炼金术在寻找“黄金”的过程中，进行了大量的加热、熔解、燃烧、蒸发等实验，积累了不少化学实验技术，为后来的化学发展创造了条件。这就像一个寓言故事所讲的那样：一个老农临死前告诉儿子们说葡萄园里埋着黄金，他死后儿子们把土地深翻了一遍，没能找到黄金，但第二年葡萄却意外地大丰收。这个寓言，就是英国思想家培根对“炼金术”的历史评价。

在化学创新史上，第一个站出来批判炼金术的，是英国化学家波义尔（Boyle，1627—1691）。他主张化学不应该是炼金术的附属品，而应当成为一门独立的学科。他一针见血地指出：“我见世人之醉心化学者，舍点金或制药外，无甚见解。”他通过大量实验发现，金属不能像炼金术所说的那样分解为汞、硫和盐三个要素，也不存在可以脱离物体而独立存在的所谓“干湿冷热”四性，他认为炼金术的这些说法缺乏科学根据。波义尔认为物质的构造和性质是复杂的，决不是“汞、硫、盐”所组成，也决不是“水、土、火、气”几种性状所能概括，化学的任务就是要不断寻找和解释物质的复杂构造。他指出，把砂子和灰碱两种物质融化在一起，可以生成不能再被火分解的透明玻璃，葡萄汁发酵后变成酒精，灰碱和油脂煮过后变成肥皂，这些现象都说明了物质构造的复杂性。他还指出，金属锻造后形成的灰渣比金属本身还要重，说明金属锻造后形成了比金属本身更复杂的物质，而绝不是想象中所谓金属分解后留下的“残土”。波义尔这些建立在实验基础上的观点，为化学研究指明了清晰的方向，是化学发展史上的一个转折点。恩格斯对他的评价非常高，他说：“波义尔把化学确立为科学。”好像就是这么回事哦。

波义尔重要的创新之处在于，他最早提出了化学元素的概念，这是取代炼金术的第一个化学理论。他给元素下了一个科学定义，即“元素应当是某些不由任何其他物质所构成的、原始和简单的物质或完全纯净的物质”，他认为元素是用一般化学方法不能再分解为某些更简单物质的实物。想想你学过的化学基本知识，是不是应该就是从他这里来的。

根据化学元素的理论，波义尔认为化学就是要研究物体是由什么元素构成的，物体能分解为何物，又能化合为何物。波义尔关于化学元素的这些论述，集中在他的名著《怀疑派化学家》一书中。虽然他给化学元素下了科学的定义，但限于当时的条件，他本人未能提出鉴别元素与化合物的方法，以至把水、气、火也当成是一种元素。但无论如何，波义尔的工作引领化学从炼金术的迷雾中寻找突破口，逐渐开始走向研究物质的元素及化合物的正确轨道。波义尔一生做了大量化学实验，他发现了磷，他还首先发现用植物色素检测酸碱性的方法。在实验过程中，他还提出了“一定量的气体，在一定的温度下，它的体积与压力成反比”这一著名的定律，这个定律对物理学、化学中关于气体性质及气体反应的研究具有重大意义。波义尔定律至今还在教科书上写着，一说就知道。

受波义尔等人的影响，化学在“改邪归正”后，很快转向研究物质的元素构成。然而事情一波三折，在研究“燃烧”这一最常见的化学现象时，搞来搞去又走进了“燃素论”这个新的迷雾中。其实，燃素说的理论也源于波义尔，当初他在牛津做金属燃烧实验时就发现，空气中存在着一种特殊的物质，这种物质是燃烧过程中必不可少的。他因此推测，空气中有一种“火微粒”，燃烧则是物体与火微粒化合的过程。据此，德国医生贝歇尔继承了这一思想，他第一个提出了燃素说。他认为，物质受热而燃烧，是因为物质中有一种“可燃素”与物质分离，而燃烧后剩下的则是不含“可燃素”的灰。贝歇尔的这个观点，虽然与波义尔的火微粒说有所不同，但基本思想是相通的，都认为有一种独立存在的燃烧素，这就是“燃素论”的雏形。

1703 年，德国化学家施塔尔（Stall，1660—1734）正式抛出了燃素论，使燃素论成为风靡一时的化学理论。他的基本观点是：火是由无数细小而活泼的微粒构成的物质实体，它既能同其他元素结合而形成化合物，也能以游离方式存在，大量游离的火微粒聚集在一起就形成明显的火焰，由这种火微粒所构成的元素就是燃素。施塔尔认为，燃素无处不在，充塞于天地之间，流动于雷、电、风、雨之中，地球上的动植物和矿物都含有燃素，燃素越多，燃烧越旺。他还形象地描述说，大气中含有燃素，因而有闪电，使天空动荡不已；生物中含有燃素则生机勃勃，失去燃素则死灰一团，重新获得燃素又会获得新生。他进而认为，化学变化就是吸收和放出燃素的过程，试图用燃素论解释种种化学现象。

燃素论提出以后，的确能从表面上解释很多化学现象。为什么物体燃烧一段时间后会熄灭？那是因为物体中的燃素已经没有了；为什么铁生锈后会失去光泽？因为生锈也是释放燃素的过程；为什么矿石能炼成金属？因为冶炼时从煤中吸收了燃素，就变成了金属。在当时的历史条件下，燃素论作为一种系统的化学理论，比炼金术的观点更符合大多数化学现象，因此得到了许多化学家的信任和支持。恩格斯说，“化学借助燃素论从炼金术中解放出来”，这话不无道理。然而，燃素论终究是个错误的化学理论，它后来长期束缚着化学界的思想，成为一种新的精神枷锁，致使化学在百年时间里徘徊于云里雾里，不得要领。

随着化学在徘徊中前进，也不断有人发现燃素论的致命弱点，燃素论的一个个“软肋”日益显现。

第一个“软肋”是，燃素既然是一种物质，那就应该有重量，可是为什么金属在煅烧释放了燃素后反而重量增加呢？法国化学家文耐尔等人对此解释说，燃素具有负重量，火苗向上蹿而不是向下蹿就是明证。乍一听，这说法很有道理呀。但是，要人们认同“负重量”，就要推翻牛顿的万有引力定律，这显然是不可能的。反过来，植物燃烧后的灰则比植物轻得多，与金属煅烧的结果相反，这又怎么解释？燃素论无法越过这个障碍，一忽儿把燃烧说成是释放燃素，一忽儿又说成是吸收燃素，陷入自相矛盾之中，难以自圆其说。

第二个“软肋”是，找不到独立存在的燃素。当时，包括布莱克、卡文迪许等在内的很多科学家，花了九牛二虎之力企图找到燃素，哪怕发现一丝线索都好。但他们的努力始终一无所获，这令破绽百出的燃素论雪上加霜。

第三个“软肋”是，燃素论解释不清燃素与空气的关系。为什么燃烧不能离开空气呢？有人提出空气仿佛是一种助溶剂，燃素通过空气才能从物体中释放出来。然而很快发现的氮气却说明，并不是所有的气体都能充当燃素助溶剂的角色。由此可见大气并不是一种单一元素，而是具有不同成分的混合体。

所有这些都预示着，燃素论即将走向彻底崩溃。

科技创新向来是在曲曲折折中前进的，化学在波义尔元素学说的引领下，刚跟“炼金术”说了声拜拜，不料中途冒出个“燃素论”来。这“燃素论”功过参半，既帮着化学与“炼金术”彻底了断，又带着化学走进一片沼泽地而难以自拔。

这正是：化学起步是非多，一波三折仍向前。

欲知化学如何走出迷雾迎来新的发展，且听下回分解。

第五回

拉瓦锡妙手拨云雾　化学界迎来新曙光

主角： 拉瓦锡。

场景： 发现氧气，创立氧化燃烧学说。

看点： 近代化学革命揭幕。

话说“燃素论”千疮百孔难以自圆其说，却有着一批坚定的拥趸。这些人当中，不乏在科技史上留下了辉煌业绩的创新英才，他们主观上想极力维护“燃素论”，客观上却成了“燃素论”的掘墓人。事实上，“燃素论”的出笼，极大地促进了近代化学的发展，而化学的进一步发展，又彻底埋葬了“燃素论”，这就是历史的辩证法。

信也罢不信也罢，毁灭“燃素论”的导火索，其实是氧气的发现，而发现氧气的几个关键人物都是“燃素论”的支持者。他们在竭尽全力寻找“燃素”的过程中发现了氧气，最终引燃了导火索，把“燃素论”本身炸了个粉身碎骨。

瑞典化学家舍勒（Scheele，1742—1786）是发现氧气的第一人。他早年在药房当学徒时，就坚信“燃素论”，并很快加入到寻找“燃素”的行列中。他设计了一个实验，把磷放在封闭的容器里燃烧，变为磷酸酐。他发现，燃烧过后容器内空气的体积减少了五分之一，而剩余的气体却不能使物体继续燃烧。由此他得出结论，那少掉的五分之一就是能助燃的有用空气，他称之为“活空气”，而剩下的是不能助燃的空气，他称之为“死空气”。你现在看到了吧，舍勒发现的“活空气”实际上就是氧气，科学真理碰到了他的鼻尖上，可惜他没能抓住。舍勒的脑子被“燃素论”束缚着，他认为燃烧就是释放“燃素”，他设想释放出的“燃素”穿过容器壁跑到外面去了，而燃烧的产物磷酸酐也一定会比磷要轻。其实刚好相反，他只要再朝前迈出一步，称一称气体和磷酸酐的重量，那么化学的历史就会改写。恩格斯曾不无遗憾地说道：“这种本来可以推翻燃素论观点并使化学发生革命的因素，在他们手中没有结出果实。”

几乎在这同时，英国化学家普利斯特列（Priestley，1733—1804）也对燃烧过程进行了大量研究。这又是一个“燃素论”的坚定维护者。这位精干的实验化学家，从不同的角度发现了氧气的存在，却视而不见。1773年他就发现，被蜡烛燃烧所“污染”的空气能使动物窒息，却有利于植物的生长，而被植物“净化”过的空气又能使蜡烛重新燃烧。一年后他又用一种聚光镜对氧化汞加热，搜集到一种气体，它能使物体燃烧得更旺，并且“自己吸过这种气体后，身心觉得十分畅快”。可惜的是他坚信“燃素论”，称这种气体是“无燃素气体”，拱手让出了氧气的发现权。应当承认，普利斯特列一生在化学领域成就突出，他分离并论述了多种气体及化合物，数量之多超过了同时代的任何一位化学家，他还发明了带酸味的汽水，可以说是当今各种碳酸饮料的鼻祖。令人遗憾的是，这位化学巨匠却至死不肯放弃“燃素论”，直到临终前一年还出版了一本专著力挺“燃素论”。后人对他的评价是：“普利斯特列是近代化学之父，但是，他始终不承认自己的亲生女儿。”

确实很可惜，舍勒和普利斯特列等人在苦苦探寻“燃素”的过程中制造出了摧毁“燃素论”的武器，但他们不愿或者确切说是不会使用这件利器。就在这当儿，法国巴黎的化学家拉瓦锡（Lavoisier，1743—1794）一举杀了出来，他果断接过了这件武器，把那“燃素论”杀得片甲不留，而获得了“近代化学奠基人”的美誉。

这是一位很有远见、注重总结经验并擅长理论思维的科学家，用今天的话来讲，他是一位“引进、消化、吸收、再创新”的高手。拉瓦锡之所以能拨开“燃素论”的重重迷雾，掀开近代化学革命新的一页，与他自身的这种科学气质有直接关系。英国著名的化学史家柏廷顿说过：“拉瓦锡没有发现过新物质，没有设计过真正的新仪器，甚至也没有改进过制备方法。他本质上是一个理论家，他的伟大功绩在于：他能够把别人的实验工作吸收过来，并用自己的定量试验补充、加强，通过严格的合乎逻辑的步骤，阐明所得实验结果的正确解释。”这段中肯的评价，从拉瓦锡推翻“燃素论”的过程可以得到印证。

拉瓦锡很早就发现了“燃素论”的自相矛盾，立志要彻底搞清楚这个问题，并预感到“这注定要在物理学和化学上引起一次革命”。1774 年他走进了实验室，重新做了那个著名的“金属煅烧实验”，这是从波义尔开始很多化学家都做过的实验。比波义尔等人高明的地方是，他做完实验不仅只称金属的重量，而且还称了整个容器的重量，他终于发现，燃烧前后的总重量并没有变化。这个意外的发现，让他产生了与众不同的想法：既然金属煅烧后重量增加，而总重量没变，说明增加的重量既非来自火中，也非来自容器外，只能是由于结合了容器中的部分空气。那么，接下来，是整个空气与金属化合，还是空气中的某种气体与金属化合，这可是一个关键问题。最好的办法是能反过来做实验，从煅烧后的金属中分离出气体来，他反复实验多次，却没能成功。

正当他百思不得其解之际，那个“不认亲生女儿”的普利斯特列来到巴黎，把他“助燃能力特强、使人呼吸格外畅快”的实验结果，告诉了拉瓦锡。这个送上门的大礼，令拉瓦锡精神为之一振，他立刻动手重复了普利斯特列的实验，得到了那种气体。嚯，还真的存在这么一种助燃的气体啊。拉瓦锡最初称之为“上等纯空气”，后来又把它正式命名为“氧气”。通过这一有力的实验，拉瓦锡证实了金属的煅烧过程，是金属和氧气的化合过程，这就用事实否定了燃素的存在。尔后拉瓦锡一鼓作气，他对金属的氧化还原过程做了大量实验，他把磷、硫黄、木炭、锡、铅、铁等一起燃烧，又对氧化铅、氧化汞、硝酸钾等进行加热分解，并对燃烧后的气体进行了详细分析，结果令他大感振奋，简直像是闯进了一座崭新的化学宫殿。

1780年，拉瓦锡向巴黎科学院提交了一篇名为《燃烧通论》的报告，系统地提出了氧化燃烧学说，毫不客气地对“燃素论”的种种谬误进行了清算，从而彻底揭开了燃烧现象的神秘面纱。接下来夫唱妇随，拉瓦锡的工作还得到了他太太的鼎力相助，她毅然披挂上阵，在巴黎闹市街头当众烧毁了施塔尔“燃素论”的著作，公然宣布了燃素时代的结束。你现在明白法兰西的浪漫了吧，巴黎美女不只会逛香榭丽舍大街，还会热情传播科学，宣扬创新成果。

除了创立氧化学说之外，拉瓦锡在化学领域的成就，还有其他值得称道之处。他弄清了水的本质，提出新观点告诉人们，水不是一种元素，而是氢与氧的化合物。他从空气中识别出了氮气、氢气，并描述了它们的作用。他历时四年写出了《化学概要》一书，列出了第一张元素一览表，并对元素进行了初步分类，从而彻底否定了自古以来所谓“四元素”“三元素”的混乱说法，进一步丰富了波义尔元素学说的内容，等等。因其提出的许多新观点新思想新理论，为近代化学的发展奠定了基础，后人将其称为“近代化学革命的旗手”。他当之无愧。

如同科技创新史上的其他成就一样，氧化燃烧理论既是时代的必然产物，也是科学家个人努力的结果。在推翻“燃素论”建立新化学的过程中，拉瓦锡功不可没，虽然同时期的科学家们所做的大量积累工作也很重要，但关键时刻的关键之举往往决定着事情的成败，这也是科技创新的一个显著特点。你或许马上就联想到了屠呦呦，当年青蒿素抗疟研究是个参与人数众多的大项目，很多专家呕心沥血为此付出了艰苦努力，但只有屠呦呦想到用乙醚提取青蒿的有效成分并取得了成功，诺贝尔奖授予她这样的关键人物一点没错。

就科学家的个人气质而言，也是各有所长、尽显神通，有的人动手能力超群，有的人思辨能力卓著，无论白猫黑猫，只要他在科技创新上取得辉煌成就，就应当得到世人的充分肯定和颂扬。对于拉瓦锡和氧化燃烧学说，另一位科学家布兰迪说过：“在科学方面，拉瓦锡虽然是一个伟大的建筑师，但他在采石场的劳动却很少，他的材料大都是别人整理而他不劳而获的，他的技巧就表现在把它们编排和组织起来。”事实表明，综合也能体现出巨大的创造价值，从某种意义上说，波义尔、舍勒、卡文迪许、普利斯特列等人只是制造出了一批砖瓦，但用这些砖瓦建成大厦的不是他们，而是拉瓦锡。

历史有时会开天大的玩笑。拉瓦锡推动了化学革命之后，就迎来了法国大革命，由于他在旧政权中担任过税务官，因而成了革命的对象。拉瓦锡最终被处以极刑，推上了断头台。数学家拉格朗日听说拉瓦锡被斩首的消息后，痛心地说：“砍下拉瓦锡的脑袋只需一瞬间，但要再产生这样一个脑袋则至少要等待一百年。”

据史料记载，在紧要关头出卖拉瓦锡并置其于死地的，是一个名叫佛克罗伊的教授，是个植物学专家。此人在巴黎植物园工作，曾与拉瓦锡一同进行过植物化学的研究，或许因其在植物学研究上无所收获，而妒忌拉瓦锡才动了邪念。

这正是：氧化说功高盖世，拉瓦锡不该断头。

欲知植物学有何进展，且听下回分解。

第六回

林奈植物园里谈分类　布丰博物馆中论进化

主角： 林奈，布丰。

场景： 生物学的早期发展历程。

看点： 生物分类方法问世，进化论思想萌芽。

且说拉瓦锡完成了化学革命即被送上了断头台，出卖他的人是巴黎植物园的一名教授。难道说那年月植物学研究无事可做，非要干那伤天害理的事吗？那倒不是。恰恰相反，当时的植物学研究方兴未艾。至于那教授为何要加害于拉瓦锡，且不去表它，还是言归正传来说一说植物学的事。

自从远洋航海成功，地理大发现之后，就有烟草、玉米、山芋、菠萝、可可、甘蔗、珍珠树等植物源源不断地运往欧洲大陆，大大开阔了人们的眼界。一批学者也远涉重洋，从各大洲带回了大量的植物标本。一时间，植物学的研究盛行于欧洲各地。然而随之出现的学术混乱状况也愈演愈烈，由于没有统一的生物分类规则和命名标准，每个学者都根据自己的喜好随意命名所发现的动植物。当进行学术讨论时，学者们彼此搞不清对方所提到的生物到底是什么，像是鸡同鸭讲。发表论文时所用的名称更是五花八门，令人摸不着边际。这种状况严重制约着生物学的突破。

正在这一锅糨糊、难分难解之际，一位高人宣称“上帝创造，我来整理”，毅然挺身而出排忧解难来了。他也是一位植物园里走出来的教授，此人正是瑞典植物学家林奈（Linnaeus，1707—1778）。

这林奈可不简单，他从小就对自家花园里的植物表现出浓厚的兴趣，进入大学以后他就立下了志向，要为地球上所有的动物、植物和矿物命名。大学毕业后他担任了植物学教授，并多次随探险队到各地进行野外考察，发现了数百种新植物，后来他回到故乡担任植物园的园长兼教授，潜心研究动植物分类学。他的主要学术成就，集中在他1735年出版的《自然系统》一书和1753年出版的《植物种志》一书中。

林奈的第一个贡献在于，他创立了一整套生物学的分类方法。他认为分类是生物学的指南，没有这个指南就要陷于混乱。在《自然系统》一书中，他把自然界分为植物、动物、矿物三界，在界下面又按照从属关系分为纲、目、属、种四大等级。他根据花的雄蕊数目和位置，把植物分为24个纲，同时根据血液、心脏、生殖方式等把动物分为6个纲。在纲的下面，他又分了100多个目、1000多个属和1万多个种。尽管林奈的分类在当时还属于人为分类，但他为后来的自然分类奠定了坚实的基础。他首创的门、纲、目、属、种的分类概念沿用至今，假如没有这套分类方法，咱们现在很可能会把蝙蝠和老鼠归为同类，也会把鲸当成一种鱼，那就全乱套啦。实际上，林奈的分类方法很快就被生物学界普遍接受，生物王国的混乱局面也因此被他调整得井然有序，因而后人称他为“生物分类之父”。

林奈的第二个贡献在于，他创立了植物的“双名制命名法”。林奈曾到过芬兰的一个小山庄，那里有大批牲畜病死却找不到病因。他发现，原来牧场里长着一种叫“毒芹”的草，导致牲畜发病。文献上早就有“毒芹”的记载，可这种毒草在当地不叫“毒芹”，因而人们不知道。于是他下决心解决植物的命名问题，他提出，用拉丁文将种、属的名称并列起来，再注上发现者的姓名。这样就取消了繁琐的描述性名称，克服了同一植物有多种名称的混乱现象。在《植物种志》一书中，林奈用“双名制命名法”为7300多种植物重新命名。那个时候可没有电脑助他一臂之力，这是一项浩大的科学工程了，他一人独立完成堪称奇迹。他因此也获得了“植物学之王”的美誉。

虽然林奈在生物学上的创新成就显而易见，但由于历史局限性，他的思想方法过于静止、极端。他对分类异常痴迷，凡接触到的事物都要加以分类，甚至把植物学家也做了分类：植物学家、植物爱好者、植物收藏家、植物演说家、植物辩论家等等。这显然已到了走火入魔的地步。同时，林奈在分类学研究中明确提出了物种不变的观点，他说：“物种是上帝创造的，最初创造了多少种，现在就是多少。”他否认了物种的进化，也就不可能说明物种的来源问题。到了晚年，林奈面对大量的物种变异事实，对自己的物种不变观点作了一定修正，他不得不承认杂交可以产生新的物种，“物种是时间的产儿”。当生物学的分类工作日趋完成之时，进化论的思想就该破土萌芽了。

要数近代进化思想的先驱人物，首推法国博物学家布丰（Buffon，1707—1788）。他与林奈同一年诞生，却与林奈走的不是同一条科学道路。林奈专注于实际研究，侧重于生物分类，而布丰更多地热衷于猜测，侧重于生态领域。布丰是最早对“神创论”提出质疑的科学家之一，他发现许多动物都具有一些无用的退化器官，“如果物种是万能的上帝创造的，那么这些无用的退化器官怎么会存在呢？”带着这种疑问，他开始大胆地寻找答案。布丰长期在法国皇家博物馆工作，有条件接触到大量的素材和实物标本，在那里，他完成了自己的成名作《自然史》。

《自然史》共分为44卷本，包括《地球形成史》《动物史》《人类史》《鸟类史》《爬虫类史》等，是一部描述地球和生物起源的博物学巨著。书中体现出的许多进化观点，令人耳目一新。他否定了《创世纪》中所讲的地球只有6000年的说法，估计地球的历史在7万年以上。按照布丰的说法，地球本身是被彗星从太阳上吸出来的一块“日泥”，它在离开太阳之后，就在牛顿万有引力的作用下收缩成球形并慢慢冷却，地球表面于是相继出现了海洋、陆地、矿石、植物、鱼类、陆地动物、鸟类，最后才出现了人类。随着地质的演变，地面气候、环境、食物也在不断地变化，人就是这种变化的产物。

这的确是一个大胆的猜想。布丰还进一步推断，人最初出现时，地球的表面仍然灼热难耐，人的皮肤甚至都被高温烤成了黑色，因此皮肤黑的人更能耐受住热带高温，而怕热的人就慢慢移居到了寒带地区，皮肤也逐渐变白。后来人类又学会了使用火和工具，于是在全球各地的气候环境中生存下来。布丰这些观点的形成，主要受到两类事实的启发：一是化石证据的研究，有大量化石表明，古代生物与现代生物有明显区别；二是退化器官的存在，例如猪的侧趾虽已失去功能，但内部骨骼仍完整，因而他认为有些物种是退化而来的，驴子就是退化了的马。布丰还批评林奈，说他只关注物种之间的细微差别搞分类，而没有把生物看作自然秩序的一部分。布丰在比较了动植物的差异之后确信，动物与植物之间没有显著的界线。他说：“在动植物里面，只要有哪怕一个物种是通过直接遗传过程从别的物种产生出来的，那么自然力量便无法限制了。只要有足够的时间，大自然就能够从一个原始的物种发展出一切其他的生物物种来。”

布丰强调环境变化对物种变异的影响，这种生物转变论与当时流行的自然发生说有着本质的不同，它已经包含了物种进化的思想萌芽。虽然布丰没有指明生物是由低级向高级发展，并且迫于教会的压力，他也不得不说物种最初是由上帝亲自创造的，但他从时间上给大自然编造的一个演化过程，称得上是大胆的进化猜想。不管怎么说，布丰作为进化思想的先驱者，对后来的生物学家们产生了很大的启蒙作用。

林奈和布丰那个年月，生物学的研究还有一些其他的热闹迹象：法国的列奥弥尔，提出“昆虫”概念并研究了一批昆虫的习性；沃尔夫等人阐明了鸡肠的发育过程，推动了胚胎学发展；英国的尼达姆进行了微生学的研究；德国的帕拉斯研究了肠道寄生虫；等等。但热闹归热闹，成就却都不突出，这主要还是由于当时生物学整体上“还躺在摇篮里”，还没到大喊大叫站起来的时候，就连“生物学”这个学科概念也没问世。数过来数过去，那个年代还是林奈、布丰两人鹤立鸡群，成就最大。他们身在植物园、博物馆中，凭着得天独厚的资源条件和聪明智慧，唱了一出创新史上的二人转好戏，推动生物学蹒跚学步向前迈进。其实那个时候，大多数学科都与生物学的境况一样，体现出“副业”的种种特征。电磁学的起步也是如此，就是由一些业余爱好者“把玩”出来的。

这正是：生物科学一出启蒙戏，林奈布丰演唱二人转。

欲知电磁学如何“把玩”出来，且听下回分解。

第七回 吉尔伯特王宫论磁　富兰克林风筝取电

主角： 吉尔伯特，富兰克林。

场景： 磁学相关概念的提出，静电学研究和蓄电池的发明。

看点： 早期的科技活动显示出“副业”特征。

话说科学革命以后的一二百年时间里，虽然各学科领域摆脱了神学的束缚，创新成果如雨后春笋般涌现，却基本上是业余爱好者搞“副业”弄出来的玩意，此话当真？这可是一点不假的历史事实。那年头，根本就没有“科学家”这个说法，如果谁想把搞科研当个职业，那是领不到一分钱工资的。别说是林奈在植物园、布丰在博物馆“不务正业”了，就连大学那也是绝对的“以教学为中心”传道授业，没人硬要教授们去搞科研，当然啦你闲得没事搞搞研究也没人拦着，但你要是只搞研究不讲课那就回家去吧。

这话听起来好像很邪乎，那英国皇家学会不是明摆着有一大批科学家吗？那只是表面现象。千万别把当时的皇家学会理解为我们今天的“科学院”，那里的“科学家”们的真实身份，其实都是牧师、商人、医生、政客、教师等等，因为大家对科学研究有着共同爱好和兴趣，茶余饭后在一起切磋、交流、聚会而已。

牛顿出名以后一直到去世都担任着皇家学会的会长，但他的真实身份却是英国造币厂的厂长。然而，可不能小看这些“业余选手”，近代早期大量的科学积累都是在他们手上完成的，正因为先有了他们，才会有后来真正的职业科学家。此回不妨再静下心来，领略一下早期电磁学起步时，“业余选手”们的高超智慧。

吉尔伯特（Gilbert，1544—1603）这个名字，是与“静电学”紧紧联系在一起的，英文的“electricity”（电）这个词就是由他最早创造出来的。他是一位拥有博士学位的医生，因其医术高超被召进了王宫，担任英国女王伊丽莎白一世的御医。这么一个御医却“不务正业”琢磨着静电学的玩意。说来，吉尔伯特出生在英国一个大法官的家庭，他在科学方面的兴趣，远远超出了医学范围，在物理学、化学、天文学方面都有着渊博的知识。特别是对电和磁现象，他在行医之余进行了大量的观察和实验，取得了历史上最早的一批电磁研究成果。1600 年，他把多年对电和磁的研究累积，写成了《论磁》一书在伦敦出版。

作为近代电磁学的开山鼻祖，吉尔伯特的研究成就主要体现在三个方面。一是对静电作了开创性研究，他用琥珀、金刚石、蓝宝石、硫黄、明矾等十几种物质做实验，发现它们中的大多数经摩擦后，都具有吸引轻小物体的性质。他认为这是物质的一种普遍现象，把摩擦吸引小物体的现象归结为“电力”，把此类能吸引小物体的物体称为“带电体”。据此，他发明了第一台验电器，并证明离带电体越近，“电力”就越大。对电的本质，吉尔伯特认为是一种“电液体”，带电体吸引其他物体时，“电液”就从带电体流向被吸物体。这些观点，构成了人们对电学的最初认识。二是对磁现象作了深入研究，他记录了磁石的吸引与排斥特点，研究了加热、遮挡等条件下磁性的强弱。他还研究了磁针与球形磁体间的相互作用，并断定地球本身是一个大磁体，进而得出了“磁轴”“磁子午线”等概念。三是他提出了物理学上的一些重要概念。在《论磁》一书中，他提出了“磁力”概念。他还认为，磁石的磁力大小与其“质量”成正比，这应该是历史上第一次独立于重量而提到质量。这些概念都是物理学新思想的萌芽，给后人很大的启发。但是由于历史局限，吉尔伯特没有认识到电和磁的关系，而是把两者孤立起来，这对后人也有着很大的影响。

在其后很长一段时间里，吉尔伯特所说的“电”并没有引起人们的关注，毕竟日常生活中很难感受到电的存在，直到“莱顿瓶”的发明才彻底改变了这种状况。所谓“莱顿瓶”就是我们今天的蓄电池，因其发明者穆欣布罗克是荷兰的莱顿城人，故得此名。当时穆欣布罗克与其助手在做实验时，无意中把一个带静电的铁钉子掉进了盛水的玻璃瓶中，当伸手进去取钉子时，突然感到了电击。这表明带电体放在玻璃瓶内可以把电保存下来，于是就有了莱顿瓶。这一发明，提供了贮存电的有效方法，为研究电现象找到了新手段，同时也对电知识的传播起了重要作用。想想今天要是没有电池会怎么样，你连手机都带不出门，历史上最早的电池就是这么一不小心冒出来的。

最初的“蓄电池”一诞生，法国人诺莱特就用莱顿瓶进行了一场声势壮观的电学表演，他邀请了国王路易十五及其他王室成员亲临现场观看。他让 700 名修道士手拉手排成一行，请排头的修道士握住莱顿瓶的一根引线，让排尾的修道士去抓另一根引线，刹那间，700 名修道士受到电击几乎同时大呼小叫，在场观众无不目瞪口呆。这一令人信服的现场示范，向世人展示了电的巨大威力。与此同时，德国工程师克莱斯特也发明了贮电的瓶子，因而德国人到现在也不把贮电的瓶子叫“莱顿瓶”，而是称作“克莱斯特瓶”。

不管它叫作什么瓶，总归能够把电贮存起来，让人真真切切地感受到。至于用街头表演的方式去传播，这并不是什么新鲜事。那个年代的很多科学发现、发明，在世人眼里不过是雕虫小技，与街头的杂耍并无两样。只是科学技术毕竟是高级得多的“杂耍”，经过一代代人持续把玩，越玩越大越玩越神奇，以至对人们的生产和生活方式产生巨大影响，这是后话。

就在发明莱顿瓶的1746年底，一位名叫克林斯的英国人把一只莱顿瓶邮寄到了美国，另一位“业余高手”收到了这只莱顿瓶，把电学的“把玩”推向了又一个高潮。这位“业余高手”就是蜚声国际的人物、美国人心目中的大英雄富兰克林（Franklin，1706—1790）。

富兰克林既是一位杰出的政治家，也是一位优秀的科学家。他是美国独立战争的勇士，参与起草了《独立宣言》和美国宪法，积极主张废除奴隶制度，对美国的国家制度初创作出了重大贡献，深受美国人民的崇敬。富兰克林在从政之余对科学研究有着浓厚的兴趣，他在光学、热学、声学、数学、植物学等领域多有建树，并且发明了避雷针、新式火炉、电轮、三轮钟、双焦距眼镜、自动烤肉机、玻璃乐器、新式路灯等一系列新用品。对只受过两年小学教育的富兰克林来说，这些辉煌的创新业绩，简直是神话般的奇迹。他说过：“诚实和勤勉，应该成为你永久的伴侣。”这话也是他一生的真实写照。

收到英国寄来的莱顿瓶，富兰克林对电学的研究兴趣大增。他用莱顿瓶做了大量实验，提出了正电与负电的概念，这决不只是符号意义上的新名词，而是为电现象的定量研究提供了基础。接着，他又发现了电荷守恒定律。有一次在家里的实验中，富兰克林的妻子不小心碰到了莱顿瓶，立时一团电光闪过，她被击倒在地。这一意外事件，让思维敏捷的富兰克林想到了空中的雷电，他断定雷电也是一种放电现象，应该与莱顿瓶里的电是一样的。

他于是写出一篇名为《论天空闪电和我们的电气相同》的论文，此文寄送给英国皇家学会后，遭到了许多人的嘲笑，认为他的观点是天方夜谭。

富兰克林决心用事实来证明自己的设想。1752年6月的一天，富兰克林和他的儿子一起，在一场暴风雨来临前放飞了一只装有铁丝的风筝，一道闪电从风筝上掠过，富兰克林握着铁丝的手立刻感到一阵强烈的麻木，他不禁大喊一声："我被雷电击中了。"随后，他把风筝上的雷电引入莱顿瓶中，回到家经过各种实验，证明了天上的雷电与摩擦产生的电具有完全相同的性质。富兰克林还真是福大命大，他只被雷电击打了一下便取得了重大发现，而俄国物理学家赫曼为了验证富兰克林的实验则被雷电击中当场毙命，成为电学实验的第一个牺牲者。血的代价，让世人信服了富兰克林的理论，同时也产生了对雷电的恐惧。富兰克林却毫不畏惧，他继续进行雷电实验，并制成了实用的避雷针。后来，避雷针相继传到英国、德国、法国，在世界各地获得普遍使用。这项创新技术今天在高楼大厦的顶部随处可见。

不仅仅是电学研究，富兰克林的其他创新成就也可圈可点。在数学领域，他创造了八次和十六次幻方，这两种幻方变化复杂，至今还为数学家们所称道；在光学方面，他发明了老年人使用的双焦距眼镜，老年人戴上它视物远近皆宜；在热学领域，他发明了被称为"富兰克林炉"的节能炉具，可节省四分之三的燃料。此外，他在气象、地质、声学、海洋等领域还有不少成就。富兰克林溘然逝世时，美国人民为他举行了为期一个月的哀悼，英国、法国的议会和民众也纷纷举行悼念活动。这表明富兰克林不仅属于美国，也属于全世界。

"科学的真理就像新生的婴儿一样，必将在斗争中不断发展，无往而不胜"，这是富兰克林的一句名言。近代科学的早期发展，充分印证了富兰克林的话。这个“新生的婴儿”显示出了强大的生命力，在一批又一批勤奋、执着的“业余选手”的调教和培育下，不断成长、不断壮大，直到成为推动人类文明进步的首要力量。在这一过程中，世界各国、各民族的科技精英们付出了巨大的心血，这是不容置疑的事实。但由于发展的不平衡，这一时期的科技创新活动，有的国家进步慢，有的国家进步快，有的国家则成为焦点地区。

这正是：玩电弄磁靠业余，科技早期乃副业。

欲知这个时期哪个国家的创新活动最活跃，且听下回分解。

第八回

各路豪杰八仙过海　科学盟主花落英国

主角： 英国。

场景： 近代早期的科学发现、技术发明琳琅满目。

看点： 科学活动中心的转移现象。

且说御医吉尔伯特、政治家富兰克林这些非职业的科学家纵横驰骋于科技创新领地，为近代早期的科技积累作出了不可磨灭的贡献。与这种“副业”现象相对应，这些业余科学家完全不局限于具体的学科领域，对什么有兴趣就研究什么，他们中的许多人往往同时在多个领域都颇有建树，体现出多才、高产的特点。像牛顿、伽利略等人，说他们是物理学家理所当然，说他们是数学家他们也当之无愧。用“博士”形容当时的科学家恰如其分，现今的博士与之相比或许只能算是“专士”了，当然这是后来学科精细分化、研究日趋深化而个人无力再同时涉足多个领域所致。正如恩格斯所说：“那是一个需要巨人而且产生了巨人——在思维能力、热情和性格方面，在多才多艺和知识渊博方面的巨人的时代。”

前面几回表过的创新事件及精英人物，只是一些典型案例，若要细数近代早期大量的科学发现和技术发明，那是三天三夜也说不完的，本回不妨再挂一漏万地说一说。

科学经过启蒙之后，开始快速发展，这就不得不先简单说一说科学仪器的发明。例如，在观察仪器的发明和使用方面，荷兰的詹森发明了复显微镜；英国的胡克在其《显微术》一书中详细介绍了显微镜的使用方法，他还发明了验湿仪、风速计、雨量计等；伽利略则是把望远镜用于科学观测的第一人，他还发明了温度计；托里拆利发明了气压计；盖里克发明了抽气机。这些人都是在从事科研活动时，研制出了相应的科学仪器。还有些人则是当时著名的仪器制造行家，如研制出天文象限仪、测微仪的英国的格雷厄姆、柏德等人，发明了地平纬度测量仪的美国机械师戈弗雷，发明了航海时计的英国人哈里森，这些仪器的复杂性和精确性都达到了很高的水准。涌现的大量科学仪器，替代了过去靠人的感官进行观测的传统方法，极大地促进了科学的发展，这也是近代早期科技创新活动的又一个显著特征。

在数学领域，数学符号的运用是个创举，如今代数及运算使用的符号，大都发明于那个时期。英国的耐普尔等人发明了对数，使计算技艺有了新的进步；法国的笛卡儿首创了解析几何，而另一位法国人费尔玛则创立了微分几何学并发现了数论方面的许多重要定理；瑞士的伯努利兄弟、法国的拉格朗日，把微积分成功地推广到物理学的各领域；英国的沃利斯率先提出了曲线求积的方法；等等。

在物理学领域，荷兰的斯特劳发现了流体静电学的一些重要定律；英国的托里拆利创立了流体动力学，帕斯卡则创立了气体力学；英国的泰勒、莫森等人提出了声音振动频率公式，伽桑狄、盖里克等人对声音的传播方式、声速等进行了有效的研究；英国的哈雷研究了海洋和蒸发现象，提出了用海洋盐度来推测地球年龄的方法；等等。

在医学领域，开始了对各种疾病的仔细观察和详尽描述，专门化的疾病研究和医疗仪器的应用成为那个时代的特点。桑克托留斯发明了第一个体温计、脉搏计，莫雷尔发明了止血带，塞维利诺用冰雪作冷冻麻醉剂，霍勒留斯为近视眼配眼镜等，都推动了临床诊治技术水平的发展。英国的西德纳姆倡导临床教学方法，法国的莫尔干尼创立了病理学，瑞士的哈勒尔提出了系统的人体生理学研究等，都把医学发展水平向前推进了一大步。

在生物学领域，瑞士的格斯内、意大利的阿德罗范迪、英国的沃顿等，先后出版了动物学专著，提供了动物研究的大量基础性资料；英国的胡克最早用显微镜观察到了动植物的细胞结构；等等。而在地质学领域，德国的阿格里科拉、丹麦的斯特诺等对地层构造、地壳形成的机理进行了研究，英国医生利斯特绘制出第一张地质图，等等。

在科学理论知识获得积累的同时，实用技术也在相对独立地发展着。那时的科学理论也偶尔会促进实用技术的进步，但更多的情况是，实用技术为科学理论的发展提供资料素材和方法手段。有代表性的实用技术发明包括：在农业领域，塔尔发明了畜力条播机，范伯格、米克尔发明了脱粒机；在纺织领域，英国人发明了脚踏纺车、织袜机等；在建筑领域，各式建筑材料的强度计算方法，梁、柱的应力性能计算，拱形顶的计算等先后被工匠们攻克；在矿业和冶金领域，捣矿机、熔炼炉等各类实用工具不断得到改进；在机械工程领域，各种水轮、水泵、运输车辆先后问世，计算尺、带齿轮装置的计算机器也相继投入使用；等等。实用技术的发明创造可谓琳琅满目、不胜枚举。

说到此处，已是眼花缭乱、目不暇接，却未见提到过我中国人的尊姓大名，何故？其实那个时期的中国，经历了明朝嘉靖、万历、崇祯，清朝开国至康熙年代，封建社会的发展已过了最高峰进入衰落。科技成就并非一无所有，像李时珍的《本草纲目》、徐光启的《农政全书》、宋应星的《天工开物》等流芳后世的名著，都是那时的杰作。只是中国的这些科技先驱始终没能跳出古代传统科学的圈子，仍旧在老路上匍匐前行，未能走上实验科学的新路。虽然徐光启等人与当时来华的意大利人利玛窦等有过接触和交流，兆示出近代实验科学引入中国的一丝曙光，然终因复杂的历史原因而夭折。近代科学最终还是与中国擦肩而过，以至于曾创造过古代灿烂文化的中华儿女，在近代大量的科学发现、技术发明中难觅一席之地，令人扼腕、引人深思。

然而，若要对近代科学未能在中国产生的原因进行分析考证，那也大可不必。其实在世界历史的长河中，科学的发展和进步从来就不是匀速直线运动。在时间上，它呈现出“潮涨潮落”的特点，往往在几个迅速发展的时期之后，隔有更长的缓慢时期甚至衰退时期。古代科学曾开创出黄金时代，然而到了中世纪则进入了沉寂的黑暗时期，文艺复兴运动后又再次进入兴盛时期。在空间上，它呈现出“此起彼伏”的特点，在同一个历史时期，总有些国家发展缓慢甚至停滞不前，也有些国家则发展相对较快，还有个别国家异常活跃，成为世界的“科学活动中心”。日本神户大学教授汤浅光朝对“潮涨潮落”和“此起彼伏”现象进行了研究，认为科学活动的中心在世界范围内随时间的流动而不断迁移，提出了所谓的“科学活动中心转移理论”。他说：“科学活动的活跃时期比起每一个国家的历史要短得多，就如同玫瑰花和少女很容易丧失自己的青春一样。”

按照“科学活动中心转移理论”，历史上第一个科学活动中心出现在古希腊。古希腊经济繁荣使得教育和研究比较发达，形成了理性主义和现实主义相结合的文化特色，带动自然哲学探究世界的本原，涌现出亚里士多德、欧几里得等一大批古代科学家，我们今天使用的大量的科学概念和术语都源于古希腊时期。随后，古希腊的城邦逐渐衰亡，这个科学活动中心也就宣告终结。接下来的第二个科学活动中心出现在古伊斯兰，那里融合了古代中国、古代印度的文明，继承和发展了希腊学术传统，涌现出阿维森纳等一批集天文学家、数学家、博物学家、医生于一身的科学代表人物。进入中世纪黑暗时代后，世界的科学中心便成为落日黄花，风光不再。

近代的科学活动中心首先出现在意大利。从科学革命开始，意大利成为科学活动的一个大舞台，产生了一大批科学巨匠和创新成果。以伽利略为代表的意大利科学家，继承和发展了古希腊的科学文化，开创了实验科学的新时代，使自然科学摆脱了神学的束缚而获得大解放。但是，随着伽利略、布鲁诺等人遭到教会的残酷迫害，意大利这个活跃了半个多世纪的科学活动中心，便“无可奈何花落去”了。

17 世纪下半叶到 18 世纪初，也就是“科技创新 300 年”这个节点起，英国逐渐发力，成了世界科学活动新的中心。

这么说并非信口开河，而是有事实为证。其一，英国皇家学会的成立，云集了牛顿、胡克、波义尔、哈雷等一大批科学家，标志着科学活动由分散的个人行为向团体活动发展，得到了社会的公开认可，这是前所未有的历史进步。其二，英国的科学家人数、科研成果数量，远远超过同时代的其他国家，前面提到过的大量科学发现和发明的事例，很多是跟英国人的名字联系在一起的。据后来统计，英国 17 世纪末前后的科学家人数，占当时全世界科学家总数的 36% ，他们的科研成果占当时全世界科研成果总数的 40% 以上。其三，牛顿这样的大科学家为英国担当科学盟主扛起了大旗，他一生的数十项重大科学成果，奠定了近代科学的理论根基。有这样里程碑式的人物做旗手，英国的科学中心地位在当时无人可撼。当然，随着牛顿的谢世，英国的盟主地位又旁落，这是后话了。

“科学活动中心转移理论”在20世纪中叶被提出以后，包括中国学者在内的各国理论高手纷纷登场，对这一有趣的历史现象进行解读，至今仍不断有新见解出笼。围绕着科学活动中心形成的机制，有各种各样的说法，大致可归结为社会的变革、文化的震荡、经济的增长、新学科的崛起、社会的科学能力、人才的大规模流动等因素，总之成因复杂，非三言两语道得清。然而有一点不可忽视，那就是，以科技创新为主线的思想方法论对科学活动起着极其重要的作用。因为科学活动终归是人的社会活动，而人的活动必定受到思想的支配。

这正是：回眸细数科学果，独领风骚在英国。

欲知英国盟主时期的思想方法论，且听下回分解。

第九回

培根与笛卡儿论剑 方法折射时代精神

主角：培根，笛卡儿。

场景：科学发展催生新的哲学思想，哲学思想又反作用于科学发展。

看点：机械唯物论的科学观，经验主义和理性主义方法论。

话说英国当盟主时期，牛顿力学登峰造极，左右着科学的整体发展大势。用力学理论解释一切自然现象，以机械运动模型类比各种复杂的物质运动，成为时尚。人们把温度的高低、燃烧现象、光的传播等统统理解为物质的流动，于是热素说、燃素论、电的流体和光的微粒说先后出笼。继而又把力学中“力”的概念推而广之，产生了各式各样“力”的学说，诸如“热力”“电力”“磁力”“化合力”“生命力”等，不一而足。牛顿本人就宣称过：好多理由，使我发生一种推想，觉得各种现象都与某种“力”有关。惠更斯也坚定地认为：在真正的哲学里，所有自然现象的原因都应当用力学术语来陈述。法国人拉美特利更是依葫芦画瓢，写出《人是机器》一书，把复杂的生命活动归结为机械运动过程，认为骨骼不就是杠杆吗，关节不就是滑轮吗，心脏不就是水泵吗，等等。在这种大背景下，机械唯物论的哲学思想便应运而生了。这种哲学思想所体现出的时代精神，从自然观、科学观和方法论方面对科学的发展产生了决定性的影响。

说到那机械唯物论，先要来正个名。它绝非后人用“大批判”的眼光随意斥责的玩意，而是对近代科学发展起过极大促进作用的思想方法，在当时是满满的一种正能量。一来，它坚持用物质的原因解释各种自然现象，把自然现象的原因归结为自然界本身的规律和作用，在引领近代科学摆脱神学的过程中发挥了至关重要的影响。二来，它激励科学家们用分析和解剖的手段，从观察和实验中取得感官的经验材料，这对科学发展的初期来说是非常必要的。三来，它在科学活动中体现出的机械还原方法，即把一切自然现象还原为机械运动图景的方法，引导科学家们征服和认识了一个又一个自然领域。比如波义尔、拉瓦锡把化学反应还原为“原子”的机械运动，哈维把血液循环看作典型的力学过程，光的波动说和微粒说都不约而同地把光理解为机械运动，等等。当然，机械唯物论作为一个特定时代的哲学思想，忽略了事物间的相互联系，忘掉了事物的运动变化，只见树木不见森林，因而又存在着较大的缺陷，以致后来成为阻碍科学发展的因素，从正能量变成了负能量。

与机械论的还原思维方法相对应，英国当盟主时期的科学方法论形成了两个主要思潮。一个是经验主义方法论，它强调科学实验和感觉经验的作用，推崇归纳法；另一个是理性主义方法论，它强调思维直觉和理性推导的作用，推崇演绎法。这两种思潮出现在同一时代，各有其代表人物，他们对经验和理性在科学探索中的作用存在着不同的看法。两派观点相互对立，各执一词，却都在与神学权威的斗争中获得了胜利，并且引导后来的科学家们沿着正确的方法论轨道不断前进。

前面讲了这么多抽象的道道，听起来多少有点晦涩。但领会科技创新不光是直观地看热闹，也要探询“螳螂捕蝉”背后的那只“黄雀”，不妨烧烧脑一起来剖析。

弗兰西斯·培根（Francis Bacon，1561—1626）是经验主义方法论的杰出代表，这可是个早慧的学霸神童。他13岁就进入剑桥大学，16岁开始发表论文，在英国历史上是一位影响很广的大思想家。他堪称近代英国唯物主义哲学的鼻祖，也是近代归纳法的创始人。虽然培根是一位基督教徒，但他“离经叛道”，主张哲学与神学分离，对封建教会推崇的经院哲学进行了尖锐的批判。他认为经院哲学是一种颓废的学术，只是擅长空幻的辩论，而不能产生任何有益于人类的实践效果。在他的名著《新工具》一书中，培根极力倡导观察和实验，认为科学工作的任务，就是在眼睛所见的自然事实背后去寻找其规律。他还告诫人们要重视方法论，把向来受到轻视的感觉经验上升为一种科学原则，并创立了新的归纳法。培根提出，现实经验与科学理论的“婚配”，必须通过“观察—归纳—发现真理”的完整过程，这应当是科学研究的基本程序。培根的归纳法不是简单事实的罗列，而是要概括范围趋于无限广大的事实，并用排除法对所得结论进行筛选，最后再用新的事实去验证结论。这种归纳法在近代科学史和哲学史上都具有开创性的意义。

照理说，培根算不上是一个科学家，他从来没有提出过具体学科中的某种定律、定理，也未揭示过某个新的自然法则。但他却注重研究科学的一般方法，在科学家们“螳螂捕蝉”的同时，做着背后“黄雀”的工作，他在科学方法论方面作出了巨大贡献。马克思评价培根说，他是英国唯物主义和整个实验科学的真正鼻祖。

“知识就是力量”，这句经典名言就出自培根。他对科学的重要作用有充分的认识，主张借助科学发现和发明的力量使人类驾驭自然界。在培根看来，人应当是自然界的主人，人类要控制自然力就需要不断发展科学。他指出，文明人与野蛮人的区别，几乎是神与人的天壤之别，这种区别不是凭空而来，而在于是否掌握了科学知识。他说："科学的真正合法的目标，就是要给人类生活提供新的发现和力量。"进而他还设想，要建立依靠科学技术实现经济发展的"理想国"，国家领导者应该热心于科学事业，政府官员应该都成为科学家、发明家，用科学技术来不断改善人们的生活。他提出了"学者与工匠结合""知识与力量统一"的口号，主张学者到工匠中去创造学问，推动生产技术的发展，他称自己的这种观点是"学问大革新"。可以这样说，把科学技术的地位提高到重要的社会高度，培根是史上第一人，他的观点已经体现出了科学技术是生产力的思想萌芽。

培根的科学方法论在促进科学发展的同时，也有历史局限性。他提倡归纳法和实验科学，却轻视和排斥演绎推理及数学，甚至不承认数学是科学。同时，他也对当时的科学热点问题视而不见，他否定哥白尼天文学的成就，认为那主要是靠想象而不是事实得来的，因而是错误的学说。他对哈维的血液循环理论也不屑一顾，尽管哈维当时曾担任过他的私人医生。此外，培根虽然承认物质的运动，但却认为运动只是已知的几种固定运动形式的不断重复，不承认运动形式的复杂变化。培根的科学方法论的所有这些不足之处，对后来科学思想的发展产生了消极影响。

不管怎么说，培根作为一位伟大的思想家，对科学发展的贡献堪称一只值得大大称道的"黄雀"。表过此翁之后，再接着表一表跟培根思想针锋相对的另一只"黄雀"，他名叫笛卡儿（Descartes，1596—1650）。

此翁是理性主义方法论的代表人物。他早年在法国教会学校学习，后来当了军队的一名文官，开始研究哲学和数学。他的主要著作有《方法论》《形而上学沉思录》《哲学原理》等。这些著作都是针对封建教会和经院哲学的，因而被教皇列入禁书目录。笛卡儿主张用思辨推理的方法研究科学，他继承了古希腊数学家的风格，强调数学在科学发展中的重要作用。他认为数学推理是方法论的核心，对科学发展起着指导性作用。按照自己的思想，笛卡儿潜心钻研数学多年，并创立了解析几何学。他主张理性的至高无上，不仅与感性知觉相比是认识事物的最高阶段，而且是人的感官所不能直接感受到的一切知识的源泉。进而他认为，感性知觉不可能成为科学理论的来源，他说："我一向当作最真实可靠的东西加以接受的一切事物，都是通过感官而得知的，可是，我有时发现这些感官是骗人的，所以对那些骗过我们一次的东西不要相信。"

在激烈地批判经院哲学的同时，笛卡儿提出了理性主义方法论的演绎法。他的演绎法建立在数学基础之上，对古希腊亚里士多德的"三段论"有新的发展。在笛卡儿看来，作为演绎法出发点的命题与数学的公理相似，是直观的可靠的真理，应当通过逻辑的途径及带有数学特色的讨论，从一些简单的、显而易见的原理中推导出科学结论。在谈到他的演绎法的作用时，笛卡儿认为"三段论"及其他逻辑规条都只能用来解释已知的事物，而他的新演绎法却能够推导出全新的、未知的科学结论。

与培根的方法论一样，笛卡儿的方法论也存在着缺陷。他轻视观察实验，认为除了生物学领域需要用些观察解剖手段之外，科学领域几乎没有什么可以进行实验的内容。他作为数学家，虽然赞成用数学方法描述自然现象，但却坚决反对用实验办法再现自然现象，认为那是毫无意义的假象，靠实验不可能得到科学结论。同时，他的思辨倾向和演绎方法，又承认神在理论上是存在的，这使他把从神的手中抢夺出来的新方法最终又还给了神。所以，马克思评价笛卡儿时，认为他是把科学实践与哲学思想分离开来的二元论者。当然，按照马克思的观点来看，笛卡儿跟培根一样，都是科技创新史上值得大大称道的“黄雀”。

同时代的培根和笛卡儿的科学方法论，对欧洲科学的发展有着深刻的影响。培根出自英国，后来的英国皇家学会就是在培根思想的鼓舞下成立的，也是以培根的“理想国”为目标而开展各种活动的。同样，法国后来成立的皇家科学院，则以笛卡儿重理性、重演绎的传统而开展活动。如果说培根的思想对英国科学革命、技术革命产生了巨大影响的话，那么笛卡儿的思想则对欧洲大陆各国学者有着很深的影响。英、法两国各自所编的百科全书都因他俩的影响而有所不同，各有侧重地反映着他们两人不同的思想方法。回过头细察，虽说培根和笛卡儿都没能建成完整的科学方法论体系，但两人的思想结合起来则已接近完整的科学方法论了。后来的科学家们，都是在他们两人思想的共同启示下，向科学领域的纵深不断进军，并取得了一个又一个新的成就。

公说公有理，婆说婆有理。其实培根和笛卡儿都很有理，他们的科学方法论观点看似对立，实则互为补充。再细看科技创新的历史进程，培根思想最初的影响力更大，因为那毕竟是科学的英国盟主时代，笛卡儿的思想影响则在18世纪以后科学理论的构建期间日益凸显。培根关于依靠科技推动社会生产的断言，很快就在英国随后兴起的那场轰轰烈烈的产业技术革命中得到印证。

这正是：力学时代觅特征，玄机尽在方法论。

欲知英国产业技术革命情况如何，且听下回分解。

第十回

产业革命风雨欲来　英伦半岛跃跃欲试

主角：英国社会各界。

场景：第一次产业技术革命的前奏曲。

看点：落后的生产方式催生革命性突破。

且说人类历史上第一次产业技术革命，发源于18世纪中叶的英国。那是一场以技术革新为中心的巨大社会变革，同时也是以工业化彻底改变了社会生产面貌的一场革命，所以又被称为“技术革命”“工业革命”，或干脆就称“产业革命”。其实，科学与技术这会儿还没走到一起，这几种说法此时指的都是同一件事，只是讲故事的角度不同而已。这次产业革命，以机器作业代替手工劳动、工厂制代替作坊制为基本特征，极大地提高了社会生产力。千百年来的农业社会经过这场大变革而步入了工业社会，人类的生产和生活方式随即发生了深刻变化，从而迈进了一个“豁然开朗”的崭新时代。

有关这场产业革命的具体内容，本回暂且按下，容后再表。单说一说为何不早不晚，偏偏在18世纪中叶，忽然间爆发出这么一场大变革来，莫非那产业革命的大闸门是在一夜间拉开的？

冰冻三尺非一日之寒，滴水穿石非一日之功。产业革命既是生产技术的巨大创新，也是生产方式的巨大创新，但这场创新并非偶然历史事件，而是经过了充分的社会酝酿和积累过程。在经历了16世纪反宗教神学的思想大解放、17世纪的经济发展和科技进步之后，18世纪的西欧各国发展到了历史的一个临界点上，整个社会处于大变革来临前的躁动不安之中。在产业革命的发源地英国，社会各界都在不知不觉中做着迎接大变革的准备，各色人等在社会大舞台上的表演，预示着一场革命风暴即将来临。看看这些角儿演出的好戏便一目了然。

商人们上蹿下跳，催促着生产技术的改进。随着远洋航海的发展，西欧各国海外殖民扩张的规模不断增大，这就为欧洲的工业用品，特别是纺织品、枪支、金属制品、船舶及船舶用品等提供了日益广阔的市场，英国首先成为受益者。那会儿英国的商人们怎一个忙字了得，他们为攫取巨额财富而穿梭往来于英伦半岛与殖民地之间。他们越来越感觉到，以家庭作坊为主的手工制造业，已无法满足市场对货源的巨大需求。英国米德兰的制钉工业就是个典型例子。起初米德兰只有十几家手工制钉坊，后来发展到几十家、几百家，仍不能满足殖民地各国对钉子的进货需求。商人们急得像热锅上的蚂蚁，整天在米德兰地区四处乱窜，挨家挨户逼着制钉业主加大产量，却仍是杯水车薪无济于事。直到后来，米德兰发展出了轧钢机和切割机等生产设备，才有效缓解了供货压力。

商人们催促生产技术改进的同时，也推进了城市化和工业化的进程，英国的许多老工业城市就是在那时初具雏形的。你现在可以明白最早的工业化城市是怎么来的了。闻名遐迩的工业大都市伯明翰，起初只是英国中部的一个小山村，因其内河通道发达，吸引了很多商人在此从事海外贸易。逐渐地，小山村的乡土气息一天天淡化，演变为一个向海外提供各种工业用品的贸易重镇。

商人们乐此不疲，向印度提供斧头，向北美洲的土著提供枪支和战斧，向南美洲各地提供用在奴隶身上的铁链、手铐及铁颈圈等，从而带动了伯明翰及其周边地区制造业的蓬勃发展。后来，伯明翰便发展成为规模庞大的近代工业中心之一。

企业主们一看这阵势，当然也坐不住了。眼看着市场需求扩大，而传统的手工制造业难以满足需要，企业老板便顺势而为，创立了“分配加工制”。这种生产方式，就是最初分散的手工工场制。它把一个产品分解成许多零部件，每个零部件分别由不同的劳动者完成。如羊毛纺品的生产，分为刷整、梳毛、纺线、织布、修整、染色等几个基本作业，分别由不同的家庭作坊去进行。不久，分散的手工工场制又发展为集中的手工工场，老板们根据劳动的简易或复杂程度，分别配置劳动者，形成完整的工序。这种手工工场制，保证了产品制造过程连续地、顺利地、有效地进行，从而大大地提高了生产效率。它不仅有利于工人熟练作业，也有利于生产工具的改进和产品质量的提高，为后来的大工业生产奠定了劳动组织的基础。

手工工场制的出现，实际上是机器化大生产的前夜。你想，手工工场内细致的劳动分工，使每个工人只专门从事一项简单的机械动作，从而使劳动者日益丧失独立性而变成了工序的附属物，这样的工人不正是后来大机器生产所需要的吗？再说，手工工场中的劳动分工，导致了生产工具的专门化，使每种工具都只有一种特定的用途和功能，而无论多么复杂的机器都是由简单的工具结合而成的，这就为后来各种大机器的发明提供了技术条件。还有关键的一点在于，手工工场作为一种生产组织形式，可以说是现代大机器工业的先驱。你所知道的当今大型工业的生产流程，其基本原理就是从那时的工场制演化而来的。

工匠们在工种细分的情况下，被激发出了前所未有的创新潜力。他们对单调的、往复不断的劳动作业日益厌烦，于是大显身手，推进了工具的改革和工艺技术的改进。当时金属加工业发展较快，从事一线作业的工匠们发明了各式各样替代人手加工的专门工具，同时在采矿、纺织、冶炼等主要的工业领域都出现了一大批专业化的工具。这些新型生产工具的出现，为生产作业的机械化奠定了基础。紧接着，生产装置不断大型化，要求动力设备跟上，这就出现了以卷扬机、碎矿机、熔矿炉等大型设备为基础，与动力水车相结合的技术设备体系。这里要特别说一句，千万别小瞧了这些动力水车的发明和完善，它在机械发展史上占有特殊地位，这是以自然力代替人力最早的成功尝试。可以说，在蒸汽机发明以前，动力水车在手工制造业中起着举足轻重的作用。马克思在《资本论》中曾说，机械的整个发展历史是起源于水车的历史。事实上，正是那些制造、改进水车的工匠，后来成为产业革命的骨干力量。

说到动力装置，就不能不说其材料架构，这跟煤铁技术密切关联。煤是能源，铁是机械的骨架，这两大技术构成了产业革命的物质基础。早在 16 世纪末，英国的萨塞克斯、维尔德等地区，就已建成了烧木材的炼铁基地，伯明翰地区则是铁器加工基地。但从 17 世纪中叶开始，英国由于长期砍伐林木，导致木炭缺乏，陷入严重的“能源危机”。不久，煤被发现可以用作燃料，但用煤炼铁要先除硫。英国人亚伯拉罕·达比，发明了用无硫煤作燃料炼焦铁的技术，从而使炼焦铁取得了技术上的重要突破。紧接着，英国钟表匠亨兹曼发明了铸钢法，实现了铁到钢的重大技术转折，继而亨利考特又发明了搅钢法，英国从而形成了从焦炭高炉炼铁到炼钢的体系。工匠们的不断努力，使英国最早步入了钢铁冶炼机械化时代，为产业革命做好了物质准备。

资本家们的早期原始积累，在近乎疯狂的掠夺中进行着，这也为产业革命创造了前提条件。这是因为，有了巨额财富，才有可能把这些财富转化为资本，去建造厂房、购置机器和雇佣工人。最初，毛纺业的迅猛发展，酿成了英国史上著名的“羊吃人”圈地运动。新生贵族势力，强行驱赶农民、烧毁村庄、霸占土地，建立起大规模的牧羊场。后来的资本积累，资本家更是不择手段地到处搜刮财富。在海上，英国海盗大肆抢劫，攫取了巨额财富；在美洲殖民地，英国人进行着大规模的奴隶买卖，甚至强迫一般贫民像奴隶一样劳动；在北美，英国生产的许多不值钱的小物件，以骇人听闻的高价出售给印第安人，榨取大量钱财；在征服印度的过程中，英国一些公司明目张胆地抢夺印度国库中的金银财宝，然后运回国内变现为资本。马克思对资本的原始积累有过生动的描述，说它“每个毛孔都滴着血和肮脏的东西”，这话一点不假。

昔日的不少“绅士”，在资本积累过程中，忽然间变成了匪徒、恶霸，是有其社会原因的。在17世纪以前的欧洲，按中世纪沿袭下来的传统意识，一个人如果靠非法敛财过上舒服生活，会被认为是罪过。而海外殖民地扩张以后，唯利是图、大发横财的观念，刺激许多人铤而走险。这种心态观念的变化，引发人们不惜采取各种卑鄙的、暴力的手段去赚取财富。其结果，一部分人成为拥有大量土地、金钱的资本家，大多数贫苦农民则沦为雇佣工人。这一点也是爆发产业革命的社会基础。

英国政府也没闲着，在建立资本主义的工业化环境方面，政府的直接参与，是产业革命最重要的诱因。英国自16世纪起推出了一系列土地立法，让土地完全进入买卖市场，18世纪又通过议会程序鼓励用暴力手段圈地，从而加速了土地的资本主义化进程，使之成为资本积累和资本投资的重要方式。英国的海外掠夺也是在英国政府的直接参与下进行的，臭名昭著的黑奴交易、武力吞并殖民地、掠夺印度财富等，英国政府都是冲锋在前的直接行动者。在促进私人企业发展方面，英国政府也采取了直接干预手段，通过税收调节、贸易特许、优惠贷款等各种办法扶持私人企业。这么一来，各类大大小小的企业、公司如雨后春笋，在英国各地大量涌现。

英国政府的参与是多方面的，要特别一提的是专利制度。产业革命之所以首先发端于英国而不是其他国家，很重要的一个原因在于，英国是世界上第一个建立专利制度的国家。早在 1624 年，英国政府就颁布了《垄断法规》，从法律上确定了专利权的地位。这种专利制度到了 18 世纪，已经在英国日臻完善，它极大地推动了全社会的技术创新活动，其结果是把技术发明纳入了资本主义工业发展的轨道。那时候，英国人就明白了发明创造不是“雕虫小技”，是能赚钱能发财的。“利益之油”一旦浇上了“天才之火”，便越烧越旺，终于促成产业革命如同火山爆发般喷涌而至。

社会的其他角色也都纷纷登场，在产业革命风暴来临的前夜，进行着各式各样的热身活动，此处不再一一赘述。总而言之，产业革命就像是胎儿，经过了英国社会上下的充分孕育，到 18 世纪中叶已趋于成熟，只待一声啼哭降临世间。然而，那一声关键的啼哭从何而来？

这正是：山雨欲来风满楼，产业革命有前奏。

欲知产业革命由何引发，且听下回分解。

第十一回

纺织机成为导火索　产业界技术大突破

主角： 纺织机。

场景： 第一次产业革命的大致经过。

看点： 工具机的变化引发了革命。

话说产业革命已到了呼之欲出的关头，像是万事俱备只欠东风了，只待大革命的新生儿第一声啼哭传来，便会引发连锁式的剧烈反应，进而掀起排山倒海般的革命浪潮。

想象中，人人皆知的蒸汽机应该是那第一声啼哭，其实不然。第一声啼哭，或者说产业革命的发端，不是蒸汽机，而是纺织机。马克思在《资本论》中说过："引起英国产业革命的不是蒸汽机，而是工具机。"这一论断，与历史事实完全吻合。实际上，工具机才是真正引起产业革命的导火索，而工具机的变革源于纺织机。

纺织机的变革之所以引燃产业革命的熊熊大火，是由于棉纺业对技术革新的迫切需求。当时，纺织业是英国最主要的工业部门，毛纺业与棉纺业，虽一字之差，处境却完全不同。毛纺业经过几个世纪的发展，已成为欧洲的霸主行业；而刚刚兴起的棉纺业，处处受到传统毛纺业的打压和排挤，亟须在产业技术和工艺方面寻求突破。革命就是从这里开始的，说来说去跟穿衣戴帽那点事有关。

纺纱和织布，这是棉纺业两个互相配套的产业环节。起初，在低效率的手工作业条件下，纺纱和织布之间的衔接维持着一种平衡，能纺多少纱就织多少布。但是，有一天平衡被打破了。1733 年，英国钟表匠凯伊（Kay，1704—1764）发明了织布用的飞梭，用这种飞梭的自动往返替代手工操作，极大地提高了织布效率。这下子麻烦来了，织布速度快得很，纺纱的速度却远远跟不上织布的需求，陷入了一种“纱荒”——“供给侧”出了问题。后来，纺纱技术的发展反超了织布，又导致织布技术跟不上，而出现新一轮的不平衡，从“纱荒”变成了“产能过剩”。总之供给侧不改革是不行的，产业革命就在纺纱与织布技术之间此起彼伏、你追我赶的互动中，拉开了帷幕。

珍妮纺车的发明，是产业革命燃起的第一把火。这种手摇纺纱机的出现，有效解决了“纱荒”带来的不平衡。它据说是“一脚踢出来的发明”。1764 年的一天，纺织工匠哈格里沃斯（Hargreaves，1745—1778）无意中踢翻了他女儿珍妮的纺车，原先水平放置的锭子变成了竖直的，这个瞬间给了他启发。于是，他发明了由八个竖锭构成的纺车，从而把纺纱效率一下子提高了七八倍。他把这一发明用女儿的名字命名为“珍妮纺车”，于 1770 年向英国政府登记了专利。珍妮纺车的出现，是手工工具变为机器的一个重要标志，掀起了产业革命的浪潮。正如恩格斯所说：“使英国工人的状况发生根本性变化的第一个发明是珍妮纺纱机。”

序幕拉开，接下来便好戏连台。珍妮纺车不断改进，由最初带动八个锭子发展到八十多个锭子。这么沉重的机械装置，哪个壮汉摇起来都是很吃力的，继续靠人力运转越来越难以胜任了。1768 年，理发师阿克莱特（Arkwright，1732—1792）制成了一种新的水力纺纱机，并于次年向英国政府登记了专利。这个阿克莱特，是科技创新史上颇有争议的人物，你一个理发师不好好剃头捣鼓那玩意干吗？他的这项发明，据说是剽窃了一个名叫海斯的工匠的发明成果，因而被认为是英国专利史上的一桩丑闻。但无论如何，阿克莱特在“乱世出英雄”的产业革命之初，还是有值得称道之处。他最主要的“功绩”在于，靠专利的收入，于1771年在曼彻斯特建立了以水力纺纱机为装备的纺纱厂，很快就发展到雇佣四百多名工人的规模，这也是世界上第一座工厂。受其影响，英国沿河地带很快就建立起一大批纺纱厂，开始了用机器大工业代替工场手工业的进程，这标志着人类社会工厂时代的到来。记住啊，世界上第一家工厂是一个理发师建起来的，拿剃头刀的也能轰轰烈烈。

纺纱产业越做越大，工厂越建越多，机器也在完善着。珍妮纺车与水力纺纱机各有所长，当时许多新建的工厂虽然倾向于使用水力纺纱机，但也离不了珍妮纺车。这是因为，水力纺纱机纺出的线结实但不均匀，而珍妮纺车纺出的线虽不结实却很精细。就在难以取舍的关头，织布工人克伦普顿（Crompton，1753—1827）站了出来。他兼采了珍妮纺车和水力纺纱机的长处，又发明了一种新的纺纱机——骡机。这种骡机纺出的线既结实又精细，并且可带动三四百个锭子，使纺线效率有了大幅度提高，对整个纺织业的发展起到了极大的促进作用。克伦普顿把这种纺纱机命名为骡机，是一种自嘲行为，他认为这是珍妮纺车和水力纺纱机杂交而产生的“杂种”，是马和驴杂交出的“骡”。瞧瞧，人家一个织布工人也是懂得生物杂交知识的。更难能可贵的是，克伦普顿并没有将这项极其重要的发明登记专利，而是向全社会公布供全社会免费使用，这在当时可称得上是罕见的“大公无私”精神。马克思对骡机的发明给予了高度评价，认为是“现代工业中一个最重大的发明——自动骡机”，这项技术推动了英国纺织技术的全面革命。

骡机的出现，使纺纱厂的老板们欢欣鼓舞，却带来了新问题。那就是，织布业又明显落后了，纺纱厂制出的成堆棉纱用不完，改良织布机的要求日益迫切。1785 年，英国牧师卡特莱特（Cartwright，1743—1823）勇立潮头，发明了用水力推动的织布机，使织布效率比手工劳动提高了数十倍。1791 年，第一个使用卡特莱特织布机的工厂建立起来。随后，大大小小的织布工厂在英国各地也纷纷建起。这样，纺纱与织布间的不平衡得到了基本缓冲。到 18 世纪末，经过接二连三的发明和应用，英国的纺织业已基本上实现了用机器代替手工操作、用工厂制代替工场制，轰隆隆的纺织机器声响彻英伦半岛。纺织业成为英国产业革命时代的带头工业，也是人类历史上最早实现机械化的产业。

纺织业的大发展，带动了相关产业的技术创新，引发了连锁式的革命反应。大幅增产的纺织品，首先引起了漂白和印染技术的创新。过去的漂白工艺，主要靠天然草木灰的碱和发酵的酸牛奶作浸泡液，而今这些天然的酸碱根本无法满足纺织品生产的需要。酸碱生产技术很快就有了突破，英国医生罗巴克发明了用铅室法制造硫酸的工艺，他把硝石和硫黄燃烧产生的气体导入铅室，从而制得硫酸，经进一步完善，终于形成了硫酸生产的规模化。而制酸工业又为制碱工业提供了大量原料，促进了制碱技术的进步。制酸业和制碱业这两个基础性的化学工业一旦有了发展，又将带动一大批产业飞速前进——酸碱业在满足纺织业对漂白粉需求增长的同时，生产出芒硝、硫酸钠、苛性钠、盐酸、硫黄等工业原料，这又使制皂、造纸、制药、染色、玻璃等工业领域得到了快速发展。一时间，各行各业顺势而为，你方唱罢我登台，产业技术创新的大潮一浪高过一浪。

交通运输、建筑等看似与纺织业关联不大的产业，也同样在纺织工业的这场革命中有了长足发展。为满足市场和产品运输的要求，从18世纪下半叶开始，英格兰和威尔士修筑了大量道路、桥梁、运河，到19世纪初已建成了四通八达的交通运输网络。由于工业和城市的发展，必须建造大量厂房、仓库、商场等设施，也促进了建筑技术的进步。英国从那时起就开始寻求替代传统砖石结构的方法，起初是把铸铁和熟铁用作建筑材料，后来又发明了早期的水泥，到19世纪初就发展成为水泥加铁条的建筑物。英国人亚斯普丁是水泥的最早发明者，后来法国人莫尼埃取得了钢筋混凝土的专利，把建筑技术推上了一个新台阶。

就技术创新而言，如果说纺织机的发明是产业革命第一阶段的话，那么，相关产业技术的陆续突破则是第二阶段。还有第三阶段，那就是机械加工技术的革命性变化，且再说下去。

纺织机等机器的不断发展和应用，无疑对机械制造技术提出了更高的要求。1775年，英国铸造专家威尔金森制成了第一台镗床，打响了机械制造技术创新的第一枪。1794年，机械师莫兹利发明了移动刀架，随后又制成了带有移动刀架的车床。另一位英国机械师罗伯茨，进而发明了手动刨床。这几项发明无论如何不可小觑，实际上都是机械史上的的重大创新，其意义绝不亚于“一脚踢出”的珍妮纺车。这些发明的应用，使机械加工的过程更加细致、精确，过去靠技艺高超的工匠花九牛二虎之力难办到的事，立刻变得轻而易举了，从而为整个工业技术水平的提高创造了条件。由于机械加工这些基础技术的突破，从18世纪末开始，英国各地便陆续出现了一批专门制造和修理机器的工厂。用机器制造机器，也是产业革命中具有划时代意义的事件，使创新层次上了个新台阶。

话到此处，英国产业革命的轮廓，算是大致表过。这次产业革命促进了生产力的一次大发展，创造了一个崭新的机器体系和工厂制度，建立了一种全新的社会文化，使英国成为世界上第一个工业化国家。说来说去，还有一幕重头戏没见开场，就是那举世闻名的蒸汽机。实际上，蒸汽机的发明是产业革命第二阶段最闪光的亮点，也是整个产业革命的标志。

这正是：大变革翻江倒海，纺织业一马当先。

欲知蒸汽机如何登上历史舞台，且听下回分解。

第十二回

一个好汉三个帮手　瓦特蒸汽机占鳌头

主角： 瓦特。

场景： 蒸汽机的发明及其使用历程。

看点： 产业革命的标志性技术。

且说纺织技术的变革，引起了一系列连锁反应，涌现出以纺纱机、织布机为代表的一大批机械设备。然而这些机械设备，毕竟只是整个机器系统中工具机的创新，它们本身并不会运转，如果没有动力设备的驱动，那不过就是一堆废铁。水力的驱动虽然比人力、畜力大，但作用是有限的。随着生产的扩大和工厂的发展，水力驱动已无法满足设备的大型化和连续作业的要求了。再说，把所有的工厂都建在河边也难以为继。当然，那年头建在水边的工厂不会想到“先污染后治理”的复杂环保问题，而是水力本身带不动日益笨重的机器了。在这种背景下，寻求全新的动力迫在眉睫，于是蒸汽机应运而生登上了历史舞台，将产业革命推向了高潮。

蒸汽机的发明，实现了工具机与动力机的有效结合，进而推动了整个工业生产和交通运输的大踏步发展。事实上，产业革命是起源于工具机改进、兴盛于动力机创新的一场大变革。换句话说，产业革命的火种是纺织机，而烈焰是蒸汽机。直到今天，人们一提起第一次产业革命，首先想到的就是蒸汽机。

瓦特（Watt，1736—1819）这个耳熟能详的名字，是与蒸汽机紧紧地连在一起的。他在蒸汽机发明过程中所创下的光辉业绩，一直为后人敬仰。然而，发明蒸汽机的功劳不能全部记在瓦特一人名下。确切地说，瓦特在改进、完善蒸汽机并使之更加实用化方面，取得了无与伦比的成就，但他并不是蒸汽机的首创者。事实上，在瓦特之前，蒸汽机的发明有一部令人回味的前奏曲。

近代历史上第一台蒸汽机出现在1690年，是由法国人巴本（Papin，1647—1712）发明的，那个时候瓦特他爹都还没出生。这台蒸汽机是一个竖型的管状结构，下部盛水作为汽缸，上部装有一个活塞和连杆。蒸汽推动活塞向上运动，可以通过杠杆提起重物。巴本设想用这台机器去推动矿井作业、船只前进，但经多次试验未获成功。虽然如此，巴本却是第一个运用蒸汽在汽缸中推动活塞的先行者，他指出了蒸汽机的工作循环原理，为以后活塞式蒸汽机的发展点明了方向。几年以后，英国军队工程师赛维利（Savery，1650—1715）也研制出一种蒸汽机，其特点是把蒸汽压力与大气压的利用结合起来，可以循环往复地抽取矿井中的积水，并在一些矿井上得到应用。赛维利把自己的这项发明取名为“矿工之友”，于1698年登记了专利。赛维利机虽然由于技术缺陷没能得到大范围的推广使用，但却是一台人类历史上首次被实际应用的蒸汽机，比巴本机又前进了一步。

接下来，英国铁匠纽可门（Newcomen，1663—1792），于1712年制造出一种更为实用的蒸汽机。他综合了巴本机和赛维利机的长处，较好地解决了活塞循环往复运动的技术问题，同时他设计了一根平衡梁，一端连着活塞，另一端连着抽水机。活塞在汽缸中作上下运动，平衡梁便可带动水泵抽水。纽可门机一问世，就以其实用性强而受到煤矿主们的热捧，很快就在英国许多矿井得到推广，后来又大量运用于城市供水和农田灌溉。但是，纽可门机依然存在严重的技术缺陷——效率很低且只能作往复运动，仍不能大面积地用作工业动力机。尽管如此，纽可门机在其发明后的半个多世纪里，一直作为最主要的动力机被使用着，对英国矿业资源的开发起到了无可替代的重要作用。在这过程中，纽可门机不断地被改进、完善，但没有取得技术上的实质性突破。到了1772年，英国工程师斯密顿（Smeaton，1724—1792）对纽可门机进行了全面改进，使其工作效率提高了一倍。这让人们对蒸汽机的潜力和广泛应用前景看到了新的希望。

蒸汽机的发明进程一直走到了18世纪下半叶，那时产业革命正如火如荼进行着，终于轮到瓦特登场了。

瓦特出生于英国格拉斯哥市附近的一个小镇，因从小体弱多病而一直没有受过系统的教育。瓦特的父亲是造船技术工，后来又自己经营过造船业和仪器制造业。瓦特从少年时代起便跟随父亲学习各种手艺，逐渐掌握了机械模型、仪器制作的大量技术，后来他在一家钟表店当学徒，又学到了精密仪器的许多制造方法。1756年，瓦特到格拉斯哥大学当了一名仪器修理员，这是他一生的重要转折点。在那里，他有机会接触到当时大量的先进仪器设备，同时也学到了相关的理论和技术知识，这为他后来创造性地解决蒸汽机问题起到了至关重要的作用。

1763年，格拉斯哥大学从伦敦买回一台纽可门机。这台纽可门机不久便出现运转故障，格拉斯哥大学便将其交给瓦特去修理。这个不经意的偶然机遇，碰上瓦特这样一个有充分准备的巨匠，注定要造就一场轰轰烈烈的技术创新。瓦特开始大显身手了。他经过几年的潜心研究和实验，发现纽可门机耗能高效率低的症结，在于每次冲程都要用冷水将汽缸冷却一次，从而造成热量的巨大损失，这也是机器运转不好的根本原因。于是，瓦特想设计在汽缸中另外加一个冷凝器，彻底解决纽可门机的技术弊病。然而谈何容易，由于缺乏量热学的理论知识，瓦特的设计几经实验仍未成功。事也凑巧，量热学的开拓者布莱克教授当时就在格拉斯哥大学任教，在关键的时刻他给了瓦特详细的技术指点。终于，1769 年瓦特那具有历史意义的专利“在火力发动机中减少蒸汽和燃料消耗的一种新方法”问世了。这项专利的核心内容就是分离式冷凝器的研制，也是蒸汽机带有突破意义的关键技术。

取得了重大突破，瓦特并没有止步，而是乘胜追击，完成了对纽可门机的一系列根本性改造。1781 年，瓦特与助手一道发明了行星式齿轮。这个传动装置，把蒸汽机活塞的往复直线运动变成了旋转运动，从而解决了蒸汽机作为通用动力机的难题。1782 年他又发明了大动力的双动作蒸汽机，并利用飞轮解决了蒸汽机运转的稳定性问题。1784 年，瓦特又发明了平行运动连杆装置，进一步完善了双动作蒸汽机的结构。1788 年他接着发明了离心式调速器和节气阀。1790 年他又发明了蒸汽机的压力计，从而使蒸汽机的运转实现了自动化、可控化。经过这一整套的发明和改进，瓦特蒸汽机的效率比纽可门机有了成倍提高，而且机件配套齐全、性能优良、稳定实用，成了近代蒸汽机的定型标准。随后，瓦特蒸汽机很快便风靡于世，在纺织、采矿、冶金、机械、化工等几乎所有的工业部门得到广泛应用，促进社会生产以前所未有的速度和规模发展起来，使世界进入了蒸汽机时代。

作为一项划时代的重大技术创新，瓦特蒸汽机在发明过程中真正体现出了一个好汉三个帮、众人拾柴火焰高的效应。除了给瓦特奠定发明基础的历史人物巴本、赛维利、纽可门、斯密顿，以及给瓦特提供量热学理论指导的布莱克教授之外，还有三位更重要的帮手值得一提。一位是英国化学工业的首创者罗巴克，他一直关注着动力机的研制，在瓦特蒸汽机尚未成型之前，就把瓦特请到自己的工厂试制蒸汽机，并提供了所需的资金和物力支持；另一位是英国企业家布尔顿，他在罗巴克破产后继续支持瓦特的研制工作，向瓦特提供了许多工匠助手，帮助瓦特完成了行星式齿轮传动装置等重要发明；还有一位是威尔金森，就是前回提到过的镗床发明者，他为瓦特的汽缸制作提供了直接的机械加工帮助。正是在这三位得力帮手的鼎力相助下，瓦特蒸汽机才得以在短短十几年时间里完成了主要架构的研制工作，而使后来者望尘莫及。

“它武装了人类，使虚弱无力的双手变得力大无穷，它为机械动力在未来创造奇迹打下了坚实的基础”（瓦特逝世讣告语）；“它巨大的、不知疲倦的威力使生产方法以过去所不能想象的规模走上了机械化道路”（作家罗尔特语）。这些诗一般的话语，以及许多类似的表述，都是后人对瓦特发明蒸汽机的赞颂。的确，瓦特蒸汽机作为动力在工厂中的推广应用，带来了社会生产力的巨大进步。有人做过计算，瓦特蒸汽机在其使用后的半个世纪里，英国工人的平均劳动生产率提高了二十倍，何其了得！

然而，瓦特蒸汽机所产生的另一个巨大影响，丝毫不亚于对工业生产动力的推进作用。那就是，它带来的轮船、火车等重要交通运输工具，彻底改变了人类生活和社会面貌，而这一点往往被许多人低估了。赞颂瓦特，不仅要知道诗，还要知道远方。

用蒸汽动力推动船舶，其实早就有人设想过。蒸汽机的早期发明者巴本、赛维利等人，都提出过类似的想法。因瓦特之前的蒸汽机技术尚不成熟，所以制造轮船的种种尝试均以失败而告终。瓦特蒸汽机问世以后，这个问题很快便迎刃而解了。第一艘实用轮船的发明者是美国画家富尔顿（Fulton，1765—1815）。

他1786年东渡伦敦，在那里，他接触到了瓦特及其蒸汽机。于是这位画家决心改弦易辙，制造轮船。富尔顿几经试验未果仍不放弃，回到美国继续干，功夫不负有心人，于1807年建成“克勒蒙特”号汽船，一举试航获得成功。随后，富尔顿及其追随者们大显身手，设计制造出各种货轮、渡轮、舰艇，推动欧美各国的航运业逐步走向商业化，开辟了以蒸汽动力船取代帆船的新时代。

火车的发明比轮船要复杂些。在蒸汽机车出现之前，陆路交通工具主要是马车，因当时的道路坎坷煤矿运输难行，便铺设了许多轨道以提高运输效率，后来就发展成了铁路马车。蒸汽机问世后，立刻有不少人尝试用蒸汽机去推动车辆，但瓦特蒸汽机过于笨重且体积大，给车辆的设计制造带来了难以克服的困难。然而尝试并没有停止，技术的突破首先要归功于英国工匠特里维希克（Trevithick，1771—1833），他在1800年发明了高压双动蒸汽机。这种机型比瓦特蒸汽机重量轻、体积小、效率更高，从而为蒸汽机车的实用化提供了技术前提。终于，英国煤矿工人出身的史蒂芬逊（Stephenson，1781—1848），于1819年制造出第一辆实用的蒸汽机车。他不仅成功地把蒸汽机装在车辆上，而且把机车与铁轨有机结合，并解决了火车易于脱轨的技术问题。从此，火车正式登上历史舞台，陆路交通运输以前所未有的速度发展起来。也就在这一年，瓦特与世长辞。

轮船、火车的应用和普及，给社会的生产、生活方式带来了空前的变革。世界的距离忽然间缩短了，过去难以及时运输的燃料、矿石、工业品、农产品等都可以远离产地而顺利供销了，全世界的各个角落被联结成有机整体，各国间经济、文化的往来交流日益活跃，全球性互动的新纪元来到了。蒸汽轮船和火车的速度，也象征着产业革命期间的时代精神，它一扫中世纪留下的悠闲懈怠的散漫习气，代之而起的是紧张、急促、争分夺秒的社会运转新气息，世界沸腾了。

这正是：蒸汽机横空出世，刹那间改天换地。
欲知产业革命的后续发展，且听下回分解。

第十三回 技术变革浪潮汹涌　席卷欧美群起仿效

主角：法国、德国和美国。

场景：各国产业革命的进程。

看点：产业革命的科技特征。

话说产业革命不仅促进了生产力的高速发展，而且推动了全球性的经济交流与融合，技术创新的浪潮波及世界各地。英国作为全世界率先实现工业化的国家，其成功经验很快引起了欧洲大陆及其他国家的高度关注。法国、德国、比利时、瑞士和美国等许多国家，派出了大批人马赴英国考察、取经，不惜重金引进英国的纺织机、蒸汽机和各类机器设备，聘请英国技术专家和工人协助本国建立工厂。面向英国的大规模技术招商拉开了帷幕。

一时间，引进技术、仿效英国，在欧美各地成为势不可挡的大潮。从 18 世纪下半叶起的 100 多年时间里，各主要资本主义国家通过学习引进，先后完成了本国工业化的历史任务。关于各国产业革命起动的时间表至今说法不一，但大致顺序是英国、法国、德国、美国，日本则稍晚一些，直到 19 世纪末才开始工业化进程。由此可见，第一次产业革命对全世界格局的影响不仅深刻而且长远，当时抓住机遇实现了工业化的国家，后来都成为先进的发达国家，而闭关锁国、错失良机的国家则被远远地甩在了后头，这一格局到20世纪末仍未从根本上改变。以史为镜明兴衰的道理，在此显而易见。

受英国这个领头羊的影响，许多国家的产业革命都是从纺织业中引进先进技术开始的，但各国的产业革命过程却是以各自不同的方式进行着，引进与创新并举。尤其是产业技术的形成和发展，可谓各具特色、各显风采。此处不妨一一表过。

法国的产业革命受英国的影响最大，这是由于法国与英国的地理位置相邻。当法国人一举砍下拉瓦锡头颅的时候，英国隆隆的机器声惊醒了法国。虽然没有换头术接不上拉瓦锡的脑袋了，但他们很快就全面学习英国的做法，从纺织业开始搞工业化。然而，全面学习英国并非完全照搬，至少在三个方面，法国的产业革命与英国有所不同。一是推进方式不同。英国人由纺织起步，进而推动煤炭、钢铁、机械、化工、铁路等生产行业逐步发展，最终建立起先进的工业体系；而法国充分利用了后来居上的条件，采取整体推进方式，一开始就同步发展纺织、钢铁、化工、铁路等新兴工业，尤其铁路建设几乎是与英国同时进行的。二是发展速度不同。由于法国没有经历过英国那样的圈地运动，因而其农村的城市化进程缓慢，工业的劳动力人口也相对不足，整个工业化的规模在产业革命中没有及时做大做强；因此，法国虽然整体推进，走了一条近道，但产业革命的发展速度则远不如英国迅速。三是技术侧重点不同。法国的产业技术有其自身的特点，特别是炼铁技术独具一格。虽然法国一开始炼铁工业比英国落后，但炼铁的理论研究却走在前面。1762年法国人拉缪尔最早从科学原理上对炼铁技术作出了解释，他还对当时盛行的炼铁技术进行了详细调查、比较，为日后法国钢铁工业的发展奠定了基础。后来，法国的钢铁工业发展迅速，对铁路建设和金属工业的发展起到了重要作用。

德国的产业革命比英、法两国要晚些，而且其工业化的起动时间也不像英、法两国那样明确。换句话说，德国的工业化进程虽然也是从引进英国技术开始，但似乎是在不知不觉中完成的。从技术角度来看，德国产业革命的特点也很鲜明。一是化工技术起步早。1785 年德国工人贝尔特里发现了氯气的漂白作用，英国的纺织厂很快学到了这种漂白技术并推广开来，以为这下如虎添翼了，但是，氯气直接用以漂白不容易操作，且危险性很大。于是，贝尔特里将氯气与碱作用产生次氯酸盐，解决了漂白技术的这一难题，在纺织产业链的漂白环节很快就反超了英国。德国人较早擅长化工技术的这种长处，在产业革命中也是不显山不露水地带动着相关产业的发展，直到后来逐步成为化学工业的强国。二是注重技术的体系化。“技术学”这个概念，就是由德国人贝克曼于 1772 年最早提出来的。这种思想，实际上确立了工程技术的科学地位。它把机械、冶金、化工等实用的生产技术统统纳入到学问研究的范畴，极大地促进了技术系列的研究工作。光有“科学院”是不够的，还要有“工程院”嘛。在这一思想的影响下，“应用化学”“工业化学”“土木工程”等专业教育相继建立起来。这对工业技术的长远发展产生了巨大作用，也为后来德国在科技和工业方面赶超英、法埋下了伏笔。三是生产组织方式有创新。德国在产业革命中一直注重生产企业的大型化、规模化，鼓励纺织、钢铁、煤炭、化工等分散的企业组建成一个个大企业，特别是围绕铁路建设组建的一些工厂，都是当时全世界最大的企业，这对德国铁路网以欧洲最快的速度建成起到了关键作用。德国的这种做法，后来慢慢地演化成为“康采恩”的生产体制。所谓“康采恩”，就是利用金融、垄断等措施把企业集中起来的组织形式，也就是今天的大型企业集团。德国建立的这种生产体制，实际上也是资本主义从自由竞争向垄断过渡的开始。

美国的产业革命在18世纪末独立战争之后拉开帷幕，南北战争结束以后进入高潮，也是受到了英国的带动。当时英国棉纺业的迅速发展，使美国逐步成为英国棉花的生产基地和纺织品的销售市场。随后，美国北部地区的农民作坊陆续发展成为机械化的纺织厂，并引进了欧洲的炼钢法和机床制造技术，开始了大规模的工业化进程。说来美国人当年发家也是从三来一补，即“来料加工”“来件装配”“来样加工”和“补偿贸易”起步的。美国的产业革命发展过程，也有三个突出特点。一是机械技术发展快。美国的机械工业始于1793年，一位名叫惠特尼的小学教师发明了轧花机，从而引发了棉花加工生产的巨大变革，使生产效率提高了近千倍。惠特尼还与柯特、洛厄尔等人一起发明了生产标准互换技术，极大地提高了产品质量和流水作业能力，进而带动了整个美国的机械工业大踏步发展。今天美国的装备制造业、航空工业等优势产业都得益于当时机械工业打下的雄厚基础。二是工农业交通运输三大部门协调发展。美国在产业革命初期吸取了英、德等国的经验，发展了纺织工业和铁路运输，但很快就把农产品的加工生产纳入工业体系当中，在面粉、肉食罐头等行业最早建立起以机器生产为基础的工厂制度。这种平衡发展方式，能够相互适应形成良性循环，为后来美国工农业的同步迅速增长奠定了重要基础。三是企业的垄断化势头迅猛。美国在产业革命过程中，采取了比德国更大的垄断经营管理模式，经过后来的两次经济危机，发展出以洛克菲勒财团、摩根财团为代表的托拉斯企业。继而，美国的各主要工业陆续被各大财团所控制，并随着财团的发展，美国成为挥舞着大棒大肆对外扩张的帝国主义国家。

英国也好，法国、德国、美国也好，都是第一次产业革命的弄潮儿，这些国家通过产业革命巩固和发展了资本主义的生产方式，并逐步发展成为所谓的帝国主义列强。就科技创新层面而言，这次产业革命形成了以蒸汽机为代表的机器时代的技术体系。这一技术体系，既不同于过去以农业为中心的技术体系，也不同于后来以电气应用为中心的技术体系，更不同于再后来以自动化为核心的技术体系，各国的情况虽有差异，但总体却具有鲜明的时代烙印。此处不妨展示几个图景以细观之。

图景之一：这次产业革命主要不是靠科学的帮助，而是靠工匠们的技术经验实现的。你可别一听吓一跳，实际情况就是这样。许多重要的发明（包括蒸汽机在内），不是来源于科学理论的指导，而是由富有实践经验的人摸索取得的，瓦特这样的修理工担任了技术创新的主要角色。事实上人类发展历程中，科学与技术长期各自独立地发展着，虽然科学也概括生产经验和技术实践，生产技术有时也得到某些科学的理论指导，但直到产业革命爆发，科学和技术就像是两股道上跑的车，没有走在同一条路上。随着产业革命的发展，科学与技术才开始走向融合，许多科学家逐渐对科学的应用产生了兴趣，出现了科学家兼发明家的现象，技术发明成了科学理论的应用。如果说蒸汽机的发明是在缺乏科学帮助的情况下完成的，那么，内燃机的发明则是在热力学理论指导下完成的，但那是后话了。因此，产业革命实际上是科技发展的一个分水岭，是科学与技术相结合使技术成为科学应用的信号。

图景之二：由工具机、传动机、动力机所组成的机器系统的出现，导致了工匠与工程师的分工。在机器时代以前，技术其实就是因熟练而获得的技能和技艺，而在机器时代，工匠个人的技能已经不够了。在生产劳动过程中，技能的地位相对降低了，工人作为操作机器的劳动者，仅限于生产活动中的实际操作，而构思技术、设计技术并指导整个技术系统的实施，则要由另一部分专业化水准更高的人，即工程技术人员来完成。这样，技术活动的主角就从工匠转移到了工程师身上。1770年，英国埃迪斯顿灯塔的设计者斯密顿，首先称自己为工程师，这可能就是现代意义的工程师职业的开端。

图景之三：产业革命不仅推动了社会生产力突飞猛进，也开辟了科技创新的崭新道路。产业革命中的技术进步提高了生产的社会化程度，使生产真正成为社会的活动，在劳动生产率空前提高的同时，也使科学技术受到了全社会更多的关注。一方面，产业革命为科学的探索活动提供了新的领域，并为科学研究提供了越来越高效的工具；另一方面，技术的发明受到科学的关注而更加迅速地发展，在生产需求的刺激下，科技创新活动进入了前所未有的加速发展时期。

这正是：科学技术双轨并行，两军交会指日可待。

欲知产业革命爆发后科技创新的新一轮发展，且听下回分解。

第十四回

康德挑战经典宇宙　科学迎来又一春天

主角：康德，拉普拉斯。

场景：提出天体演化的星云学说。

看点："动者恒动，静者恒静"的旧宇宙观被打破。

话说产业革命彻底改变了社会的生产和生活面貌，也推动着科学技术的新一轮发展。这新一轮发展说白了就是继续创新，表起来只是简单一句话，实则充满波折，惊心动魄。列位看官已知晓，自从经典力学大旗树立之后，机械论的思维方式日益深入人心，自然科学的各门各派纷纷依葫芦画瓢，试图用力学思维去解释一切现象，其结果当然是不得要领四处碰壁，这在第九回开头已表过。然而思维定式一旦形成，很多人不撞南墙不回头，甚至撞得头破血流也不回。久而久之，静止的、孤立的机械自然观，便成了科技创新道路上的巨大阻碍。这种僵化的自然观，对科学技术的新一轮发展来说，无异于一座顽固的堡垒，不攻而克之则科学难以顺利前行。

然而要打破这样的僵化自然观，谈何容易？那得有新的牛人以新的智慧来说道说道。

突破口依然首先来自天文学领域。自牛顿以来，引力在经典力学体系中扮演着举足轻重的角色，整个宇宙的运行似乎有了定论。根据牛顿力学的理解，宇宙中的各种物质都具有向更大的引力中心靠近、集中的趋势，这样发展下去的结果，必然是整个宇宙慢慢挤在一起，最终走向引力崩溃。而事实上这种可怕的情形并不存在，于是牛顿力学所得出的合理结论只能是：宇宙是无限大的体系，宇宙中的物质分布是静态的，物质之间的引力是平衡的，而这种格局的形成靠的是神秘的第一推动力。好一个静态的宇宙，好一个第一推动力。有两位科学斗士偏偏就不信这个邪，对此大胆地说出了“不!”

第一位斗士名叫康德（Kant，1724—1804），他是德国大名鼎鼎的哲学家，也是科学界的一员猛将。康德自幼梦想当一名古文学者，但事与愿违，自1740年进入哥尼斯堡大学后，他便对科学和哲学产生了浓厚兴趣，对天文学以及天体运行中的哲学问题尤其情有独钟。由于家境困难凑不够学费，康德断断续续在哥尼斯堡大学读了7年书，最后还是没能毕业就离校当了一名家庭教师。当时的欧洲正处在激烈的社会变革时期，康德一方面以家教为生，一方面深受启蒙思想的影响在动荡的社会中进行着独立思索。起初，康德对哥白尼所建立、牛顿所论证的宇宙模型是深信不疑的，但他对于“太阳系的行星、卫星都是依据引力定律作椭圆运动的天体，亘古以来就如此”一直弄不明白，怎么会亘古如此呢？后来，他越来越怀疑这种“动者恒动，静者恒静”的天体运行模式，尤其无法接受上帝的“第一推动力”概念。经过多年的思考，康德再也坐不住了，他勇敢地提出了由于潮汐摩擦而使地球自转变慢的假说，大胆设想了天体的发展变化，向盛极一时的经典宇宙观发起了尖锐挑战。这个假说如今已被证实，地球在5亿年前自转一圈约21小时，现在则是24小时，转速在不知不觉中一天天变慢。

1755年，康德出版了他的传世名著《自然通史和天体论》。在书中，康德以大无畏的姿态提出了太阳系起源的星云假说，正式宣告与经典宇宙观彻底决裂。康德高调宣称，他所要研究的问题是“要在整个无穷无尽的范围内发现把宇宙各个部分联系起来的系统性，要运用力学定律从大自然的原始状态中探索天体本身的形成及其运动的起源”。他所追求的目标是“联系起来的系统性”和“天体的形成及其运动的起源”，你不是说亘古不变吗，我就是要唱反调。可别小看康德的这番表白，这是科技发展史上一个重要转折的信号，它意味着人们将不再把自然界看作一成不变的事物，而是看作一个不断变化的过程，要用联系、发展的观点对自然界进行深入探索，昭示着整个自然科学将要进入一个新的发展时期。

在康德看来，星云是宇宙物质的原始状态，宇宙的形成是星云物质自身运动变化的结果。他认为，太阳系是由一团原始星云通过万有引力而形成的，这团物质在排斥和吸引的相互作用中产生运动。他一针见血地指出，“恒星不动只是一种表面现象，这或许是由于它们离星体公转的共同中心太远，因而其运动显得特别缓慢，或者是由于离观察点太远而看不出它们在运动”。康德大胆推断，望远镜观测到的某些椭圆形的星云不是别的，正是和太阳系一样的巨大恒星系统，“地球在宏大的行星世界里好比沧海一粟”。他还描绘了他所设想的从原始星云形成太阳系的过程。他假定，在遥远的过去，宇宙空间充满了细小的物质微粒，它们是分散的、细小的，却在不停地运动着。“密度较大而分散的一类微粒，凭借引力从它周围的一个天空区域里把密度较小的所有微粒聚集起来，它们自己又同所聚集的物质一起，再聚集到密度更大的质点所在的地方，而所有这些又以同样方式聚集到质点密度更为巨大的地方，并如此一直继续下去”，这样就逐步凝聚成大的物质团块。同时，微粒之间又有相互排斥的力，使得向引力中心下落的微粒，从直线运动中向侧偏转，于是垂直的下落运动变成围绕引力中心的圆周运动。太阳系的中心天体——太阳，就是一个这样的引力中心，它吸引着周围的微粒，使自己“好像一个无限的胚芽在迅速生长，它吸引的下落物越多，对周围物质的吸引力就越大，生长也越快”。这样，星云团块就逐渐变成一个巨大的旋涡，最终形成了运动着的太阳系。他的这种说法，跟20世纪初宇宙大爆炸理论描述的星系形成过程，已经很接近了。

康德坚信自己的推断是正确的，并进而把星云学说推广到整个宇宙中去。他认为宇宙中的各种天体都是由星云发展而来的，在别的行星上也可能与地球一样居住着人类，即使现在没发现，但总有一天会找到。为此，他还特地描述了一个诙谐的故事，说是在一个乞丐的头上生活着一群小虱子，一直把乞丐脑袋和它们自己看作是造化的唯一杰作，后来它们意外地看到了一个贵族头上的另一群虱子，这才明白它们不是唯一的。康德是想用这个故事讽刺那些思维僵化的人，嘲笑他们目光之短浅犹如乞丐头上的虱子。呵呵你瞧，人家康老先生一个严肃的哲学家，早在两三百年前就预言了外星人的存在，咱们这些后人至今还没帮他找到，要努力了。

言归正传接着说。康德星云假说远远超出了天文学上的意义，他创造性地从行星系统本身的内在矛盾出发，解释其起源和发展，否定了牛顿“第一推动力”的说法，阐明了地球和整个太阳系是变化而来。这实际上是对宇宙观和自然观的一场革命性颠覆。恩格斯对此给予高度评价，称赞他“在僵化的自然观上打开了第一个缺口”。康德本人也深知这一学说的革命锋芒，一旦公之于世将带来学术界和思想界的激烈交锋。因而他的《自然通史和天体论》一书最初是匿名发表的，他的大胆猜测还有待进一步的科学实证，要把理论的锋芒打磨得更加锐利，不然即使刺中了要害也依然显得软弱无力。

就在这个紧要关头，另一位科学斗士披挂上阵了，他就是法国科学家拉普拉斯（Laplace，1749—1827）。这位拉老先生曾任巴黎军事学院的数学教授、巴黎综合工科学校教授、高等师范学校教授，还担任过法国经度局局长，并在拿破仑政府中当过六个星期的内政部长，算是个高官了。但拉普拉斯是个学者型官员，特别是在数学方面有较深的造诣，他花了很多精力专注于天体力学的数学规律研究。他把牛顿的万有引力定律应用到整个太阳系，解决了当时一个著名的学术难题，即解释木星轨道为什么在不断地收缩，而同时土星的轨道又在不断地膨胀，提出了现今人们熟知的拉普拉斯方程。

当时，拉普拉斯并不知道康德的学说，他凭着自己的数学研究功底确认，形成太阳系的物质是一团巨大的、灼热的、转动着的气体球，因为角动量守恒，而在中心引力和离心力的共同作用下渐变为扁平的盘状。1796 年，拉普拉斯出版了《宇宙体系论》一书，提出了一个与康德类似的星云学说。由于他的学说建立在严密数学运算的基础之上，因而更容易让人接受。这下子，人们立刻联想到了康德此前提出的星云学说，充分认识到了这种星云假说的科学价值。也因此，康德的学说得以与拉普拉斯的学说一起，以“康德－拉普拉斯的天体演化学说”之名载入科学创新史册。后人看来，康德的学说侧重于哲理和思辨，而拉普拉斯的学说则偏重于数学和力学的论述，二者异曲同工地使星云学说被人们普遍接受。

看似固若金汤的经典宇宙观堡垒，在科学斗士的勇敢冲击下开始失守了。康德－拉普拉斯星云学说，从天体运行方面打开了僵化自然观的第一个缺口，从而吹响了科技创新迈向 19 世纪的号角，预示着科学的又一个春天即将来临。然而额手称庆之余也不要忘记，没有天哪有地，没有地哪有天，开天必然辟地。既然天体演化有了个道道，那么地质学难道就没个说法吗？

这正是：旧宇宙观似堡垒固若金汤，星云假说如利剑劈开缺口。

欲知地质学领域的一番激烈争斗，且听下回分解。

第十五回 赫顿质疑地质灾变 赖尔悟出渐变真谛

主角： 赫顿，赖尔。

场景： 火成派大战水成派，渐变论胜过灾变论。

看点： 地质学在争论中现形。

且说康德–拉普拉斯星云学说犹如一枚重磅炸弹，在僵化自然观堡垒上轰开了一个缺口，昭示着新一轮科技创新即将来临。然而，天是天来地是地，那星云学说讲的自然是天上的事，本回再将目光下移，表一表地下的事。

说来地质学在整个自然科学门类里算是小字辈了，毕竟那些个矿石啦岩层啦之类的玩意离人们的日常生活相对远些，不像“靠天吃饭”那样的知识引人关注。因而早期的地质学知识是零星散在的，近代以前留下的地质学专门论著稀少，一碟碟小菜倒有，大盘主餐却没见到，总之地质学作为一门独立学科的火候未到。然而，随着产业革命的推进和市场的扩大，作为工业生产主要原料之一的矿产资源很快成了香饽饽，大有人见人爱之势。于是整个 18 世纪，研究采矿业和矿物学成为时尚，地质学终于登上了科学舞台。

要找矿当然要研究岩层和矿石的成因，围绕这个基本问题，地质学研究形成了两个针锋相对的阵营。一派人马是以德国矿物学家魏尔纳为首的水成派，他们认为地壳中所有的岩石和矿物都是在原始海水中形成的，即水成论。魏尔纳对18世纪地质学的起步是作出了很大贡献的，他率先对矿物和岩石进行了科学分类并创立了鉴定的基本方法，因而他也顺理成章地成为当时地质学界的权威人物。与水成派刚好相反，由一批从事野外地质勘探的人组成的火成派，大都是些名不见经传的学术草根。一开始这些人里面没有领军人物，他们经过各自的地质考察，认为花岗岩、玄武岩等大量岩石不是水成的，而是由地球内部的高温岩浆冷凝而成，于是纷纷倾向于火成论。这样一来，两派人马各执一词，“水火不相容”就是难免的了。

起初，水成派在这场争论中占据了明显上风，粉丝众多形成了压倒性态势。原因一方面在于魏尔纳本人在业界的威望，以及他口若悬河的演讲才能。另一方面在于，水成论的观点迎合了传统的全球洪水泛滥之说，诺亚方舟的故事谁都知道。就在火成派溃不成军，火成论难成气候之际，一员大将加入了火成派的阵营。这员大将在水成派大军压境时居然往“火坑”里跳，究竟是何方神圣？原来他正是被后人誉为“地质学之父”的英国地质学家赫顿（Hutton，1726—1797）。

赫顿在家乡苏格兰可是个神童学霸，他14岁就进了爱丁堡大学攻读法律，毕业后当了一名嘴上无毛的娃娃律师。年轻就是有任性的资本，很快他不想做律师了，于是从头再来改行学医。他先后到法国和荷兰留学，凭着聪明才智顺利地拿下了医学博士学位。然而玩着玩着又不想玩了，学成回国之后他就断然放弃了行医的打算，而是守着父辈留下的农场在家务农，后来居然写出了一本《农学原理》的专著。学了法律又学了医，却偏偏写出一本农书来，你看这货任性不？但赫顿绝非凡人，他闲暇时喜欢在家做各种有趣的科学实验，同时出于对大自然的热爱，他也常到各地旅行和考察。他没有想到的是，无心插柳柳成荫，在野外考察的过程中他居然与地质学结下了不解之缘。

经历了长期的野外考察，赫顿一天天爱上了地质学，而且慢慢有了很深的造诣，学霸就是学霸啊。赫顿开始一直把自己当成是地质爱好者，他并没有参与两派人马的论战。直到年过半百，他看着水成派越来越嚣张，而火成派却群龙无首，才不得不站出来加盟火成派。多年的野外地质实践让他不能容忍水成论，在这场水火不容的较量中，他用大量考察事实证明玄武岩和花岗岩曾经是熔体，熔体发生侵位后才到了地表，这些岩石是火成的而绝不是水成的。赫顿是个顽强的科学斗士，为了进一步证实花岗岩不是由原始混沌水中沉淀而形成，他不顾年迈专门跑到外地去实地勘察，最后证明了自己的结论。凭着扎实的学问功底和考察毅力，赫顿很快便成了火成派的代言人，并逐渐成为实际的掌门人。今天再回过头去看这场水火不容的论战，赫顿是对的，火成论的基本说法贯穿着地球内部运动的观念，这也是现代地质学的理论基础。

赫顿一出山，两派人马的争斗更加激烈。在他的带领下，火成派越战越勇，彻底扭转了多年的被动局面。然而，由于水成派符合《圣经》教义而得到了教会的支持，赫顿和他的火成派受到了不断打压，也让地质学史上这场争斗有了浓郁的反封建色彩。后来，在爱丁堡的一次科学讨论会上，“水”“火”双方从唇枪舌剑发展到恶语相向、拳脚相加的地步，科学论坛几乎变成了肉搏的决斗场，赫顿为此大病一场。此后不久，他终因年老体弱、身心疲惫而离开了人世。所幸的是，他的弟子们扛起了火成派的大旗继续战斗，直到水成派渐渐退出历史舞台。

除了与水成派论战之外，赫顿对当时盛行的地质灾变论也勇敢提出了质疑。按照灾变论的说法，岩石是由一系列地质灾变事件产生的。赫顿对此不以为然，他经过认真勘察和推演，认为地质结构由于内力的作用，有的地区可能上升，然后遭受侵蚀，而有的地区则可能下降，成为沉积物淤积的盆地。1785 年，赫顿在爱丁堡皇家学会上批驳灾变论太荒唐，公开提出了自己的均变说，认为过去的地质事件能够用现在观察到的现象去解释，而不是什么神秘的灾变。他向权威灾变论亮剑的大无畏精神，唤起了更多的人对初期地质学理论发起挑战。

1795 年，年届七旬的赫顿出版了专著《地球学说》，对陆地形成、消失和再生的规律进行了探讨，书中用许多翔实的考察例证科学论述了自己的观点。赫顿的《地球学说》是近代地质学公认的一块奠基石，对近代地质学的构建在很多方面作出了不可磨灭的贡献。其贡献之一在于，他最早认识到地质过程的长期性，建立了所谓地质时间的概念。他不是纸上谈兵地得出推测结论，而是通过长期野外考察的实践证实了地质过程的长期性。贡献之二在于，他把现实主义原则引入了地质学的研究领域。他主张从现实的各种自然作用中去理解过去发生的地质事件，以地质记录为根据，通过现今的地质活动去推断过去，这应该是地质学的一个基本方法。贡献之三在于，他建立了所谓的“地转循环”概念，他认为就像地球在不停地转动循环一样，地质作用也是在不断的循环往复中发挥，因而各种地质现象可以理解为是“长期活动的缓慢作用”的结果。除以上三点外，赫顿还最先指出了地层不整合的野外证据以及阿尔卑斯冰川的侵蚀作用。所有这些，都奠定了赫顿作为“地质学之父”的历史地位。

尽管赫顿为近代地质学的创建立下了汗马功劳，但由于教会势力和水成派的不断作梗，他的学术观点传播一直受阻，特别是他晚年的科学理念被埋没了多年。直到他的生前好友普莱费尔继承和发展了他的思想，写成了《赫顿关于地球的理论》一书，才使赫顿的学说逐渐传播开来。而具有讽刺意义的是，那场地质学史上著名的“水火之争”，最后居然以魏尔纳的弟子布赫和洪堡的反戈一击而告终，他们两人在分别考察了意大利和厄瓜多尔的火山以后，正式宣布“水成论”站不住脚。赫顿若是地下有知，该哈哈大笑了。

真理终将战胜谬论。表过了水成派与火成派在地质学史上的激烈较量，再来表一表灾变论与渐变论接下来的一番论争。然而这灾变论可不一样，将其随随便便归结为谬论可就大错特错了。其实地球灾变的概念早已有了，只不过18世纪以后变成了地质学的主流理论，登峰造极冥顽不化，严重阻碍了新思想新理论的发展，这才引发了学界的论战。事实上从那时起，灾变论与渐变论的历史纷争就从来没停止过，直到今天。在过去的200多年里，灾变论由盛极一时跌落谷底，然而近年来灾变论大有东山再起之势，所谓的新灾变论甚嚣尘上，你不妨多关注着，因为这是涉及整个自然观和科学观的问题。此处且不往下表，单表一表当初二虎相争的一幕，看渐变论如何冲破灾变论的藩篱而崛起。

灾变论的山门舵主就是鼎鼎大名的法国佬居维叶（Cuvier，1769—1832），此翁也是个牛人，他在地质学、生物学史上的影响力之大，是那些个水成派之流所无法比拟的。

说来居维叶也是在14岁那年就进了斯图加特大学读书，18岁就当上诺曼底大学的助教了，那年头学霸神童怎么那么多呀。他一生经历传奇，作为政治家、社会活动家多次出任政府大臣、部长等职，并深受皇帝拿破仑的器重，但这丝毫不影响他在科学研究上大显身手，他在古生物学、比较解剖学、动物分类学以及地质学等诸多领域都很有建树，身后留下的著述之多令世人惊叹。西方有人把他看作是“第二个亚里士多德”。此处仅表一表他的地质灾变论。

居维叶根据各大地质时代和生物各发展阶段之间的“间断”现象，提出了地质灾变的思想。他在野外长期的地质考察中，发现了包括地球上动物几次大规模死亡在内的许多突然的变化现象，他觉得用现实仍然起作用的原因根本无法解释清楚。正缘于此，他提出地球上曾多次发生过的巨大灾难是形成地质结构的原因，即灾变论。在研究地球演化史的过程中，居维叶发现地层矿物的成分、地质构造和古生物化石分布，都存在着许多明显的间断，而对一些大规模的间断现象，只有用灾变来解释才能令人信服。居维叶认为，古今作用是不一致的，在整个地质史中存在着两种地质作用，一种是已停止作用的古代原因，即突然剧烈作用的原因，另一种是一直持续到今天仍起着缓慢作用的原因。他的灾变论思想集中体现在1825年出版的《地球表面灾变论》一书中。居维叶的观点是建立在长期考察基础之上的，对地质结构的解释有其合理、可取的一面；但他过分强调突变作用，同时还认为灾变导致的化石逐层更迭是“神创神灭”的结果，甚至推断出了诺亚方舟那次大洪水发生的年代，这就让灾变论带上了浓重的宗教色彩。

由于居维叶如日中天的社会影响力，他提出的灾变论很快就在地质学领域风靡。那个年月，用灾变解释一切地质现象成了时髦，解释不通的事便胡说一气，不但无法从根本上解决问题，反而阻碍了人们对各种地质作用的进一步认识。时间一久，对灾变论摇头、质疑、不满的人越来越多。终于，另一位科学牛人站了出来，剑指灾变论要一决高下。此人就是著名的英国地质学家赖尔（Lyell，1797—1875）。

说来也很巧，赖尔跟地质学界老前辈赫顿是苏格兰同乡，而且他也是学了法律当了律师以后又转行的，正是受到了赫顿这位前辈的思想熏陶，赖尔对地质学研究产生了浓厚的兴趣。赖尔在上大学时，就对《赫顿关于地球的理论》一书爱不释手，书中赫顿的地质观对赖尔自然观的形成产生了重大影响，赖尔对赫顿敢于冲破传统观念、大胆创新的精神更是佩服有加，尤其是赫顿对传统地质学的反叛观点，令他对当时居于地质学统治地位的灾变论产生了高度怀疑。为了弄清这个大问题，赖尔不仅翻阅了前人的大量著作，而且经常到各地进行野外考察，从而更加坚定了他反对灾变论的立场。1824 年，赖尔从外地考察返回爱丁堡，特地拜访了曾给予赫顿莫大支持的科学家霍尔。在得到他的充分鼓励之后，赖尔决定正式出场。

1828 年，在伦敦举行的一次地质学会议上，赖尔宣读了他的一篇论文《论河谷冲蚀——对法国中部火山岩的说明》，文中抛出了他酝酿已久的渐变论观点。围绕这个离经叛道的观点，会上必将展开激烈的争论，这是意料之中的。然而让赖尔万万没有想到的是，他的地质学启蒙老师巴克兰德教授竟然第一个站出来，对他的渐变论进行了猛烈抨击，与会的很多学者一看这架势也都随声附和。赖尔在吃惊之余，面对压力毫不妥协，他决心全面系统地阐述渐变论的新思想。

1830 年，赖尔最重要的代表作《地质学原理》的第一册正式出版，到 1833 年该书的三册全部出齐。这部地质学的不朽巨著，对灾变论进行了全面批判，用大量确凿的事实说明，地壳的变化不是什么超自然力量的突然灾变造成的，而是自然的力量如风、雨、水流、潮汐、冰川、火山、地震等，经过漫长的岁月而缓慢造成的。赖尔的这种渐变论思想，迎头痛击所谓的上帝多次创造世界的灾变论，正如他在书中明确所说，“地质学不可与创世论相混淆”。恩格斯后来曾指出：“只有赖尔才第一次把理性带进地质学中，因为他以地球的缓慢的变化这一种渐进作用，代替了由于造物主的一时兴发所引起的突变。”

赖尔还用他创立的渐变论观点，为人们描绘了一卷清晰的地球演化史。他认为地球有着漫长的历史，经历了千变万化，而且地球的历史，包含了整个人类所不曾经历的过去。但赖尔认为，人们对地球的过去并非一无所知，而是可以认识的。赖尔得出这一结论是基于“自然法则是始终一致的”原理，这是从前辈赫顿那里继承并发扬光大的思想，实际上也是构成地质进化理论的基石。在赖尔看来，引起地壳变化的力都是自然界中很普通的力，可分为水成作用和火成作用两类，水可以使不平变平，火可以使平变不平。这两种作用都是破坏和再造的工具，是两种互相对立的力量。他还根据大量事实得出结论，认为目前在地表上和地面以下各种作用力的强度，可能与远古时期造成地质变化的作用力完全相同。因此地球过去变化的速度、强度也和现在一样，现在和过去都没有发生什么灾变。这就是地质学上所谓的“古今一致”原则，换句话说就是“现在是认识过去的钥匙”，从眼下的地质变化可以推断出遥远过去的情况，因而没有灾变，只有渐变。

赖尔确立的“古今一致”及“将今论古”的原则，为地质学的发展开创了全新的方法论，是科技创新史上的一笔重要财富。后人在他这种“渐变”思想的影响下，在探索自然的征程中不断取得新的业绩，不仅在地质学领域，也涉及诸多其他学科。当时，英国生物学家达尔文读了《地质学原理》一书后，写信给赖尔，称“读完每一个字，我心中都充满了钦佩之感”。1836年，达尔文专程登门拜访赖尔，据说两人一见如故，长谈了整整一个通宵，这个达尔文究竟想干吗呢？

这正是：地质学水火相争，渐变论越战越勇。

欲知达尔文见过赖尔之后如何动作，且听下回分解。

第十六回

进化论重整旗鼓　达尔文一鸣惊人

主角： 拉马克，达尔文。

场景： 生物进化论在一波三折中不断完善。

看点： 物种起源问题有了新学说。

且说达尔文拜见了赖尔，两人彻夜推杯换盏，相谈甚欢。无疑，赖尔地质学的“渐变”思想，深深地影响着从事生物学研究的达尔文。这样说来，达尔文当年要是没见赖尔，他脑袋里也就冒不出进化论的念头，是这么回事吗？非也！

其实生物进化的思想很早以前就产生了，但总是反反复复若隐若现，让人不着边际。远的不说，就在此前半个世纪那会儿，猫在博物馆里摆弄文物的布丰就谈论过进化思想。他的《自然史》一书中就描绘了宇宙、太阳系和地球的演化过程，在他看来物种都是可以变异的，随着环境的变化而变异，而气候、营养等外部条件都会影响物种的变异。然而，他又自相矛盾地认为物种的类型是不变的。像布丰这样飘忽不定的早期进化论者还有不少。这让达尔文一开始也云里雾里，后来他评价道，“布丰是第一个以科学精神阐明物种起源问题的人，然而他的观点却动摇得厉害”。这番话倒是点中了要害，生物进化思想多年来像雨像雾又像风，来来去去，却一直没有树起一面猎猎飘扬的大旗。寸阴若岁大旱望云，进化论到了该有人站出来重整旗鼓，建立门户的时候了。

说起来，将进化论各路诸侯“臣服”的第一人并不是达尔文，而是法国博物学家拉马克（Lamarck，1744—1829），咱们现在熟知的用进废退、获得性遗传这两个生物学法则便是他提出来的。他在1801年出版的《无脊椎动物的系统》以及1809年出版的《动物学哲学》两本巨著中，都旗帜鲜明地提出，高等动物是由低等动物演变而来的。拉马克认为，物种是可以变化的，物种的这种变化是逐渐的、缓慢的过程，他说“生物的物种是在不知不觉间相继形成的”。拉马克坚信自然界总是循序渐进地产生各物种，最早产生的是最简单的低级生物，后来产生的是较复杂、较高级的生物，从而形成一个由简单到复杂、由低级到高级的连续系列。至于进化的原因，他提出，一方面是因为生物具有向上发展的内在倾向，另一方面是生存环境的影响引起动物习惯上的变化。他还认为，动物的器官使用得较多或较少就会产生变异，而且这种变异是永久性的，并能导致遗传。他举例说，长颈鹿由于吃大树上的叶子而发展了长颈，并把这一特点遗传给了后代。他还推测，为了看得更远猿学会了直立行走，这种经常的持续的行为必然使身体结构产生变化，又通过遗传使这种结构变化得到强化。他还进一步大胆推测，由于猿和人在身体结构上是相似的，人很可能就是由猿进化来的。看见了吧，进化论这一框架在拉马克手上搭建起来的时候，达尔文还没出生呢。

重整旗鼓不是件容易的事，拉马克的进化论著作刚一问世，就遭到了时任法国教育部长居维叶的打压。灾变论的领军人物嘛，岂能容忍进化论思想。他不仅对拉马克的理论口诛笔伐，而且利用权力处处排挤拉马克，并在皇帝拿破仑面前告御状。有一次，拿破仑在爱丽舍宫举行宴会，年逾花甲的拉马克兴冲冲地把他那本《动物学哲学》呈献给皇上。谁知拿破仑随手把它扔给了侍从，并来了一句“这是什么荒唐东西”，令拉马克当众难堪。由于以居维叶为代表的反对派极力打压，拉马克后来的工作一度陷入了低谷。但他并未因此沉沦，仍然一心一意地从事他的进化论研究。与此同时，他还要跟当时占统治地位的物种不变论者进行顽强的斗争。纵观拉马克的一生，他是在穷困与冷漠中度过的，他的进化学说在生前没有得到普遍理解，晚年他虽然双目失明，却顽强地从事研究工作，把毕生的精力贡献给了生物进化论。历史终究是公正的，作为进化论的一代先驱，拉马克所取得的业绩及科学品质，终为后人所敬仰。

毋庸置疑，拉马克的理论是当时欧洲进化思想的一座高峰，他第一次从生物与环境的关系方面探讨了物种进化的动力，为后来的达尔文进化论打下了坚实的理论基础。然而限于历史条件，拉马克在说明进化原因时，把环境对于生物体的直接作用以及获得性遗传的过程描述得过于简单化了，总让人觉得是科学依据不充分的一种推论。他提出的生物天生具有向上发展的趋向，以及动物的意志和欲望在进化中发生作用等观点，也带有明显的主观臆想色彩。因此，拉马克的理论虽然影响较大，却往往遭人诟病，成为反进化论者攻击的靶子。

到了这个时候，生物进化论可以说屋舍和门框都已经有了，但迫切需要一个像牛顿那样强有力的掌门人，支撑起刚刚立起来的门户。就在业界翘首期盼之际，这个强悍的人物现身了，他就是达尔文（Darwin，1809—1882）。

说来有趣，这个英国名医之子不但不是学霸神童，反而从小就很顽劣。他对用功读书兴趣不大，却对打猎、捉耗子、采集动植物标本乐此不疲，当然现在看来人家那叫热爱大自然。他的父亲却认为他游手好闲，将来会成为整个家族的耻辱，他的中学校长也曾当众责骂他是浪子。1825年，达尔文中学还没毕业就被父亲送到爱丁堡大学去学医，指望他早日走上正道。但达尔文对医学不感兴趣，他认为麻醉和手术是“兽性的职业”。无奈之下，父亲只好将这个“浪子”又送到剑桥大学去学神学，希望他将来当个牧师，总比整天浪荡要强。达尔文进了剑桥依然如故，用后来他自己的话说学的许多功课“是白白浪费精力”，但他却从老师亨斯罗教授那里学到了许多动植物的知识，并与亨斯罗成了忘年交。亨斯罗教授是个慧眼识人的伯乐，在达尔文毕业时推荐他以“博物学家”的身份，随英国政府的贝格尔号军舰作环球考察。这次历时5年的环球航行，对达尔文的生物学研究产生了极为深远的影响，他后来回忆道，“贝格尔舰上的航行，是我一生中最大的事件，它决定了我此后全部事业的道路……当时我接受使命，必须去仔细研究自然史几门学科，因而改进了我的观察能力”。

经过这趟环球考察，达尔文极大地开阔了视野，同时也积累了大量的资料。回到伦敦后，他又查阅了大量图书和文献，头脑中已经形成了进化论完整的雏形。但达尔文很谨慎，他不愿重蹈拉马克的覆辙，因而没有匆忙出山担任盟主，而是采取了迂回前进的办法。谁也想不到，他拜访了地质渐变论旗手赖尔之后，忽而来了个华丽转身，投身于地质学的研究去了。不久，他的地质研究成果在英国获得了很高的声誉，他成了英国地质学会一颗明亮的新星。今天来看，地质学跟物种进化本来就有千丝万缕的联系，转身搞地质研究不只是达尔文的一种缓兵之计，也为他生物进化论的最终确立奠定了更厚实的基础，让他日后担任进化论盟主羽翼更丰。科技创新有时也要迂回前进，“他山之石，可以攻玉”的道理在生物进化论的创立过程中得到了充分印证。

在此期间，达尔文开始动手整理多年积累的进化论资料，于

1842 年首次写出了《物种起源》的简要提纲，准备全面阐述生物进化理论。但谨慎的达尔文还是感到事实依据不够充分，于是又把大量精力投入到了搜集例证的工作中。就在这当儿，莫逆之交赖尔审阅到一篇署名为“华莱士”的研究论文《制约新物种出现的规律》，论文的作者运用地质渐变原理去说明生物物种变化的问题，其整个观点与达尔文的思想大同小异，并且明确提到了自然选择、适者生存的物种进化规律。于是，赖尔写信把这一情况告诉了达尔文，并希望他尽快动手把生物进化论思想抛出来。达尔文这才接受建议，按照他原先拟定的提纲开始动手撰写。

就在达尔文刚动手写作的时候，他意外地收到了一封信，打开一看居然是素不相识的华莱士写来的。信是从其考察地马来群岛寄出的，华莱士在信中虚心向达尔文请教，希望达尔文能对他的研究工作提出宝贵意见。达尔文很快就回了信，坦然告诉他自己正准备写一本关于物种起源的书。就这样两人飞雁传书，建立了深厚的友谊。特别让达尔文感到欣慰的是，在自然选择和物种起源问题上，两人的基本观点不谋而合，华莱士的研究起到了重要补充作用。实际上，达尔文和华莱士两个人的研究工作几乎是同步的，他们各自独立地提出了生物进化论。1858 年 7 月 1 日，经过知情的植物学家胡克等人张罗，达尔文和华莱士共同完成的论文《讨论物种形成变异的趋向以及变异的永久性和物种受选择的自然意义》被递交给伦敦的林奈学会，以求彰显两人共同创立了进化论。然而非常可惜，这一在生物学历史上具有重大意义的事件，在当时并没有得到应有的关注，以至于后来享有“进化论奠基者”美誉的只有达尔文一人。

作为进化论的主要创立者之一，华莱士的真实业绩长期遮掩在达尔文的影子中，此处对这位品德高尚的生物学家再表几句。华莱士本人非常谦虚，在随后的日子里，他一直对达尔文的成就表示赞许，认为只有达尔文才能提出如此丰富的论据和雄辩的逻辑来论证进化学说，并使之取得了决定性的胜利。后人也并没有忘记华莱士的功劳，伦敦林奈学会为了纪念当年达尔文和华莱士共同提交论文一事，从 1908 年起设立了“达尔文 – 华莱士”奖章，这个银质奖章的两面分别刻印着达尔文和华莱士的头像，定期表彰在进化生物学方面作出突出贡献的各国科学家，这是生物学界一个百年奖项了。2009 年，世界各地纪念达尔文诞辰 200 周年的时候，著名科技杂志《连线》创始主编凯文·凯利说过，大家别忘了，还有一个华莱士在相同的时间也提出了相同的进化论，假如达尔文当年在他那场知名的环球考察之旅中遇难了，那么华莱士就是唯一发现进化论的人物，我们现在也会纪念他的诞辰。这是外话了，就此打住。

功夫不负有心人，达尔文卧薪尝胆多年，终于厚积薄发，在 1859 年 11 月发表了他的伟大著作《物种起源》。该书用大量翔实的资料证明形形色色的生物都不是上帝创造的，而是在遗传、变异、生存斗争和自然选择中，由简单到复杂，由低等到高等，不断发展变化，不断进化而来的。这部巨著第一次把生物学建立在全新的进化思想基础之上，给予了传统的神创论和物种不变理论迎头痛击，标志着进化论正式在科学大舞台上占有了重要一席。《物种起源》刚一出版，就在欧洲引起了极大的轰动并很快传播到全世界，达尔文作为进化论掌门人的地位也因此确立。

历史往往惊人地相似，任何一种新理论、新学说问世总会经历些风波，达尔文的进化论也不例外。《物种起源》出版刚半年，在英国科学学会的大会上，就有了一场激烈的争斗。在这次会议上，以博物学家赫胥黎为首的达尔文支持者，和以牛津大主教威尔伯福斯为首的反进化论者，唇枪舌剑地展开了针锋相对的激辩，双方恶语相向几乎到了拳脚交加的地步。大主教威尔伯福斯厉声责问赫胥黎："我希望知道，究竟是在祖父方面还是在祖母方面，你是猴子的后代？"赫胥黎从容地答道："我曾说过，我宁愿做个猿猴也不当主教。"后来，这样的争斗还有过多次，达尔文的支持者们一直据理力争，经过长期较量才使进化学说在欧洲站稳了脚跟，教会势力虽极力反对却也无可奈何了。令人啼笑皆非的是，在达尔文去世100多年后的1996年，天主教会宣布与生物进化论和解，罗马教皇公开表态"进化论已经渗透到各个不同领域，它不再与教会的教义相对立了"，神学在科学面前不得不又一次低下了头。当然，随着现代生物学的发展，对进化论也一直有着学术方面的争议，近年来新达尔文主义兴起，那是另一回事，此处姑且按下不再细表。

1882年4月26日是个悲痛的日子，在伦敦威斯敏斯特大教堂的墓地上聚集了上千人，他们为了同一个目的而来，参加达尔文的葬礼。为了纪念这位生物学史上伟大的革命者，人们特意将他安葬在牛顿墓的近旁，好让这两位科技创新的大英豪长眠在一起。这也印证了华莱士的那句话："达尔文不仅可以和牛顿并列媲美，他的工作将永远被看成是19世纪自然科学的最大成就之一。"事实的确如此，华莱士对达尔文的评价并不为过，他所说的最大成就之一，也是那时候的真实写照，因为几乎在进化论问世的同一时期，科技创新还另有大事发生。

这正是：进化论前赴后继，达尔文终成正果。

欲知达尔文时代还有何大事发生，且听下回分解。

第十七回
能量领地群英会　守恒原理路同归

主角： 迈尔，焦耳，赫姆霍兹。

场景： 能量守恒与转化定律的揭示过程。

看点： 众学者围绕同一问题从多角度攻而克之。

话说达尔文时代，那僵化的自然观被接二连三打开缺口。瞧瞧，天文、地质、生物都有了新的说法，其实还不止这几个领地，本回就再来表一表能量领地的新说法。早在19世纪以前，人们一直在探索着能量，但并没有形成科学理论。此话当真？那蒸汽机不是已经轰隆隆转起来了吗？其实不然，尽管蒸汽机已成功把热量转换成动力，但人们对于热和能的理性认识，却犹如早期的蒸汽机那样简单而笨拙。其中的一个重要原因就是，对热和能的解释，就像当初用燃素去解释燃烧一样，是热素说在作怪。这热素说一直误导着人们在黑暗中摸索，直到能量真相的曙光出现。本回说的就是这档子事。

热素说在18世纪开始广泛流行，它是由英国的布莱克等人建立起来的一种热学理论，这种理论认为热素是一种可以传递的物质。用根本不存在的热素去解释热学和能量现象，其实与同时期的燃素说如出一辙。为此，人们费尽心思做了许多实验，用天平去称、用显微镜去看、用热水去挤等等，却连热素的影子也没找到。随着时间的推移，对热素说提出质疑和挑战的人也越来越多。1798 年，美国物理学家伦福德对热素说发起了诘难，他发现用钻头钻炮筒时，炮筒和钻头的温度都会升高，他质问这热素从何而来？接着，英国化学家戴维也发现，用两块冰在密闭的容器中进行碰撞，最后冰块融化了，这热素又从何而来？随后更多的例证表明，所谓的热素说是站不住脚的。

大量的事实已经说明，热学的旧理论需要彻底打破，建立新学说的任务已经摆在人们面前。于是，在能量研究领域，一批又一批科学家你方唱罢我登台，在 19 世纪上演了一场群英会。

较早出场的是法国青年工程师萨迪·卡诺（S. Carnot，1796—1832）。他在 1824 年出版了《关于火的动力》一书，书中分析了蒸汽机中决定热产生动能的各种因素，首次提出了热机工作循环的原理，即著名的卡诺定理。这一原理后来成了热力学的理论基础，卡诺这个初出茅庐的年轻人实际上就是现代热力学的重要奠基者。不幸的是天妒英才，卡诺年仅 36 岁就被霍乱夺去了宝贵的生命。那会儿死于烈性传染病可是个麻烦事，按照法国当时的防疫法律，他的大量学术遗稿必须彻底烧毁。好在他弟弟偷偷保存了小部分遗稿，后来才发表出来引起了世人更多的关注。继卡诺之后，德国的莫尔、法国的塞贯、瑞士的赫斯等一批物理学才俊也纷纷加入到热能研究行列，提出了与卡诺类似的思想。说来很可惜也很怪异，这几个人的命运也与卡诺大同小异，他们都没能熬到破茧得解放的时刻就撒手人寰了。但无论如何，这些先驱者的工作，为能量守恒和转化定律的最终成型作了充分的铺垫，离大功告成的日子实际上已经不远了。

时光到了 1842 年，这一年在科技创新史上应该浓墨重彩地写上一笔，它被恩格斯称为“划时代的一年”。就在这一年，各路豪杰不约而同，从各自不同的研究路径走到了一起，彻底揭开了能量的神秘面纱。演出这场大戏的几个主角都不是一般人物。

主角之一的迈尔（Mayer，1814—1878）最先登场，他是一位德国医生。本来能量问题似乎与医学不太搭界，然而迈尔大夫却有自己独特的职业眼光，在他随船从荷兰驶往印度经过热带海域时，迈尔敏锐地观察到，患病的海员静脉血液比在欧洲时红亮。熟知氧化燃烧理论的迈尔，认为这是由于血液含氧较多的缘故。因为在热带高温条件下，人的机体只需要从食物中吸收较少的热量就足够了，人体中食物的氧化过程应该是减弱的，所以静脉血里留下的氧就相对增多，血液更显得红亮。由此，迈尔联想到人体内的食物所含的化学能就像机械能一样，是可以转化为热能的。回国后，迈尔立即到一家纸厂做了一个实验，他把纸浆放在一口大锅里进行机械搅拌，用马的绕圈推磨作为动力。他测出纸浆温度的升高值，进而推测到了马做的机械功所产生的热量的数据，他坚信这是热功转化的有力证据。

1842年，迈尔第一篇关于能量守恒与转化的论文《论无机自然界的力》出炉了。很快，他兴致勃勃地将论文寄往当时德国的权威杂志《物理学年鉴》。不料，该杂志的主编却拒绝发表，理由是从没听说过热与功之间的这种“奇谈怪论”。无奈之下，迈尔只好自掏腰包另找门路发表了论文。不料，迈尔的论文发表后不仅没有得到鲜花和掌声，反而招来了许多冷嘲热讽，医学同行们更是指责他不务正业，胡说八道。恰在这时，他最疼爱的小儿子患病去世了。在学术偏见和家庭不幸的双重打击下，迈尔的精神受到严重刺激，他从二楼窗口跳下自杀未遂，被人关进了精神病院，后来虽然出院却再未恢复正常，在痛苦中度过了余生。虽然境遇悲惨，迈尔却是历史上发表能量守恒与转化论文的第一人，其功载史册。

主角之一的焦耳（Joule，1818—1889）接着登台亮相，他是科技史上一位自学成才的著名物理学家。这位英国酿酒工人的儿子，虽然自幼聪明却没有条件接受正规教育，但他一直坚持自学。少年时期的焦耳就特别喜欢物理，经常动手做一些关于电、热之类的实验，成年后他在自己的住所建立了一间小实验室，在跟随父亲参加酿酒劳动之余，坚持进行科学实验。从 1840 年开始，焦耳做了一系列具有历史意义的实验，他成功地测量了电流通过电阻导线所放出的热量，得出一个科学结论：导体在单位时间内放出的热量与电路的电阻成正比，与电流强度的平方成反比。这就是著名的焦耳定律。该定律对电能向热能转化的定量关系作出了精确说明，为能量守恒定律的确立打下了坚实的基础。1843 年，他又巧妙地设计了一个线圈放在水中测量电流产生热量的实验，成功地测量出了热功当量的数据。随后，焦耳用多种实验证明，在一个体系中能量总是守恒的。

然而，科技创新的道路历来是不平坦的，焦耳这些伟大的实验发现起初并未引起重视。特别是像他这样一个没学历的自学成才者，在学术上所受到的歧视、偏见是可想而知的。他最早的两篇论文寄到英国皇家学会去，却被告知不予发表。看看啊，学历歧视早就有了。到了 1847 年，焦耳在曼彻斯特成功地做了关于热的机械当量的一个新实验，当他满怀信心地准备在英国科学促进会的年会上报告实验结果时，却遭到了会议主席的阻拦。经过一番周折，焦耳才得到一个简要口头汇报的机会。所幸的是，在这次会议上，一些有远见的学者开始认同他的研究并给了他有力的支持。随着时间的推移，焦耳以科学实验为基础的能量守恒与转化研究成果，终于得到世人的关注和认可。焦耳的经历也证明了一个朴素的道理：是金子迟早会发光。后人为了纪念他的辉煌业绩，以他的名字命名能量及功的单位为“焦耳”，至今还在沿用，这是人们对他的充分褒奖。

接下来，另一位主角赫姆霍兹（Helmholtz，1821—1894）也登场了，他是一位学识渊博的德国科学家。实际上，赫姆霍兹的学术兴趣极为广泛，在医学、生理学、心理学、物理学和哲学方面都颇有建树。1842 年，他获得了医学博士学位后，紧跟当时社会的学术热点，从永动机不可能实现这一事实入手，开始致力于能量守恒问题的研究。1847 年他在德国物理学会发表了关于力的守恒演讲，第一次以数学方程的形式提出了能量守恒原理。随后，赫姆霍兹顶住了来自一些旧权威的各种非议，继承并发展了迈尔、焦耳等前人的工作，严密论证了已知力学的、热学的、电学的、化学的各种运动中的能量守恒原理，出版了成名专著《论力的守恒》。该书的问世，把能量守恒与转化原理的研究推向了高潮，特别是他用严密的数学方程解释的“不同形态的能量可以相互转化但总和不变”的原理，使整个 19 世纪的物理学产生了新的转机。

几乎与此同时，还有不少科学家在能量研究的大舞台上出色地表演，且挂一漏万再举几例以飨各位。1842 年，英国的年轻律师格罗夫，在对电流的研究中也独立地发现了能量守恒和转化定律。同时期，丹麦年仅 28 岁的工程师柯尔丁，通过摩擦实验测定了热功当量。英国科学家威廉·汤姆逊，则对能量守恒和转化思想作了精确的表述，即“当一个物质系统从某个给定的状态，无论以任何方式过渡到一个固定的零点时，它在系统外所产生的用机械功来量度的各种作用的总和，就是该系统在这一定状态所具有的能量。能量就是表征物质系统状态的函数”。那个时期，能量研究领域可谓群雄并起、热闹非凡，真正是一场科学界的群英会。

就这样，通过众多科学大师从各个角度进行的实验和论证，能量守恒与转化定律终于创立。从此，人们对能量及其守恒有了正确的理性认识，而这种认识为人们科学利用能量来进行更广泛的创新铺平了道路。同时，能量守恒与转化定律还揭示出了自然科学各门学科之间的关联，为各领域的相互渗透及跨学科研究提供了直接的基础。尤其是它所体现出的自然物质间的相互联系属性，也为现代西方哲学许多流派的出现提供了条件。恩格斯对能量守恒与转化定律给予了高度评价，称之为“伟大的运动基本规律”，他认为能量守恒与转化定律的发现，与达尔文的进化论一样，可以列入19世纪自然科学的三大发现。且慢，不是说三大发现吗，怎么还缺了一个呢？

这正是：攻能量定律众人拾柴，论精英谁属星光灿烂。

欲知19世纪自然科学三大发现的另外一个是什么，且听下回分解。

第十八回 西施和东施联袂亮相　动植物细胞同出一辙

主角： 施莱登，施旺。

场景： 植物细胞学和动物细胞学一前一后相继问世。

看点： 细胞学说揭示有机体的统一性。

且说被恩格斯誉为19世纪自然科学的三大发现的，除了达尔文的进化论和能量守恒与转化定律，还有一个是什么？那便是细胞学说。话表起来，细胞学说的建立，也同其他科学发现的过程一样，经历了一个长期的酝酿积累阶段，不“预热”便一蹴而就在科技创新史上鲜有例证。那就从“预热”过程开表。

事实上，早在17世纪中叶，英国博物学家胡克就提出了细胞的概念。1665年胡克用自制的显微镜观察软木塞片，发现木片上布满了蜂窝状的小格子，他把这些小格子命名为“细胞”，也就是小蜂房小巢室的意思。实际上胡克观察到的细胞，只是残存的植物细胞壁，但他却是公认的第一个“看见了”细胞的人。几乎与此同时，意大利医生马尔比基也用显微镜进行着动植物标本的微细结构观察，实际上他不仅看到了植物细胞也看到了动物细胞，只是他简单地称它们为一种“小泡”。10年之后，荷兰科学家列文虎克制造了一种能放大几百倍的显微镜，不但观察了植物细胞，还观察了滴虫、轮虫等动物细胞和单细胞微生物，并生动地描绘了它们的形状，他实际上是看到了动植物活细胞的第一人。然而，细胞学的这些先行者，虽然都宣称“看见了，看见了”，但共同的遗憾却是，他们都还没有认识到细胞作为生物机体组成单元的重要意义。犹如看见了一块块砖瓦，却不明白整栋房子就是由这些砖瓦垒起来的。

时间又过去了差不多 100 年，预热还在进行着，温度也逐渐升高。1759 年，德国胚胎学家沃尔夫在他的专著《发生论》一书中，清楚地描述了组成动植物胚胎的“小球”和“小泡”，认为胚胎就是由它们构成的。然而他只是点到为止，没弄清这些胚胎细胞的来源，更没有概括细胞的作用。1805 年，德国生物学家奥肯又向前一步，他认为一切生物都是由“小泡”组成的，这些“小泡”乃是一些单胞或原浆，是构成所有生物机体的基本单位。进而他还指出，“小泡”有两种生命，一是它自己的生命，一是作为生物体组成部分的生命，当它们所属的生物体死亡后，它们仍可以继续生存一段时间。奥肯的这一思想，已经有了细胞学说的萌芽，对后来的研究有很大影响。

预热继续推进着。奥地利画家鲍尔、英国植物学家布朗等人先后发现了细胞核，后来细胞内的核仁又被发现。至此，人们对细胞显微结构的形态观察和描述已经积累了大量资料，只待作出理论性的概括了，可谓万事俱备，只欠东风。“预热”即将完成之际，细胞学历史上两位重量级人物，著名的“西施”和“东施”一前一后现身了。

“西施”大名叫施莱登（Schleiden，1804—1881），因毕业于德国西部的海德堡大学，故以“西施”称之。说起来，那“西施”早年学的是法律，当了一名律师后工作屡屡碰壁，以至于丧失了生活勇气，开枪自杀却未遂。后来在朋友的力劝下，施莱登放弃了律师工作，转而从事自然科学研究。在获得了医学和哲学双博士学位后，被聘为耶拿大学的植物学教授，开始了他的植物学研究生涯。

从那时起，施莱登时来运转没再碰壁，他根据多年在显微镜下研究植物组织结构的结果，认为任何植物体都是由细胞这种基本成分构成的，低等植物由单个细胞构成，高等植物则由多个细胞构成。1838年，施莱登发表了著名的文章《植物发生论》，提出了一个关于植物细胞生命特征、细胞生理过程以及细胞生理地位的系统理论。他认为，无论多么复杂的植物体都是由细胞构成的，细胞是有生命的独立自足的单位，植物的发育是靠新细胞的不断形成实现的。他还总结了前人的研究成果，认为细胞的基本特征是它的生命两重性：细胞在具有自己生命的同时，还具有作为整个机体的组织结构的生命特征。施莱登进而根据细胞核的发现结果，提出细胞核是产生新细胞的母体，一代代的新细胞就是不断从老细胞中产生出来的。《植物发生论》用德文发表以后，很快就被译成法文和英文广为传播，生物学界也普遍接受了他的观点，这标志着第一个较为系统的细胞学说——植物细胞学的诞生。“西施”因此获得了巨大成功。

成功了的施莱登，把研究触角伸得更长。他对当时林奈学派主要关注植物标本的采集、分类、命名，而忽视植物的结构、功能、发育和生活史的研究大为不满，恨不得将其“批倒批臭”。他主张植物学研究要立马掉头转向，以研究植物的构造、生长和发育为主，不能只盯着分类问题。为此，他特地编写了一本与林奈学派截然不同的教科书——《科学的植物学原理》。在书中，他创造性地把系统分类与探讨生命现象的自然哲学概念结合起来，对许多观察到的事实进行了深入的探讨。这本书在当时填补了生物学教学的一大空白，在欧洲引起了很大轰动，这是“西施”的又一功绩。

表过了“西施”再来说说那“东施”，他的大名叫施旺（Schwann，1810—1882），因毕业于德国东部的柏林大学，故以“东施”称之。这个“东施”比那个“西施”小6岁，是德国一位金匠的儿子。从少年时代起，性格内向、懦弱的“东施”对宗教偏偏情有独钟，父亲苦口婆心劝他学铸金手艺，他根本听不进去。他16岁就辞别了故乡，到科隆修炼宗教，理想是早日当上一名神父。好在是年少可塑性大，要不然历史上多了个名不见经传的牧师，却少了个科学巨匠。事实上，施旺在科隆期间接触到了一些搞科学研究的雅士，使他的思想来了个180度大转弯，他对自然现象特别是动物的奥秘产生了浓厚的兴趣。于是，这个看似懦弱的“东施”果断刹车掉头，转往柏林大学深造。在拿到了医学博士学位后，施旺有幸成为当时著名的动物生理学家米勒教授的助手，跟着他从事青蛙的肌肉收缩研究，从而彻底“改邪归正”。

就在米勒的实验室里，施旺遇见了施莱登，“东施”和“西施”一见如故相谈甚欢。施旺后来回忆道，“一天，当我和施莱登一起用餐时，这位著名的植物学家向我指出，细胞核在植物细胞的发生中起着重要的作用，我立刻想起曾在脊索细胞中看见过同样的‘器官’。在这一瞬间我领悟到，如果我能够成功地证明，脊索细胞中的细胞起着在植物细胞的发生中所起的相同作用，这个发现将是极其重要的”。的确，不同研究领域的学术交流，往往能启发科学家在瞬间产生灵感，进而获得重要的科学发现或发明，这样的事例在科技创新史上不胜枚举。“东施”和“西施”在1837年的这场相遇、交流就是典型。

灵感一来，很快见效。1839年，施旺的重要著作《关于动植物的结构和生长一致性的显微研究》问世了。施旺在书中指出，细胞是一切动物结构的基本单位和一切动物赖以发展的基本实体，也是包括动物和植物在内的一切有机体生命活动的基础。他认为“有机体的基本部分不管怎样不同，总有一个普遍的发育原则，这个原则便是细胞的形成”。他还指出，细胞不仅是生物的构造单位，而且是生命单位。在这里，施旺用细胞理论对生命现象进行了完整的理论概括，实质上是证实了他所说的“动物和植物生长的本质的一致性”。施旺提出的最重要观点“细胞是有机体，动植物都是这些有机体的集合物，它们按照一定的法则而排列在动植物体内”，第一次系统地阐述了生物有机体统一性的基本理论，成功地把施莱登的植物细胞学说引入动物学，从而彻底推翻了千百年来动物界、植物界相互分割的传统屏障，建立起了生物学统一的细胞学说，开创了生命科学的新纪元。“东施”获得了巨大成功。

细胞学说的诞生，可以说是“二施”联手的杰作。它的基本理论有四个方面：第一个观点，细胞是有机体，一切动植物都是由单细胞发育而来，即生物是由细胞和细胞的产物所构成的；第二个观点，细胞是生物体结构和功能的基本单位，生物体通过细胞的活动来反映其功能，所有细胞在结构和组成上基本相似；第三个观点，细胞是一个相对独立的单位，既有它自己的生命，又对整体的生命起作用；第四个观点，新细胞由已经存在的老细胞而来，个体的发育是由新细胞的不断形成实现的。

当然，细胞学说在“二施”手中问世之初，并非十全十美，还经历了一个修正、完善的过程。尤其对于细胞本身的形成问题，“二施”的观点都存在着缺陷，施旺认为新细胞是从老细胞的核内产生的，而施莱登则认为新细胞是由老细胞的核外物质产生的。后来，德国解剖学家冯莫尔发现了细胞的有丝分裂过程，对他们的说法进行了修正。尤其是德国病理学家魏尔啸，在他 1858 出版的《细胞病理学》中，强调“所有细胞都是由原有细胞分裂产生而来，所有的疾病都是细胞的疾病”，对细胞学说的完善起到了不可或缺的重要补充。

千日斫柴一日烧，经过几代人的不懈努力，细胞学大厦终于建成。这项近代科学史上的伟大成就，揭示了整个生物界在结构上的统一性，以及在进化上的共同起源，从而吹响了生物学向微观世界进军的号角。说起微观世界，那就要继续说道说道，整个自然物质世界的微观结构又如何被揭秘，是不是也有段精彩的故事？

这正是：细胞学横空出世，施家军煞是了得。

欲知物质微观结构的发现过程，且听下回分解。

第十九回 道尔顿道出原子论　阿伏伽德罗巧验证

主角：道尔顿，阿伏伽德罗。

场景：原子和原子量被揭示，分子概念的提出。

看点：科学原子论正式建立。

话说物质世界的微观结构，有史以来就是人类好奇心的重要组成部分。自古人们就在思索，自己身边的千千万万种物质，究竟是由何构成的？早在古希腊时期，哲学先祖留基伯、德谟克利特等人就率先提出了原子论。他们认为物质是由许多微粒组成的，这些微粒就叫“原子”。原者，始也，“原子”就是不可分割的微粒的意思。实际上，中国古代的“天、地、雷、风、水、火、山、泽”八卦说，“金、木、水、火、土”五行说以及道家的“元气”说等，也都带有原子论的思想。近代科学诞生以后，法国的伽森迪、笛卡儿等人又重拾原子论，试图解开物质构成的奥秘。其实，牛顿也是一位原子论者，他描绘的原子乃是一些大小不同的微粒，这些微粒靠着力的作用而形成了万物。说来说去，19 世纪之前的这些原子论的思想，都是凭空想象或者说是天才的臆想，并无科学实验的根据。

对人类来说，在那个年代发现原子真比登天都难哪。要知道，那是一个真正的微观世界，原子既看不见也摸不着，即使用最高倍的光学显微镜，也难觅其蛛丝马迹。然而高人还是出现了，若论谁是近代原子学说的创始人，那得首推英国著名科学家道尔顿（Dalton，1766—1844）。

这是一位传奇人物，他虽然没读过几年书，属于“没学历”的人，却凭着惊人的天才和毅力，在物理学和化学领域颇有建树。这位偏僻乡村织工的后代，因家境贫寒只读了两年书就到一位传教士家里当了仆役。后来，他顽强地坚持自学增长了学识，才侥幸当上了一名乡村教师。再后来的事说来也有趣，道尔顿很早就出了名，不是因为他的原子论学说，而是因为他发现了色盲症。

据说有一年圣诞节，道尔顿特意为母亲买了一双“深蓝色”的袜子作礼物，结果他母亲勃然大怒，大骂这个不孝之子。原来他买的是一双红色的袜子，而按照当地的习俗，妇女是最忌讳红色的。他感到莫名其妙，最后终于发现，不仅是他自己，而且他的哥哥及亲属中的其他一些人，都是辨不清红蓝颜色的人。于是，他发表了平生第一篇科学论文，首次提出人类存在色盲这一病症。这个重要的医学发现，立即引起了社会的广泛关注，也使他一举成名。如今在医学界，色盲症还有个别名，就叫“道尔顿症”。别看道尔顿是个色盲，人家却最终“看见”了原子。

大凡有了名气的人，不仅生活无忧了，而且可以干自己的事业了。道尔顿出名之后，就开始专注于科学研究，他的研究工作是从气象观测入手的。应该说，道尔顿作为一个科学家的毅力非常人能比，他从 21 岁起就每天进行气象观测，整整坚持了 57 年未曾间断，临终前还用颤抖的手写下了“今日微雨”的气象记录。后来，他在给亲友的一封信中有过描述：“我的座右铭是：午夜方眠，黎明即起。”1793 年道尔顿的第一本科学著作《气象观察与研究》出版，该书总结了他的气象观测结果，对气象学当时的发展起到了启蒙作用。1801 年他提出了“混合气体的压力等于各组分气体的分压之和”，即著名的“气体分压定律”。如果道尔顿的科学成就到此为止，也足以使他在物理学史上无可争议地占有一席之地。然而好戏还在后头，道尔顿的原子论思想，在研究大气物理的过程中正逐渐形成。

道尔顿一直在思考，气体间复杂的各种压力关系，如何能够用微粒结构来解释。一个偶然的机会，他读到一本介绍古希腊原子论的书，从中大受启发。他凭直觉推测，原子模型应该能够说明气体分压定律，他认为一种气体的微粒或原子均匀地分布在另一种气体的原子之间，就能很好地解释分压定律。于是一鼓作气，道尔顿进行了各种量化的对比分析，又发现了化合物的倍比定律，即相同的两种元素生成两种以上化合物时，若其中一种元素的重量不变，则另一种元素的重量成整数比。这样，他就首次提出了原子量的概念，并编制出了一张原子量表。道尔顿认为，这个倍比定律，既是原子论的一个实验推论，也是原子论的科学证明。至此，微观世界原子的神秘面纱，在道尔顿面前开始徐徐揭开。1803 年，在曼彻斯特的“文学和哲学学会”上，道尔顿第一次作了关于原子论以及原子量计算的报告，第一次提出了科学的原子论。他指出：“在我之前也有关于原子微粒的各种学说，它们的共同点在于都认为原子微粒是一种大小相同的球，而我认为不同。不同元素的原子重量是不一样的，原子不可再分，也无法称量，但我们可以求得它们的相对重量。我们把最轻的元素氢的原子量规定为 1，就可以求得其他元素的相对原子量。”此言一出，给整个化学界带来了“拨开云雾见太阳”的全新感觉。

1808 年道尔顿的不朽名著《化学哲学新体系》一书出版，这是科学原子论的奠基之作。在书中，道尔顿系统阐述了他的化学原子论。他认为元素是由极其微小、不可再分的原子构成的，它在一切化学变化中都保持自身的独特性质，即“终极质点”。原子是看不见的，既不能创造，也不能消灭。他还提出，同一元素的原子形状、大小、性质和质量都相同，不同元素的原子则不同，每种元素的原子质量都是固定不变的，原子质量是元素的基本特征之一。他以实验证明，不同元素化合时，原子以简单整数比结合，形成化学过程的化合现象。他把化合物的原子称为“复杂原子”，认为同一化合物的“复杂原子”，其组成、形状、质量和性质必然相同。道尔顿的这些基本理论，是继拉瓦锡之后理论化学的又一次重大进步，他因此也被誉为“近代化学之父”。

道尔顿姓“道”却非夸夸其谈之流，他既具有敏锐的理论思维头脑，又具有卓越的实验才能，最终才“道”出了原子论。他的原子论并不是古代原子说的重现，而是建立在实验基础上的定量研究。他提出的原子量概念，使原子论由假说变成了科学的理论，引导着化学家把定量研究与定性研究结合起来，从而为化学规律的探索指出了一条正确途径。不仅如此，道尔顿的原子论揭示了化学反应的现象与本质之间的关系，对当时僵化的自然观也是一个重要的冲击，为科学方法论的发展又垫上了一块厚砖。后人为了纪念他的贡献，以他的名字作为原子量的计量单位，至今沿用着的“道尔”就是这样来的。恩格斯这样评价道：“在化学中，特别感谢道尔顿发现了原子论，已达到的各种结果都具有了秩序和相对的可靠性，已经能够有系统地，差不多是有计划地向还没有被征服的领域进攻，可以和计划周密地围攻一个堡垒相比。”

科学探索就是一场接力赛，旧的问题解决了，新的问题又随之而来。道尔顿原子论发表以后，原子量的测定和量化研究立即风靡世界，于是，混乱的局面出现了，以至于有不少科学家开始怀疑到底能否测定原子量，甚至对原子论能否成立也提出了怀疑。

其中，具有代表性的一件事，就是法国科学家盖·吕萨克的重要发现。这位杰出的实验大师发现，用 2 升氢气和 1 升氧化合，得到的水蒸气竟然是 2 升，而不是 3 升。接着，他又做了大量气体化合反应实验，都遵循它们之间体积成简单整数比的关系。就在道尔顿发表原子论过了仅仅一年之后，盖·吕萨克提出了著名的气体体积简比定律：在同温同压下，相同体积的不同气体中包含相同数目的原子。然而，这一实验发现却让道尔顿的原子论陷入了困境。这是因为，假如盖·吕萨克的实验站得住脚，那么在上述实例中，两个氢原子和一个氧原子应当生成两个复杂的“水原子”，而这样的话，每一个“水原子”中不就只含有半个氧原子吗？

“半个原子”的结论，对原子论来说是不可接受的。于是道尔顿奋起反击，他极力反对盖·吕萨克定律，甚至指责其实验靠不住。然而，有不少化学家重复了盖·吕萨克的实验，结果都是相同的。于是，一场激烈的学术争论又掀起来了，谁是谁非一时难有定论。莫非原子论真的错了？

关键时刻，意大利科学家阿伏伽德罗（Arogadro，1776—1856），巧妙地解决了这一难题。这位出生于律师世家的科学家，本来也是一位法学博士，后来才转向自然科学的研究。就在道尔顿与盖·吕萨克争论正酣之际，阿伏伽德罗对两人的争执仔细进行考察，发现了矛盾的焦点所在。他从盖·吕萨克定律中得到启发，并按照其实验结果的观点进行推理。1811 年，他发表了《原子相对数量的测定方法及进入化合物的数目比例的确定》一文，首次提出了“分子”的概念。他认为，构成任何气体的粒子不是原子，而是分子，分子是具有一定特性的物质的最小组成单位。单质的分子是由同种原子构成的，气体就是由几个原子组合的一种分子，而化合物的分子则是由几种不同的原子构成的。在盖·吕萨克的实验中，氢的分子是由两个氢原子构成的，氧的分子是由两个氧原子构成的，而水的分子是由两个氢原子和一个氧原子构成的。因此，盖·吕萨克定律应该表述为“在同温同压下，相同体积的不同气体具有相同数目的分子”。把“原子”改为“分子”虽然只是一字之差，但正是阿伏伽德罗的奇妙之处，他实际上用盖·吕萨克定律验证了道尔顿原子论，标志着继原子论之后，分子论正式登上了近代化学的历史舞台。

阿伏伽德罗的观点无疑是正确的，他所说的分子实际上就是道尔顿所说的“复杂原子”，这是对道尔顿原子论的进一步推进。阿伏伽德罗是个非常谦逊的人，对自己的重要科学贡献，他只是淡淡地解释说自己的观点来源于盖·吕萨克的实验，“之所以引进分子的概念，是因为道尔顿的原子概念与实验事实发生了矛盾，必须用新的假说来解释”。然而，新的真理出现，并不都是即刻便光芒四射。阿伏伽德罗的分子学说在长时间内被冷落一边，直到1860年，在意大利化学家坎尼查罗等人的力挺之下，分子学说才被普遍接受，可惜阿伏伽德罗已经溘然长逝了。

原子、分子学说的创立使近代化学进入了一个新时代，并开始向现代化学过渡。1956年，意大利举行了隆重的纪念阿伏伽德罗逝世100周年大会，人们在致辞中敬仰他的科学品质，盛赞“为了人类科学发展作出突出贡献的阿伏伽德罗永远为人们所崇敬”。同样是在1956年，苏联也正在筹办一届新的科学代表大会，这个大会同样是为了纪念另一位引领化学继续大步前进的科学牛人。如此了得的这位牛人姓甚名谁?

这正是：微观结构开云见天，化学世界豁然贯通。

欲知那位引领化学继续前进的牛人何许人也，且听下回分解。

第二十回
元素周期汇于一表　门捷列夫技高一筹

主角： 门捷列夫，迈耶尔，纽兰兹。

场景： 从6族元素表、8音律元素表到门捷列夫周期表。

看点： 揭示化学元素周期律。

且说上回提到的那位牛人，也就是本回最重要的主角，他在原子、分子学说建立之后，引领化学又向前迈进了一大步。此人乃何方神圣，不妨慢慢道来。

随着原子论的确立，化学界似乎注入了一针兴奋剂，人们不约而同地投入到测定各种元素原子量的工作中。在这一过程中，不少化学家隐约感觉到，各种化学元素之间似乎存在着某种联系。然而，这种联系到底如何？怎样才能揭示出这种联系？这个问题成了化学家们竞相追逐的焦点。于是，伴随着越来越多的新元素被发现，就有了元素周期律的问世。可不要小看如今那张元素周期表，简单的一张表格，却浓缩了众多科学家辛勤探索的汗水，是继原子论之后化学发展的又一座光彩夺目的里程碑。

早在1829年，德国化学家德贝莱纳（Dobereiner，1780—1849）就突发奇想，别出心裁地弄出个“三元素组”的排列。当时人们已知的元素只有44种，他从中挑取15种并将它们每三个分成一组。每个小组中三个元素的性质都相似，中间元素的原子量等于两边的两个元素原子量的一半。例如钙、锶、钡，它们有着相类似的性质，钙和钡原子量和的一半正是锶的原子量，这样的情况还有硫、硒、碲，锂、钠、钾等。德贝莱纳的工作，起初被轻视为没有价值的一种巧合，却启发了一些有心人开始探寻元素之间的相互关系，为后续工作点燃了一盏启蒙的灯。

第一个有心人要数法国化学家尚古多（Chancourtois，1820—1886）。1862 年，他创造性地将当时已知的 62 种元素，按照原子量的大小顺序排列，依次排绕在一个圆柱体的螺旋线上，构成一幅“螺旋图”。他惊奇地发现，化学性质相似的元素竟出现在同一条垂直的线上，这与德贝莱纳的“三元素组”极为相似。他发现，同一条母线上元素的相对原子质量差值，大多数接近 16 这个常数，而每隔一定数目的元素，又有性质相似的元素出现在同一条母线上。根据“螺旋图”，尚古多提出元素的性质有周期性重复的规律。一年之后，另一位有心人、英国化学家欧德林，也发表了一张“原子量和元素符号表”，他按原子量递增的顺序列出了 49 个元素的排列。他还在表中留下空位，认为是尚未被发现但性质相似的新元素。虽然尚古多和欧德林的工作只是初步揭示了元素关联性规律的端倪，但他们却向揭示元素周期律的方向跨出了重要一步。

就在“螺旋图”提出后不久，本回第一个主角迈耶尔（Meyer，1830—1895）登台亮相了。他是德国的一位医学博士，从研究血液中的气体开始，逐渐转向研究原子量、分子量，进而又研究元素的周期律。1864 年，迈耶尔出版了《近代化学理论》（第一版），他大力宣扬阿伏伽德罗的观点，认为分子论将成为化学理论发展的重要转折点。事实上，迈耶尔是为推动分子学说的确立作出了历史性贡献的化学家之一。而他的另一大贡献，就是他书中的第一张元素周期表。这是一张“6族元素表”，他罗列了当时已知元素的一半，按原子量递增顺序周期性地分成6族，初步揭示出了这6族元素在化合价及原子量上的周期性变化。4年以后，在他的《近代化学理论》（第二版）中，迈耶尔又制作出第二张元素周期表，新增加了28种元素和9个纵行，明显地把主族和副族元素区分开来，使过渡元素的特性也能够独立地反映出来。1870年，迈耶尔又发表了他的第三张元素周期表，表中预留了一些空位给有待发现的新元素，他还描述了固体元素的原子体积随原子量递增而发生的周期性变化。显然，迈耶尔的工作在吸取前人成果的基础上，已经发现了元素周期变化的一些规律。跟前人相比，他不仅想到了而且真正吃到了“第一口螃蟹”。

接着，本回的另一个主角纽兰兹（Newlands，1837—1898）登台亮相了，他的表演更为精彩。纽兰兹出生在伦敦，母亲是一位热爱音乐的意大利人，后来他能够用音乐的相关理论来探求元素之间的周期奥秘，应该说要归功于他母亲对他的音乐熏陶。1856年，纽兰兹进入英国皇家化学学院学习，毕业后如愿以偿地当上了皇家农业学会的助理化学师，开始了他长期的化学研究生涯。在研究中，纽兰兹感觉到了看似不相关的元素之间应该存在某种联系。他立志要弄个水落石出。从1864年起，纽兰兹踏上了专注于元素周期律的研究之路。很快，他受德贝莱纳“三元素组”的启发，对当时已知的61种元素，按原子量递增的顺序进行了排列。他发现无论从哪一个元素算起，每隔7种元素便出现性质相似的元素，构成“8族”现象。这样的间隔让他想起了儿时陪伴母亲听音乐的情景，音乐中也是这样8个音符为一个音阶。于是，一个奇妙的想法出现在他脑海中，是不是可以用音乐的结构来重新审视和研究元素的周期问题呢？灵感来自音乐，他干脆把元素的这种周期性就叫作“8音律”，并据此画出了标识元素关系的“8 音律”表。

美妙新“音乐”的发现，令纽兰兹激动不已。然而，让他没有想到的是，他的“音乐之梦”竟遭遇了冷场。他的元素“8 音律”不但不被人们所接受，反而遭到了同行们的冷嘲热讽。他的理论被认为是一种愚蠢的组合和无知的“音乐”，甚至在英国化学学会上也受到了嘲弄，会议主持人以讥讽的口吻问道，“你为什么不按元素的字母顺序排列？那样，也许会得到更加意想不到的美妙效果呢”。与迈耶尔发现元素周期律而备受赞扬完全不同，纽兰兹的周期律虽说前进了一步，却上演了一场没有掌声的“音乐会”。直到元素周期律确立之后，人们才回过头来认识到“8 音律”的重要价值。英国皇家学会也就以往对他的不公正的态度进行了纠正，1887 年专门为纽兰兹补发了一枚奖章，以表彰他“发现了元素周期律”。显然，纽兰兹已经下意识地摸到了“真理女神”的裙角，差点就完全揭示出元素周期律了。然而，机遇还是与他擦肩而过了，历史的重任落在了本回开头提到的那位牛人身上。

他就是本回的头号主角、俄国著名化学家门捷列夫（Mendeleev，1834—1907）。他出生在西伯利亚，父亲去世得很早，坚强的母亲一人挑起了家庭重担。与很多望子成龙的母亲一样，为了能让孩子们受到良好的教育，母亲带着全家搬到了莫斯科。门捷列夫从小就表现出超人的记忆力和数学才能，并有着坚忍不拔的毅力。高中毕业后，他进入彼得堡师范学院学习。可是在上大学后不久，母亲就永远地离开了他。门捷列夫后来回忆道，“她通过示范进行教育，用爱来纠正错误，她为了使儿子能献身科学，远离西伯利亚陪伴着他，花掉了最后的财产，耗尽了最后的精力”。门捷列夫没有辜负母亲的期望，最后以首席毕业生身份先后赴法国和德国留学，1865 年他担任了彼得堡大学无机化学教授。

在教学过程中，门捷列夫发现当时的教材不能适应化学日新月异的发展，许多陈旧知识需要更新，一些错误知识也需要改正。于是，门捷列夫经过几年的艰辛努力，写出了《化学原理》一书。该书系统地介绍了化学的历史和进展，描述了各种化学元素的具体特性，这是他阅读了大量的资料并对元素性质和原子量进行了广泛研究之后的结晶。

与之前诸位化学高手一样，门捷列夫也对元素之间的联系产生了浓厚的兴趣，并产生了全面揭开其奥秘的念头。他不分昼夜地研究着，对很多元素的原子量进行了重新测定，对很多数据进行了修订。在寻找元素间规律的过程中，他经历了一次又一次失败，却从不屈服，从不灰心。在充分积累资料的基础上，门捷列夫开始专注于元素间规律的探寻。为方便起见，他将当时已知的63种元素的主要性质和原子量，写在一张张纸牌上，进行反复排列比较，试图找出其中的规律。不知情的人，还以为他整日琢磨着如何打扑克呢。

在对纸牌进行了无数次的组合、排列、再重组之后，门捷列夫终于找到了令他兴奋的组合方式，发现了每一行元素的性质都是按照原子量的增大而自上而下地逐渐变化着，呈现出明显的规律性。与此同时，他也发现有的地方还存在着空位，相信有些新的元素能够最终被发现，并预言了新元素的性质和原子量。就这样，门捷列夫的第一张元素周期表于1869年3月1日诞生了。这张周期表是门捷列夫在批判地继承前人工作的基础上，对大量实验结果进行修正、分析和概括，而总结出来的，它使元素之间的规律性联系清晰、直观地展现在人们面前。终于“芝麻开门了”。

门捷列夫给出了他的第一张元素周期表后，并未满足于已取得的成绩，而是一鼓作气、乘胜前进。他又继续搜集关于元素氧化物的组成成分和性质的资料，并对资料进行细致的分析和测量，于1871年发表了关于周期律的新论文《化学元素的周期性依赖关系》，同时绘制出了他的第二张元素周期表。在这张周期表中，他将原来表中的竖行改为横行，使同族元素处于同一竖行中，更加突出了元素性质的周期律。他还把当时尚不能明确性质的元素集中在表格的右侧形成副族部分，并对尚未发现的“类铝”“类硅”等元素作了预言。后来的发现证实，他预言的准确性令人惊叹。在这篇论文中，门捷列夫给元素周期律下了个简洁的定义，“元素的性质周期性地随着它们的原子量而改变”。门捷列夫的新论文发表出来，进一步阐明了周期律的本质，在科学界引起了又一次轰动。

元素周期律的发现，如同一座明亮的灯塔，照亮了整个化学元素领地。在它面前，过去若明若暗的不少谬误，开始原形毕露了。门捷列夫通过元素周期表的规律，认为一些已被公认的元素的原子量有出入，需要重新测验。例如，他根据铀的性质与铬、钨相近，认为铀的原子量不应该是当时被表明的116。经过重新测算证明确实有误，铀的原子量最后被修改为240，同时还确定了铀是六价而非三价元素。元素周期表的正确性，也在对新元素的发现过程中得到了最好的验证。例如元素镓的发现，1875年法国化学家布瓦博兰德就是根据周期表发现了镓，后来很多新元素的不断发现，正是在这张周期表的指引下完成的。随着新元素越来越多地被发现，门捷列夫的元素周期表也在不断得到有力的验证。后人为了纪念这位化学大师，特意把元素周期律和元素周期表与门捷列夫的名字紧紧联在一起，这也是对这位科学牛人的充分褒奖。

虽然是“门捷列夫元素周期律”风头尽出，但无论是提出“6族元素表”的迈耶尔，还是已“摸到真理女神裙角”的纽兰兹，他们也都为元素周期律的发现作出了贡献，都称得上是牛人。

从牛顿之后的科技创新史一再证明，在科学探索的征程中，没有最牛，只有更牛，门捷列夫就属于这更牛之列。看官若是不信，就请继续关注电磁学那场天翻地覆的革命，看看另一批牛人的精彩表演。

这正是：揭周期律强中自有强中手，绘元素表牛人背后有更牛。

欲知电磁学如何天翻地覆闹起革命，且听下回分解。

第二十一回

法拉第领路电磁学　麦克斯韦尔集大成

主角：法拉第，麦克斯韦尔。

场景：发现电磁感应现象，电磁学理论大厦建起。

看点：经典物理学理论又一次实现大综合。

且说化学领域在一批牛人的推动下不断前行，以至于发现了元素周期律，从而有力地论证了物质世界的内在联系性。本回就再来表一表，另一批牛人，在物理学领域电和磁的内在联系方面是如何动作的。

说起来，当年电磁学的鼻祖人物吉尔伯特在《论磁》中就不认可电和磁是孪生兄弟，认为它们是两种截然不同的现象，八竿子都打不到一起。鼻祖人物往往就是权威，权威既然下了结论便有着难以抗拒的影响。在其后的200多年时间里，电和磁这对孪生兄弟始终无法相认。在此期间，不少人都曾观察到电和磁之间的关联现象，甚至在更早一点的时候，水手们也多次注意到，打雷时罗盘上的磁针会转动。然而，一次又一次、一年又一年，电和磁这对兄弟彼此相认的缘分，都被权威的错误结论阻挡着，谁还敢翻了天不成。但是，“无缘对面不相逢”，电和磁这对难兄难弟，在一批不惧权威的牛人努力下还真的翻了天，最终手拉手走到了一起，拉开了电磁学大发展的帷幕。

最早向旧权威挑战的是奥斯特（Oersted，1777—1851）。这位丹麦科学家，读大学时就深受康德关于自然力具有统一性思想的影响，相信自然界各种现象都是有联系的，各种自然力也能够相互转化。在这种思想引导下，他坚信电现象与磁现象也有共同的根源，二者应该能够互相转化。奥斯特有着一流的口才，讲课广受听众欢迎，他被哥本哈根大学聘为教授。1820年4月的一天，奥斯特在一次电学实验课快要结束的时候，不经意中把一枚小磁针放到了通电线圈的下面，接通电源的瞬间，磁针竟然奇迹般地摆动了几下。小磁针的轻轻摆动，对听众来说没什么大惊小怪的，但奥斯特却欣喜若狂，竟然激动得在讲台上摔了一跤，因为这正是他梦寐以求的电流磁效应！为彻底弄清电流对磁针的作用，奥斯特又做了60多次实验，发现磁针在电流周围都会发生偏转，在导线的上方和下方，磁针偏转的方向相反。3个月后，奥斯特发表了论文《关于磁针上电流碰撞的实验》，向世人宣布了电流的磁效应。这一重大发现，开启了电磁学研究的大门。正如法拉第后来所说，“它猛然打开了一个科学领域的大门，那里过去是一片黑暗，如今充满了光明”。

奥斯特的发现震动了物理学界，为电磁理论的建立和发展奠定了第一块基石。这一振奋人心的成就，也吸引了一大批电磁学精英先后加盟，法国物理学家安培就是其中一个重要人物。他提出了著名的安培定则，论证了磁针转动方向和电流方向的关系，即两条平行的电导线存在电力作用，电流同向时出现电力吸引，电流反向时出现电力排斥。安培还发现了电流的相互作用规律，发明了电流计，并以其高超的数学技能推导出了电学的安培定律。沿用至今的电流单位以“安培”命名，就是对他杰出贡献的纪念。而另一位法国物理学家阿拉果，得悉发现电流的磁效应之后，在多次对奥斯特的实验进行验证的基础上发明了第一个电磁铁。所有这些都意味着，一个崭新的电磁学时代即将到来。

话到此处，已经到了需要电磁学巨人现身的时候，英国科学家法拉第（Faraday，1791—1867）便闪亮登场了。草根出身的法拉第，5 岁便随父母为谋生而迁居伦敦，只读过几年小学。13 岁时，他就到一家书店里当了学徒。与他的电磁学前辈富兰克林一样，法拉第凭着对科学的热爱，一面利用工作之余刻苦自学，一面动手做各种简单的电学实验。1812 年冬季的一天，这个 21 岁的年轻人带着一本装订得整齐美观的“自荐书”，来到了伦敦皇家学院，要求和当时的院长、著名电化学家戴维见面。戴维作为与道尔顿同时代的大科学家，果然慧眼识珠，决定帮助这个年轻人。1813 年初经戴维的推荐，法拉第进入皇家学院做了实验室助手。这是法拉第人生中最重要的转折点，从此他踏上了献身科学的道路。同年 10 月戴维到欧洲大陆考察和讲学，法拉第作为秘书兼助手随同前往。考察历时一年半，法拉第游遍欧洲，结识了安培、伏特和盖·吕萨克等科学精英。沿途每到一地，法拉第还协助戴维做了许多实验，这既大大丰富了他的科学知识，也增长了他的实验才干，为他后来独立开展研究工作奠定了坚实基础。对法拉第来说，此次出行真正是胜读十年书，正如他的一位好友所说，“他上的大学是在欧洲各地，他的老师就是他伺候的主人，以及慕戴维之名而来的那些名流”。

名师出高徒，这话一点不假，很多优秀科学家都是在前辈的提携、引领下成长起来的。1821 年，英国《哲学年鉴》主编邀请戴维撰写一篇文章，综合评述奥斯特电流磁效应发现以来的电磁学发展概况，戴维便将这一任务交给了助手法拉第。法拉第在收集材料的过程中对电磁学产生了浓厚的兴趣，他大胆地展开逆向思维，萌生了由磁产生电的构想，并开始了艰难的探索。不久，他通过实验发现，通电的导线能绕磁铁作旋转运动，这是他取得的第一项电磁学的研究成果。紧接着他又发明了电磁旋转器，实现了电磁运动向机械运动的第一次转换，这实际上就是电动机的实验室模型。初尝胜果的法拉第，充分显示出他出众的创新才华和实验技巧，也使他在电磁学领域崭露头角，预示着一颗科学新星正在冉冉升起。

十年磨一剑。经过了无数次实验失败的法拉第，终于取得了成功。1831年8月，法拉第设计了一个精巧的实验，在一个软铁圆环的两边各自缠绕上金属线圈，一组线圈连接电源，另一组连接电流计。他发现，在线圈接通和断开电源的瞬间，另一组线圈就感生出电流，电流计有显示，旁边的小磁针也会偏转。这就是著名的法拉第圆环实验，这也就是通常所说的电磁感应现象。但是，法拉第认为这还不是他理想中的磁生电现象，于是他又改进了实验仪器继续进行实验。不久，他在实验中再获新发现，当把磁铁插入和拔出空心线圈的中央时，线圈也能得到感应电流。这正是他翘首以盼的磁电效应，由此他提出了电磁感应定律，即通过闭合回路的磁通量发生变化而产生感应电动势，形成电流的力与所切割的磁力线根数成正比。他把这些重要的研究成果汇编在《电学实验研究》一书中，该书后来成为电磁学的传世之作。至此，法拉第彻底实现了磁变成电的梦想。

电磁感应现象的发现是近代科技史上最伟大的成就之一，具有划时代的意义。它彻底打破了电和磁彼此孤立的状况，有力地推动了电磁学理论的迅猛发展。作为电磁场理论的奠基者和电磁学的领路人，法拉第对电磁学的贡献不只是发现了电磁感应现象，还有电解定律、光磁效应、物质的抗磁性等。在发现电磁感应之后，法拉第又开始思考起电磁学中的另一重大问题：电磁作用是如何传递的。1851年他在名著《论磁力线》一书中，首次提出了磁力线、电力线的概念，并第一次提出“场”的思想，建立了电场、磁场的概念，彻底否定了超距作用的旧观点。

值得一提的是，法拉第还是一位了不起的科普作家，曾写过《蜡烛的化学史》等畅销一时的科普读物。他一生致力于科学研究，不恋钱财、不图虚荣，为科学事业贡献了毕生精力。人们对他评价极高，爱因斯坦曾经将电磁学史上的两个重要人物，分别比作力学史上的牛顿和伽利略，其中把法拉第比作力学中的伽利略。这可以说是后辈科学大师对前辈的精彩评价。那么且慢，另一位电磁学重要人物、被爱因斯坦比作力学中牛顿的又是何方高人？

他就是英国物理学家麦克斯韦（Maxwell，又译为麦克斯韦尔，1831—1879）。正如牛顿在伽利略等人工作的基础上创立经典力学体系一样，麦克斯韦在总结法拉第等人工作的基础上，建立了完整的电磁学理论体系，从而实现了物理学的又一次大综合。

不知是天意还是巧合，麦克斯韦诞生的1831年，正好是法拉第发现电磁感应现象那一年，还一年也自然成了电磁学史上最值得纪念的一年。与贫民出身的法拉第不同，麦克斯韦从小就受到良好的启蒙教育，在文学、艺术、绘画和数学方面都受到过严谨的熏陶。他父亲虽然是个知识渊博的律师，但也爱好实用技术，这对麦克斯韦的影响很大。在中学时代，他经常随父亲到爱丁堡皇家科学院听演讲，14岁时就在学院公报上发表了一篇数学论文，被人们誉为“神童”。他16岁进入爱丁堡大学学习数学和物理，后来又转入剑桥大学攻读理论物理。在那里，他幸运地结识了著名数学家霍普金斯，在这位数学大师的悉心指导下，麦克斯韦进步很快，展露出非凡的数学才华，很快成长为一名年轻有为的数学家。霍普金斯曾这样评价自己的这位弟子：“在我教过的全部学生中，毫无疑问，他是最杰出的一个！”

从剑桥毕业不久，一个偶然的机会令他读到了法拉第的《电学实验研究》一书。很快，他就被书中新颖的实验和见解吸引住了，但同时他也发现了该书的一大弱点，即理论不够严谨，书中几乎找不到一个数学公式，而数学恰恰是麦克斯韦的强项。于是，他立志要用精确的数学语言来表述电磁学理论，以弥补法拉第的不足。经过潜心研究，1854年他发表了关于电磁学的第一篇论文《论法拉第的力线》。在这篇论文中，麦克斯韦通过数学方法，把电流周围存在力线这个现象，概括为一个高等数学的矢量微分方程，把直观形象的力线模型表述为清晰准确的数学公式，用无懈可击的数学语言阐述了电磁感应规律，使法拉第的力线思想实现了严谨化和数学化。这篇论文是麦克斯韦迈入电磁学大门重要的一步，他从数学方法入手来研究力线思想，不仅起点很高，同时也是一个大胆的创新。法拉第看了麦克斯韦的论文后，对他高度评价，并鼓励他继续寻求更大的突破，力争创立一个全新的、不属于牛顿体系的电磁学理论。恰恰就在这一年，法拉第因健康原因宣布不再从事电磁学研究工作。天降大任于麦克斯韦，他毅然接过了法拉第这位伟大先驱的接力棒，开始挺进电磁学领域的纵深处。这可真是“芳林新叶催陈叶，流水前波让后波”。

麦克斯韦没有辜负前辈的期望，1862年他发表了电磁学研究的第二篇论文《论物理的力线》，这篇论文不但进一步发展了法拉第的思想，而且提出了“电场与磁场相互转化”的新论点，并首次阐述了“位移电流”的概念。这是继法拉第发现电磁感应后的一个重大突破，根据这一科学思想，麦克斯韦推导出了两个非常复杂、抽象的微分方程式，这就是著名的“麦克斯韦方程组”。这组方程，从两个方面发展了法拉第的研究，一是位移电流的提出，它表明不仅变化的磁场产生电场，而且变化的电场也产生磁场；二是方程不仅完满地解释了电磁感应现象，还进行了理论推广，即凡是有磁场变化之处，其周围不论是导体或电介质，都有感应电场存在。麦克斯韦对前人的工作进行了创造性总结，用无可辩驳的严密数学形式揭示出规律来，从而把电磁学发展成为一种成熟的科学理论。科学界对麦克斯韦方程组给予高度评价，很多人认为这是科学史上用数学语言叙述科学理论的一种和谐、完美的象征。1864 年，麦克斯韦的《电磁场的动力学理论》一书问世，他运用“场论”的观点，以演绎法建立了系统的电磁学理论。同时，他还预言了电磁波的存在，指明电磁波是一种以光速在空间传播的波，揭示了光的电磁本质，从而把光学和电磁学统一了起来。这是对电磁学的又一个重大创新性贡献，为整个物理学树起了一座历史丰碑。

1873 年，麦克斯韦写出了他的集大成之作——《电磁学通论》。这是一部电磁理论的“葵花宝典”式巨著，麦克斯韦在书中系统地总结了人类 19 世纪中叶以来对电磁现象的探索轨迹，其中包括库仑、奥斯特、安培、法拉第等人不可磨灭的功绩，并全面地概括了他本人创造性的研究成果，从而把完整的电磁理论体系呈现在世人面前。这部巨著称得上是经典物理学的重要支柱之一，同时也是一部可以与牛顿《自然哲学的数学原理》和达尔文《物种起源》相媲美的里程碑式著作。作为科学史上的杰出人物，麦克斯韦集 19 世纪前后电磁学研究之大成，实现了电学、磁学和光学理论的大统一。科学界把他的电磁学理论看作是经典物理学的最高峰，美国现代物理学家费曼这样评价道：“从人类历史的漫长远景来看，毫无疑问，19 世纪发生的最有意义事件，应该判定是麦克斯韦对电磁定律的发现。”

在电磁学的历史上，麦克斯韦和法拉第这两个光辉的名字是紧密联系在一起的。然而两位科学巨匠的性格和特点却迥然不同，列为看官不妨摆一摆。法拉第出身草根阶层，麦克斯韦出身书香门第；法拉第自学成才，麦克斯韦科班毕业；法拉第活泼、和蔼，麦克斯韦严肃、睿智；法拉第似一团温暖的火，麦克斯韦像一把锋利的剑；法拉第讲话娓娓动听，麦克斯韦则不善言辞；法拉第精于实验探索，麦克斯韦长于理论概括。两人有着很多的不同点，然而却有着一个伟大的共同点，那就是：追求真理，献身科学。正是因为有了一大批像他们这样的创新大师，才能够在那个科学大发现的时代，为世人留下琳琅满目的科学硕果。且慢，既然说是琳琅满目，那应是一派壮观景象，该远不止本回寥寥数语所表，不妨再一一细数下去。

这正是：电磁兄弟本是同根同祖，旧雨重逢奏出和谐乐章。

欲知那大发现时代的科学景象有何壮观之处，且听下回分解。

第二十二回
大发现时代琳琅满目　法兰西荣膺科学新主

主角：法国。

场景：科学大舞台上群星璀璨，好戏连台。

看点：世界的科学活动中心转移到法国。

且说18世纪下半叶至19世纪中叶，是一个科学大发现的时代。在僵化自然观的缺口一个个被科学猛士攻破的过程中，科学新发现犹如那延绵不绝的滔滔江水，一泻千里，一发不可收。新的发现新的学说那可真是日新月异、五彩斑斓，天文、地理、生物、数学、物理、化学等各个领域取得的成果数不胜数。一时间，科学大舞台上群雄并起，众星璀璨，好戏一台接着一台。若要把那一幕幕壮观场景打开来，莫说是三天三夜，就是十天半月也是说不尽、道不完的。本回的篇幅也只能挂一漏万、百里挑一地搭个茅草棚，在这里草草列一列，摆一摆，有兴趣的看官可以找来专门著述走进那科学大殿堂，细细数来。

先摆摆天文学领域，除了康德－拉普拉斯提出星云假说，率先向传统宇宙观发出挑战之外，梅西耶的星团星云列表、拉格朗日的天体运动方程、阿拉果的大地测量等，都是当时影响很大的科学成就。

再摆一摆地质学领域，居维叶提出的灾变论一开始影响较大，后来遭到赖尔等人的质疑，一番苦斗之后，赖尔终于揭示了地质渐变的道理，这在前面已表过。

再来摆摆生物学领域，除了前面表过的布丰、拉马克、华莱士、达尔文等人之外，杜特罗舍早期提出的生物有机体细胞学说以及他对细胞分离现象的观察，马让迪对活力论的批驳及建立实验生理学等，也都是不可忽视的科学功绩。

接下来摆摆数学领域，拉格朗日发现了分离代数方程实根的方法和求近似值的方法，为群论作出了开创性的研究，他还采用代数方法建立了微分学。勒让德对确立和发展椭圆积分与椭圆函数理论做了重要工作，他还在《关于数的研究》一书中论证了二次互反律。此外，达朗贝尔、哈伊、蒙日、柯希、庞赛德、伽罗瓦等人共同在概率论、微分几何、复变函数、偏微方程、级数、函数论、群论等方面做了奠基性的工作，为数学的发展立下不朽功勋。

再接下来摆一摆物理学领域，除了麦克斯韦、法拉第、卡诺、安培等人之外，拉普拉斯提出了以势函数的形式描述电场、引力场和流场的方法，马吕斯发现光的偏振并确定了偏振强度变化的规律。杜隆对比热的研究和测定，菲涅耳的光学衍射、反射、折射理论等，也都是可圈可点的重要成果。

再接下来摆摆化学领域，拉瓦锡不用再说，鲁埃尔对酸碱化合物的研究以及提出盐的定义、沃克兰对植物化学和矿物化学的研究、库特瓦发现新元素碘、贝托莱发现氯气漂白作用以及提出化学平衡理论等，都是载入科学史册的事件。此外，在化学领域还有普鲁斯特、富克鲁瓦、费歇耳、盖·吕萨克、德士哥特尔、毕奥、培蒂、杜马等人，也都是值得纪念的科学人物。

话到此处，大发现时代的创新成果已是目不暇接，各路科学英豪你方唱罢我登台数不胜数。然而看官是否已经注意到一个现象，那就是，这些杰出的科学人物，多数都是法国人。他们取得的成就光彩夺目，他们的名字如雷贯耳，成为科技创新史上永久的记忆。这时的法兰西，是一个需要巨人也涌现了巨人的时代，是一块“百花齐放春满园”的沃土。这个年代法国的科学精英不仅人数众多，而且很多人高产多产，往往一个人在几个不同的科学领域都有建树，不妨解剖两个典型观之。

拉普拉斯就是一个在科学上高产多产的人物。他既是一位数学家，也是天文学家、物理学家，是天体力学的主要奠基人、天体演化学说的创立者之一，同时还是分析概率论的创始人、应用数学的先驱者。他的名字被命名为多个学术名词，如拉普拉斯变换、拉普拉斯定理、拉普拉斯方程等，他研究了复杂变量的函数关系，建立了实变量函数和复变量函数间的一种函数变换，即拉普拉斯变换。他证明了行星平均运动的不变性，以及偏心率和倾角的三次幂，创建了著名的拉普拉斯定理。他提出天体对其他任一质点的引力分量可以用一个势函数来表示，这个函数满足一个偏微分方程，创立了拉普拉斯方程。拉普拉斯一生中，在数学、天文学、物理学领域发表的论文有 270 多篇，代表性的专著合计达 4000 多页。作为诸多学科的开拓者，拉普拉斯成就非凡，因而享有“法国的牛顿”“天体力学之父”等美誉。

另一位法国人拉格朗日，也是个传奇式的科学人物。他的科学研究涉及面极其广泛，特别是在数学领域堪称全才，落得“欧洲最大的数学家”之名。他在数学上的贡献，包括了变分法、微分方程、数论、函数和无穷极等几乎整个数学的方方面面，翻一翻数学的教科书，“拉格朗日方程”“拉格朗日定理”“拉格朗日函数”“拉格朗日乘数法”“拉格朗日插值”“拉格朗日中值”等等术语扑面而来，就是他数学成就的写照，令人高山仰止。还有一个近年来的热词“拉格朗日点”，你可能立马就想到了我国的嫦娥二号探月卫星。除了数学成就外，拉格朗日在月球运动、行星运动、轨道计算等方面的研究同样具有开创性和奠基性，对于经典力学和天体力学的发展，都有着重大的推动作用。他还进一步把力学理论推广到物理学的其他领域，因而被称作是分析力学的创立者。拉格朗日一生也是著述颇丰，在他去世后，法兰西研究院对他留下的著作进行整理，编辑出版了《拉格朗日文集》共14卷。法国人称他为科学界“一座高耸的金字塔”。

法国科学的辉煌已可见一斑。此处你想必要问个为什么，偏偏不早不晚，法国忽然这时候在科学上能够雄起？说起来非三言两语道得清。概而言之，启蒙运动及随后的法国大革命，带来了自由民主的全新理念，在整个法国营造出了探索自然、崇尚理性的氛围，这便是简洁答案。说到这里，有一位人物是不能忽略的，那就是拿破仑。

或问，这个曾征战于欧洲并建立帝国的一代枭雄，又与科学何干之有？然而，历史事实就是如此，拿破仑的思想和行动充分体现出他对科学的关爱，他对法国科学的进步所起到的促进作用，是难以抹杀的。

其实18世纪末的法兰西，科技创新的意识已经格外高涨。拿破仑一当政，就把发展科学事业作为国家的重要任务，对科技人才一直非常爱护。1814年，当巴黎遭到军事围攻而危在旦夕时，巴黎工科学校的学生主动请缨，愿意血洒疆场与国家共存亡。但拿破仑却断然拒绝了学生们的要求，他深知科技人才的重要性，认为牺牲国家未来的人才换取一时的胜利是愚蠢的做法，他说“我不愿为了金蛋而杀掉我的母鸡”。与此同时，拿破仑尽其所能来保护这些将来能为国家创造更多财富的年轻人，使他们免遭涂炭。

当时，法国的教育建设方兴未艾，拿破仑对此高度重视和支持。巴黎工科学校是倡导应用科学的一所教育机构，其军事和民用价值不可低估，因而处处受到拿破仑的特别关照。巴黎高等师范学校曾经一度因为财政问题而夭折，在拿破仑的关注和命令下得以恢复重建，后来为法兰西培养了一大批优秀人才。据说拿破仑称帝时，巴黎工科学校的很多学生都强烈反对。拿破仑问校长这是为什么，校长不冷不热地答道："陛下，我们费了好大劲才把他们改造成共和派，要想让他们回到帝制派，总得再给点时间吧。"拿破仑听了这样的回答非但没有迁怒，反而将一面绣有"为了祖国的科学和荣誉"的旗帜赠予该校。

虽然拿破仑政治强硬，铁蹄踏遍欧洲，但他对科学的支持在当时的国家首脑中是罕见的。在拿破仑执政期间，包括居维叶在内的很多科学家都担任了政府部门要员。甚至，他对科学的支持可以突破国家的界限，哪怕对方是战场上敌国的公民。当英法两国打得不可开交之际，拿破仑却亲自在凡尔赛宫为英国著名科学家戴维颁奖。在当政期间，拿破仑一直与法国科学院的院士们有着密切的交流和往来，他跟包括拉普拉斯在内的很多科学家都熟如朋友。在拿破仑时期前后，法兰西积极致力于科学制度的创新，例如制定专利法、建立自然史博物馆等，这些举措都为科技的发展营造了良好的社会环境。所有这些，促成了法兰西在那个时代奏响科学的最强音，最终向科学新霸主的地位进军。

潮汐有起落，风水轮流转。18 世纪下半叶以后，被英国占据了一个多世纪的世界科学活动的制高点，终于逐渐转移到了法兰西的土地上。再看科学中心转移的说法，如果一个国家一定时期的科学成果占全世界 25% 以上的话，这个国家便进入了科学兴隆期。事实上，法国 18 世纪末到 19 世纪初的科学成果已达到全世界的 1/3，而且科学大师的涌现呈井喷之势，使法兰西无可争议地登上了科学新霸主的宝座。然而世事难料，正值高卢雄鸡一路高歌的当儿，一种崭新的科学思维方式也在悄然发展着、壮大着，它与沿袭已久的思维方式几乎格格不入，一场亘古未有的哲学思想大战即将上演。

这正是：科学园星光灿烂，法兰西鹤立鸡群。

欲知两种思维方式如何激烈争斗而其结果又怎样，且听下回分解。

第二十三回 辩证法大战形而上　社会化科技显端倪

主角： 马克思、恩格斯，黑格尔。

场景： 辩证唯物主义的科学方法论产生。

看点： 科学活动日益社会化。

话说科学大发现的时代，当法兰西奋力摘取科学园中桂冠之际，一场新的“大战”在欧洲大陆悄然上演。这是一场自然观和思维方式的交锋，是一场科学观和方法论的争斗。“螳螂捕蝉，黄雀在后”，当科学家们在自然界的王国里纵横探索的时候，哲学家们则站在科学家的身后，进行着世界观的理性思辨。这场没有硝烟的战争，正是形而上学与辩证法的对决。

若问形而上学源自何处，那要扯到古希腊著名的哲学家亚里士多德身上。他的《形而上学》一书曾被誉为“西方哲学的圣经”，千百年来，形而上学的演变史在西方几乎等同于哲学的发展史。形而上学赖以存在的最主要武器，就是它那孤立、静止、片面看世界的眼光。在形而上学眼中，一切事物都是孤立的、永远不变的，如果说有变化，也只是数量的增减和场所的变更，这种增减或变更的原因不在事物内部而在事物外部。当历史的车轮驶入 18 世纪中叶以后，随着自然科学的大发展，形而上学的思维方式便越来越成为科学前进道路上的绊脚石了。

与形而上学一样，辩证法的历史也可溯源到古希腊，它的文字本意为“谈话的艺术”。古希腊的自然哲学中包含了朴素的辩证法思想，到了中世纪，辩证法被经院哲学家们歪曲解读，变成了“形式的辩证法”。进入18世纪末后，自然科学已经从搜集材料阶段过渡到综合整理阶段，人们对自然界有了全新的认识。康德－拉普垃斯星云学说、赖尔的地质渐变理论、道尔顿的原子论、细胞学说、达尔文生物进化论、能量守恒与转化定律等，从自然界的各个角度揭示了世界的运动规律和对立统一性。这些重要的科学发现，不断冲击着形而上学的自然观，证明着自然界的辩证发展。与此同时，社会矛盾的尖锐化和社会革命的兴起，也显露了社会历史发展的辩证性质。这些都为哲学家们对辩证法的深入探讨提供了条件，辩证法的含义也日益丰富起来。

这一时期，对辩证法探讨有所成就的当推德国哲学家康德、费希特和谢林等人。在康德哲学中，辩证法主要指理性自身包含的矛盾；费希特进一步研究了辩证法思想，指出矛盾是事物发展的源泉；谢林的辩证法思想又向前推进一步，他认为整个自然界是一个相互联系的统一体，一切事物都处在发展变化的过程中。尽管康德等人对辩证法思想有所发展，但他们仅仅把辩证法当作一种思辨的方法，而没能将它上升到适用于一切自然现象的普遍原则的高度。因而，他们的辩证法也就不敢与形而上学作全面交锋。

敢于向固守千年的形而上学亮剑的第一人，当数德国古典哲学大师黑格尔（Hegel，1770—1831）。他早年在杜宾根神学院学习，这段经历让他对当时的神学和哲学有了整体的了解。毕业后，他一直构想着自己的辩证法新思想。1807年，黑格尔出版了第一部表明自己独立哲学观点的著作《精神现象学》。书中，黑格尔高调讴歌了他所处时代的辩证发展性质，号召人们同旧的世界观彻底决裂。在他的哲学中，关于事物发展的思想、量变质变的思想、矛盾对立统一的思想和认识阶段性的思想等，给当时处于统治地位的形而上学世界观带来了极大的挑战。纵观黑格尔哲学，他的辩证法有三大亮点。第一个亮点是，他把辩证法看作是认识真理的“绝对方法”，从而否定了形而上学对感性认识的执着和固守；第二个亮点是，他把辩证法当作概念的内在而必然的前进运动，即逻辑推演的矛盾运动，从而打破了形而上一直保持着的内部不存在对立和矛盾、故步自封的姿态；第三个亮点是，他把辩证法看作是支配一切事物和整个世界的法则，认为辩证法实质上是遍布于“自然界和精神界之各特殊领域和特殊形态内”的法则。

黑格尔将辩证法理解为既有认识过程的辩证法，又有辩证法逻辑中的概念、判断、推断的矛盾运动，还有辩证法的本来意义，这是对辩证法思想的巨大贡献。不仅如此，他还肯定了哲学观和方法论的统一、逻辑和历史的统一、逻辑过程与客观对象进程的统一、辩证法与认识论及逻辑学的统一。在黑格尔看来，辩证法所揭示的对象本质自身的矛盾和作为发展动力的原则，不仅是普遍适用的，而且是获得其他科学知识的灵魂，是“真正的哲学方法”。他认为只有通过辩证法，才能把握哲学真理，才能真正获得其他各门科学知识。然而，黑格尔的辩证法把精神、思想、观念等人脑中的东西作为自然界的本质，从他这种主观思维的“辩证过程”推导出辩证法，是唯心主义辩证法。马克思把黑格尔的辩证法称作是头朝地、脚朝天倒立着的辩证法。因而，辩证法虽然是一件挑战形而上学的利器，但倒立着怎能打败敌人呢?

在历史的重要关头，马克思和恩格斯挺身而出了。这两位我们耳熟能详的革命理论家，在总结当时自然科学的新成就和社会革命经验的基础上，继承了人类思想发展的优秀成果，特别是批判地吸取了黑格尔辩证法的“合理内核”，剥去了它的神秘形式，创立了唯物辩证法，从而在人类认识史上实现了空前的飞跃。恩格斯说过：“辩证法在黑格尔看来应当是‘思想的自我发展’，因为事物的辩证法只是它的反光。而实际上，我们头脑中的辩证法只是自然界和人类社会中进行的，并服从于辩证形式的现实发展的反映。”在马克思和恩格斯看来，辩证法的规律是从自然界和人类社会的历史中抽象出来的，而不是像黑格尔那样把思维的规律强加于自然界和社会的，是客观辩证法决定主观辩证法，而不是相反。列位看官，有关马克思、恩格斯创立唯物辩证法的资料，可谓俯拾皆是，此处就不再赘述啦。

唯物辩证法一出笼，就与形而上学进行了针锋相对的激烈交战，较量主要有三。一、唯物辩证法用普遍联系的观点来对抗形而上学孤立的观点；二、唯物辩证法用发展变化的观点来对抗形而上学静止不变的观点；三、唯物辩证法用矛盾是事物发展动力的观点来对抗形而上学否认矛盾存在的观点。经过一番厮杀，唯物辩证法招招击中形而上学的要害，形而上学被杀得丢盔弃甲。就这样，唯物辩证法在与形而上学的对决中，越战越勇，逐渐为人们广泛接受。随着时间的推移，自然科学的发展不断证明唯物辩证法的正确性，同时唯物辩证法的思想也影响着科学活动，为自然科学的发展开辟了新的道路。正如恩格斯所说：“一方面，自然科学为哲学的发展提供科学基础；另一方面，哲学为自然科学的发展提供方法论的指导。”

话分两头，各表一端，再来说说另一件值得关注的事。伴随着唯物辩证法与形而上学拼杀的刀光剑影，科学活动的社会化特征开始露出端倪。前面已说到过，早期的科学活动是少数有钱人茶余饭后的兴趣爱好，是“副业”。但进入18世纪以后，这样的

“业余活动”已经越来越难以为继了。别的且不说，光一个“钱”字就够呛。毕竟，开展科研需要大量仪器设备和原材料，从事大规模的科学考察和探险花费就更多，私人掏腰包是很吃力的。同时，人们也慢慢开始认识到，科学要发展就必须要由专门的科学家来干，“副业”迟早要变为“主业”。

于是乎，科学活动逐渐地得到了政府或多或少的资助，建立了一些专门的组织机构，有了更多的学术交流，有些科学家可以领到工资了。其实法国也只是开了个头，真正实现科学的大规模社会化是后来德国完成的，但这是一种前所未有的进步。要知道，早期成立的英国皇家学会，基本上都是有钱的业余科学爱好者，经费靠的是会员交纳会费和少数富翁的捐赠，政府也没有给它任何的行政使命。而 17 世纪下半叶成立的法国科学院就不同了，它是由一批声望较高的科学家组成的专门机构，所需科研经费完全由政府买单，法国政府明确要求科学院处理市政、军事、教育、工农业方面的科学问题，科学院的院士和普通工作人员都可以拿到薪俸。从这一点也可看出，科学的社会化在法国推进得比较早，这也是英国衰落而法国崛起的一个原因。

与此同时，科学交流日益活跃，也推动着科学的社会化进程。在欧洲各国纷纷成立学会、研究所等组织之后，各种学术期刊迅速增加。统计资料表明，1750 年欧洲的学术杂志有 10 种左右，1800 年发展到 100 种左右，1850 年则达到了 1000 种左右。不仅如此，19 世纪还出现了专门介绍当时科学技术最新成就和动态的年报、文摘等，如 1821 年问世的《物理科学进展年报》、1830 年问世的《药学总览》以及后来的《科学文摘》等。学术交流增多的同时，科技教育的专门化也开始逐步推行。18 世纪末法国成立的一批科技学校，如综合技术学院、矿业学院、公路和桥梁学校等，被认为是欧洲科技教育最早的模范。在法国大革命中，科技教育还废除了等级身份制，为全社会有志者接受科技教育打开了大门。这些都意味着，科学正在一天天向社会各领域渗透。

话到此处，豁然开朗，原来科学家这个职业就是这样慢慢演化而来的。从最初浑浑沌沌、懵懵懂懂的一些富家阔少，吃饱饭没事干琢磨琢磨自然界的事儿，发展为领着政府薪水的一支专门队伍，还是照样怀揣好奇心琢磨着自然界的事儿。如果只是这么简单，琢磨点事儿发表点论文，经常还搞点口水大战，那辛辛苦苦做工的工匠们、起早贪黑种田的农民们，岂能答应白白养着这帮人？看来问题并不是这么简单，越来越多的科学家能够安安心心坐下来搞研究，不为养家糊口而担忧，那一定有其社会合理性。其实这种合理性就在于，科学理论对生产技术的推动作用开始显露出来，而且表现出前所未有的巨大威力。

这正是：唯物辩证法利剑出鞘，职业科学家崭露头角。

欲知科学理论如何推动生产技术的大发展，且听下回分解。

第二十四回
科学理论冲上前沿　引领技术揭竿而起

主角：科学理论。

场景：第二次技术革命的概况。

看点：科学与技术的结合。

且说科学经历了轰轰烈烈的大发现，林林总总的科学成就数不胜数，已从自然知识的收集整理阶段迈向理论科学阶段。在这一过程中，辩证唯物主义的科学方法论应运而生，科学的社会化进程也日益加速。到了这个时候，科学与技术之间的关系也悄然发生了重大变化，一场天翻地覆的新的产业技术革命即将拉开帷幕。这出大戏尽显科技的英雄本色，一幕幕剧情惊心动魄，一幅幅场景扣人心弦，一场场变革彻底改变了人类社会的生产和生活面貌。

说起来话就不得不扯远。科技，科技，当然指的就是科学技术。看官或以为，科学和技术应该是一对孪生兄弟，至少也该是亲密的发小或闺密之类，其实大错特错。科学和技术“出身”完全不同，它们紧紧地拥抱成一团、结合在一起难分难舍，那都是后来的事，早期并非如此。

在历史上，科学和技术，本是两股道上跑的车，走的不是同一条路。长期以来，它们实际上是分开发展着的，彼此之间的关系非但不密切，可能碰了面都形同陌路。先说那科学，它的出身显得要“高贵”些。作为一种理论形态的东西，科学长期是在脱离生产实践的上层社会阶层中发展着，也就是上回所说的达官贵人们的“副业”。无论是西方的古希腊、古埃及还是东方古代的中国、印度，在科学史上留下芳名的人物几乎都不是贫苦出身的“劳动人民”，即使近代早期也依然如此，哥白尼是牧师、吉尔伯特是御医、拉瓦锡是税务官、富兰克林是政治家等等，不一而足。而且，科学的成长过程是人类追求理性活动形式的一部分，它往往与宗教、迷信、哲学等纠缠在一块，融合在一起。一直到了近代，哥白尼科学革命之后，科学才真正脱胎而出，有了独立存在的形态。

再来说说技术。作为生产劳动的技巧和经验，它的出身直接来自于“劳动人民”，而且有着悠久的独立的发展历史。自古以来，技术一直有着丰富而连续的传统，是人们在征服自然、改造自然的漫长生产实践中的积累和总结。在农业、建筑、纺织、酿造、医疗和许多其他实践活动中，技术都有延续发展几千年的记录。在这一过程中，技术的发展主要不是运用了科学知识，而是由富有实践经验的人发现和发明取得的。远的不讲，就连标志着第一次产业技术革命成果的蒸汽机，也是工匠们的技术创造，而关于蒸汽机的科学理论直到半个世纪以后才问世。事实上，第一次产业技术革命，本身就是在缺乏科学的帮助下完成的。

到了19世纪中叶以后，科学和技术各自独立发展的状况有了改变，两股车道可谓渐行渐近，彼此越来越感觉到对方的存在。科学的日益社会化，使得科学家们在进行研究工作的同时，更加关注研究成果的实际应用，当初法拉第发现电磁感应现象后，就一直有人琢磨着电动机的事儿。而技术的发展则不仅为科学提供了更多的新工具，也在各个领域给科学探索提出了新的要求。就这样，科学知识的增多与技术应用之间的距离愈益缩小，本来是“道不同不相与谋”的科学和技术，终于越来越紧密地联系在了一起，以至于后来闹起了革命。

自第一次产业技术革命以来，大机器生产下的技术、市场需求日益旺盛，人们的视野日益开阔。经过近一个世纪的积累，特别是自然科学突飞猛进的发展，新的科学原理开始超前于技术，由科学理论的运用引发的又一轮技术革命终于爆发，并很快蔓延开来，在各个领域全面开花。这轮产业技术革命的核心内容就是电力的发明和运用，创新的源头在科学理论。

在电磁学理论的引领下，各路新技术纷纷登场，尽显神威。继法拉第发明最初的直流电动机的实验装置后，越来越多的人按照电磁原理投身于电动机的研究，制造出了可以连续转动的实用电动机。电动机的发展也反过来刺激着发明发电机的需求，不久，永磁式直流发电机也问世了。接着，又出现了永磁铁和电磁铁混合的混激式发电机、自激式发电机、自馈式发电机等，继而全面推动了电能的广泛应用。电动机、发电机不断推陈出新，把那电磁学理论运用得淋漓尽致。不仅如此，电磁理论也为远距离通信开辟了道路，有线电报就是应用电磁理论解决通信的一项重要创举。意大利的马可尼、俄国的波波夫等人又进一步发挥，相继发明了无线电通信，把通信技术的发展再次推向前进，极大地扩展了人们的交流范围。在热力学理论的引领下，新动力的研究也是日新月异，内燃机的发明便是科学理论指导出来的典型技术。内燃机既解决了长期困扰人类的动力不足问题，也促进了发动机的出现，发动机的发明又解决了交通工具的问题，推动了汽车、远洋轮船的迅速发展，使人类的足迹遍布全世界。在化学理论和生物学理论的引领下，化肥工业蓬勃兴起，专门的磷肥厂、氮肥厂、钾肥厂一批批建成，推动了农业种植技术的全面提高。化学理论的应用，还直接带来了染料技术、制药技术、人工合成材料技术的全面突破，各种化工生产企业如雨后春笋般涌现。概而言之，19世纪这场新的产业技术革命，科学理论跳上前台，直接带领技术闹革命的具体事例非三言两语说得完，此处暂且按下，容后再一一细表。

这第二次技术革命与第一次技术革命相比，其特点有三：

特点之一：这次技术革命明显地表现出科学理论的指导作用，或者说技术对科学的依赖性。在第一次技术革命时期，主要的技术发明，纺纱机、织布机、动力机直到标志性的蒸汽机，都是来源于工匠的实践经验，科学尚未真正地为技术创造提供依据；而这次技术革命则不同，是科学理论武装了技术，技术发明成为科学原理的自觉运用，这标志着科学与技术的紧密结合使技术成为科学应用的开始。

特点之二：在这次技术革命过程中，技术逐渐摆脱其经验形态，开始建立起自己的理论体系，也反过来推动着科学的发展。如1840年英国的格拉斯哥大学正式开设了工程学讲座，编写了《应用力学》《动力工程学》《土木工程学》等讲义，同时德国也编写了《机械学》《机械设计》等讲义，英国则创办了《电气工程师》杂志等，这些都是技术广泛科学化的开端，对科学理论体系的完善有着重要意义。另一方面，技术本身也在这场革命中与工匠的普通劳动分离开来，技术发明逐渐成为社会劳动的独立力量，成为一种新职业。

特点之三：第一次技术革命首先发生在英国，重要的新机器和新生产方法主要是在英国发明的，其他国家的技术革命发展相对缓慢，大都是步英国后尘推进的。而第二次技术革命几乎同时发生在几个先进的资本主义国家，新的技术和发明超出了一国的范围，很多发明都是在多个国家同步进行的，技术创新的规模更加广泛，发展也更加迅速。

正如马克思所说："随着资本主义的扩展，科学因素第一次被有意识地和广泛地加以发展、应用，并体现在生活中，其规模是以往时代根本想象不到的。"事实上，近代自然科学诞生以后，经历了分门别类的各自发展、综合的理论化发展，开始进入向生产实践的广泛应用阶段。科学与技术的结合促进了生产力的巨大发展，改变了人类的物质生活和精神生活，推动着整个人类文明的大踏步前进，科技创新开始全面发威了。表过剧情简介，不妨从这场革命最辉煌成果之一的内燃机开始，再来细看科学引领下技术创新的一幕幕重头戏。

这正是：漫漫长路两分离，一朝牵手显威力。

欲知内燃机如何登上历史舞台，且听下回分解。

第二十五回
卡诺挥举热力学令旗　众将合力攻克内燃机

主角： 卡诺，勒努瓦，德罗沙，奥托。

场景： 内燃机的发明过程。

看点： 科学原理指导下技术创新加速。

话说第二次技术革命在科学理论的引领下浪潮汹涌，其标志性成果之一，就是内燃机的发明。想当初，工匠们缺乏科学指导"摸着石头过河"发明了蒸汽机，掀起了第一次产业革命的高潮。然而，蒸汽机热机的效率却很低。为了改进蒸汽机结构，提高其效率，很多人都在琢磨着进一步提高热能转化为机械能的方法。从1818年起，哈希脱、内维尔、佩蒂脱和库姆贝斯等人，争先恐后地站出来试图阐明这个问题。但由于缺乏科学原理的引导，这些人的工作都只限于从实用性、安全性或燃料经济性等角度提出蒸汽机的改进方案，而未能找到提高热机效率的根本途径。人们盼啊盼，盼望着指路明灯的出现。就在这时，一位勇士高高地举起了令旗，他率先提出了科学的热机理论，吹响了从蒸汽机向内燃机进军的号角。此人正是第十七回已提到过的法国青年才俊萨迪·卡诺。

前面说到卡诺仅寥寥数语，讲的是他作为能量守恒原理先驱者的事，本回专门表一表他对内燃机的贡献。卡诺乃将门虎子，其父是法国大革命时期赫赫有名的一员骁将。在严父的教育熏陶下，卡诺从小就醉心于科学，并在数学、物理等方面表现出非凡的才能。1812 年卡诺考入巴黎理工学院，主修分析数学、分析力学、画法几何和化学，其间有幸得到了盖·吕萨克、安培和阿拉果等名师的指点。毕业以后，卡诺如愿加盟巴黎总参谋军团，开始关注军工生产的技术问题。他走访了当时的许多工厂，渐渐地发现，热机效率低是工业的一个大难题。正是这个问题引导他走上了热机理论研究的道路。

1821 年，卡诺正式投身于热机理论的研究。他采用了与其他研究者截然不同的途径，不是为研究个别热机的效率，而是要探寻一种可以作为一般热机的比较标准的理想热机。经过几年的潜心研究，卡诺在他弟弟的协助下完成了《关于火的动力》一书。正是在这本书中，卡诺创造性地提出了卡诺热机和卡诺循环的概念及著名的卡诺定理，明确了热效率的极限，从而奠定了热力学的理论基础。根据他的热机理论，卡诺热机是一切工作于相同高温热源和低温热源之间的热机中效率最高的热机，是一种理想热机。卡诺循环是一种可逆循环，用现在的术语来说，是熵保持不变的循环。卡诺定理是指："热动力与用来产生它的工作物质无关，它的量唯一地由在它们之间产生效力的物体（热源）的温度来确定，最后还与热质的输运量有关。"

卡诺认为，热机工作过程中最本质的东西是"必须工作在两个热源之间"，一个是高温热源供给热量，一个是低温热源吸收热量，只有这样才能将高温热源的热量不断转化为有用的机械功。在他看来，热机动力来源于"热质"从高温热源向低温热源的流动，他把热的动力比之于瀑布，当瀑布从高处倾泻而下时便转换为机械能。出乎意料的是，不少人对卡诺的这个瀑布比喻表示质疑，以至于对他的整个热机理论也持怀疑态度，甚至有人指责他的理论是热素说的翻版。

面对种种质疑，卡诺不但没有罢手，反而对热机理论展开了更深入的研究。1830年，卡诺受菲涅耳的影响开始接受热的运动说，他指出："人们由此提出了一个普遍的命题：动力或能量是自然界中一个不变的量。准确地说，它既不能产生也不能消灭。"实际上，卡诺的这个见解，就是能量守恒与转化定律的基本思想。在此基础上，卡诺一方面运用热的动力学新概念重新审视自己的热机理论，发现只要用"热量"一词代替"热质"，他的理论仍然成立。另一方面，他又深入研究摩擦生热的实验，并用实验来揭示摩擦热效应的定量关系，最终计算出了热功当量的数据，这项成果比焦耳的工作超前了近20年。

卡诺的热力学理论虽然经历了一个发展和完善的过程，但它的问世犹如一盏指路明灯，为人们提高热机效率指明了方向。人们越来越深刻地认识到，蒸汽机存在着"天然"不足，一方面它必须有体积庞大、笨重的锅炉，机动性能差，另一方面它的热能要通过蒸汽介质再转化为机械功，效率低下。这些缺点都与燃料必须在汽缸外部燃烧即外燃有关。于是，将外燃改为内燃的想法在很多人头脑中不约而同地产生了。如果把锅炉和汽缸合而为一，省掉蒸汽介质，让燃气燃烧膨胀的高压气体直接推动活塞做功，就能制造出一种热效率很高的新的动力机。这就是卡诺理论启发出来的内燃机。

有了科学理论的指引，技术创新的实践便有了明确的目标。1833年，英国人赖特接受了卡诺的理论，大胆提出了直接利用燃烧压力推动活塞做功的设计，主张人们朝着这个方案去努力。随后，又有不少人提出了各种各样的内燃机方案，但这些方案都因为设计缺陷而未能付诸实践。功夫不负有心人，到了1860年，法国的勒努瓦终于设计制造出了世界上第一台可运转的内燃机。这是一台无压缩、电点火、使用照明煤气的内燃机，这台二冲程的内燃机，虽然看起来很简单，但与蒸汽机已经有了本质的区别。尽管这台内燃机在当时依然效率很低，但在技术原理上却是一步重要的突破，它有力地证明了内燃机的可行性。

继第一台内燃机出现后仅仅两年，法国的德罗沙又公布了他的内燃机构想，他第一次提出了四冲程原理。德罗沙的设计方案提出了多方面的技术创新，他指出了点火前要升压，燃烧后要迅速膨胀到最大膨胀比，以提高工作效率。同时他还提出了四冲程内燃机的工作流程：活塞下移，进燃气；活塞上移，压缩燃气；点火，燃气迅速燃烧膨胀，推动活塞下移做功；活塞上移排出废气。这是内燃机构造最早提出的一个完整流程，为内燃机各工作步骤的设计提供了依据，这也是德罗沙对内燃机作出的重大历史贡献。根据四冲程原理，德罗沙向法国政府申请了专利。

科学原理引领下的技术发明，比早期的工匠摸索明显加快。几乎在德罗沙提出四冲程内燃机的同一时候，德国工程师奥托也开始着手研制内燃机。他比对了人们过去提出的各种设计方案，经过一番苦思冥想，发现问题出在内燃机的燃烧速率上。他认为勒努瓦内燃机的燃烧效率之所以很低，是因为燃烧速率过高。为了降低燃烧速率，奥托设计了一套装置，将进气进行分层，在燃烧室内形成浓混合气区和稀混合气区。浓混合气用于点火，继而引燃稀混合气。稀混合气的燃烧速率低，奥托认为这样的内燃机效率会得到提高。奥托的这种设计，实际上是内燃机关键技术的突破。后来他在解释产生分层燃烧的想法时，说是出于一时的灵感。他说有一天，他发现从烟囱冒出来的烟气并没有迅速在空气中扩散，于是思考如果将烟气换成内燃机中的油雾会是什么情况。为验证自己的想法，奥托设计了透明的气缸和手动的活塞，并用烟气代替油气进行试验，以观察烟在气缸内的运动。经过几年的摸索和尝试，奥托最终发明了四冲程内燃机，后来人们把这种内燃机叫作奥托循环机。实际上，奥托循环机是第一台可以替代蒸汽机的实用内燃机，它取得了内燃机技术上的重大突破，是内燃机制造划时代的进步，后来的设计应该说都是在此基础上的改进。不久，奥托也为自己发明的内燃机申请了专利。

接下来又有趣事发生了。奥托循环机一申请专利，德罗沙就不答应了。围绕着四冲程内燃机的发明优先权，德罗沙与奥托之间发生了一场口水大战，双方互不相让，都坚称自己拥有四冲程内燃机的发明权。经过一番激烈的争斗，德罗沙最终败下阵来，不敌奥托让他感到很“冤”甚至连肠子都悔青了。原因其实很简单，当初申请专利时，德罗沙没有缴纳专利申请税，而按照法国当时的法律，拖欠专利税费就意味着专利无效。就这样，在后来举办的巴黎博览会上，奥托轻松地拿到了四冲程发动机的专利金奖。然而还要一提的是，在德罗沙逝世前两年，法国政府重新肯定了他对内燃机所作的贡献，并给他颁发了一笔奖金。无法挽回的是，德罗沙曾经申请过的专利已永远地归属于奥托一人。如今，法国的有关教科书仍将奥托发动机的四冲程称作德罗沙循环，这算是对德罗沙的一点永久安慰吧。

内燃机发展到奥托循环机阶段，虽然已能够与蒸汽机进行竞争，不断得到推广应用，但它是以煤气作为燃料的，热值仍然比较低。而自从1859年美国钻出了第一口油井以后，石油产品已成为一种可以广泛应用的新燃料。因此，用石油产品取代煤气作为内燃机的燃料就势在必行了。1883年，德国工程师戴姆勒在奥托机的基础上，研制成功第一台四冲程往复式汽油机。这种汽油机不仅转速高，而且功率大、重量轻、体积小，特别适用于交通工具。后来以这种汽油机为动力，开始投入车辆使用。接下来，英国的滕特和卡雷特斯曼又研制成功了煤油动力机，慢慢地推广运用到农业耕作领域。再后来，德国工程师狄塞尔发明了完全靠压缩点火的柴油机，这是一种结构更简单，燃料更便宜的内燃机。狄塞尔这种往复式内燃机，很快便广泛应用于卡车、拖拉机、公共汽车、船舶及机车，成为重型运输工具中无与伦比的动力机。

短短几十年内，在众多科学家和工程师的共同努力下，内燃机从无到有、从原理到技术、从设计方案到实用推广，走完了一个重大发明的历程。内燃机问世至今已有 100 多年，它以热效率高、结构紧凑、机动性强、运行维护简便等优点成为人类社会不可缺少的主要动力装备。

事实上，蒸汽机的发明是第一次动力革命，内燃机的问世则是第二次动力革命，每一次动力革命都把人类文明进程向前推进了一大步。同其他创新成果一样，内燃机的每一个进步都是许多人共同奋斗和团结协作的结果。尤其是那个英年早逝的卡诺，更是不能忘记的，正是他的热机理论奠定了热力学基础，才为众将攻克内燃机铺平了道路。然而，就在这边众将合力攻克内燃机之际，那边的群英又大战起电老虎来。

这正是：科学原理引出内燃机，技术创新格局今胜昔。

欲知群英如何奋勇大战电老虎，且听下回分解。

第二十六回

群英奋勇大战电老虎　直流交流迈进电气化

主角： 特斯拉、西门子、斯泰因梅茨等。

场景： 电动机、发电机相继问世，直流电、交流电广泛应用。

看点： 人类走进电气化时代。

且说随着人们对电和磁的认识逐步加深，电这只“老虎”似乎并非想象中那样桀骜不驯，老虎屁股是可以摸一摸的。在此背景下，一场电力代替传统动力的技术革命应运而生。没有人吹响号令，科学原理就是集结号，各路人马纷纷揭竿而起，勇敢地瞄着电老虎发起了技术挑战。一时间，煞是壮观，一场群英奋战电老虎的好戏开场了。

从1820年丹麦人奥斯特发现电流的磁效应开始，电动机的发明就拉开了序幕。首当其冲的人物还属法拉第，他当时受奥斯特启发，用了一年时间设计出一个带有导电回路的圆盘，这是在实验室捣鼓出来的电动机模型。虽然这个装置很简陋，在今天看来属于小儿科了，但它却是世界上所有电动机的祖先。这祖先一出现，儿孙满堂就是时间问题了。紧随其后出场的是英国人亨利，他成功捣鼓出垂直运动的电磁铁后，马上着手对法拉第的装置作了改进，搞出了振荡式电动机的模型。可以说，亨利的电动机模型是继法拉第模型后的一大进步，其重要的创新意义在于，这是第一次展示由磁极排斥和吸引产生的连续运动，向实用电动机的发展迈出了关键的一步。在这之后不久，发明了换向器的斯特金又对振荡式电动机进一步改进，制成了能产生连续运动的旋转电动机模型。

到了这个时候，实用电动机就呼之欲出了。德国工程师雅科比一马当先，他对前人那些“玩具”一样的电动机进行了大胆改进，在两个 U 形电磁铁中间装上了一个六轮臂，通电后能带动轮子转起来，成功研制出了一台能回转运动的直流电动机。随后，雅科比用电池供电把他研制的电动机安装在船上，在涅瓦河上成功航行，造出了世界上第一艘电动轮船。与此同时，美国铁匠戴文泡特也不示弱，他也制成了一台电池驱动的电动机，将其用于圆形轨道上运行的小车。这实际上是电气火车的雏形，他由此申请了这项专利。接下来，意大利物理学家巴奇诺蒂发明了环形电梳和整流子，并采用自激励磁原理，进一步对实用直流电动机进行了完善。后来，塞尔维亚裔美国人特斯拉（Telsa，1856—1943）一鼓作气，成功制造出第一台交流感应电动机。再后来的事，你看看现今无处不在的大大小小的各种马达就知道了，光是去查一查 100 多年来这方面的专利也不是三天三夜能查完的，不必再赘述下去。

就在各路高手捣鼓电动机的同时，发电机的发明也在热热闹闹进行着。

有了电磁感应原理，人们明白了电能与机械能转换可以造出两类相反的装置——电动机和发电机。这两类电机看似亲密无间的兄弟，其实在发明的道路上是按各自不同的玩法造出来的，关联性没人们想象的那么大。1832 年，法国的皮克西兄弟率先发明了手摇式直流发电机，这也是世上最早的发电机。其原理是通过转动永磁体而产生感应电动势，并把这种电动势以直流电压的形式输出。刚开始这种发电机是实验性的，主要用来展览，它最大的意义在于启发人们向发电机领域进军。紧接着，英国仪器制造商克拉克制成了第一台商用直流发电机，可以把发出来的电输进莱顿瓶里去了。从那以后，直流发电机引起了越来越多的关注。然而人们很快发现，手摇发电机的功率很低，摇得人满头大汗却发不出多少电来。要提高发电机的功率，就要为发电机安装更加强大的磁铁，可是永磁铁本身所产生的磁力很有限。这时，人们便把技术攻关的重点，放在了寻找新的更强大的磁铁方面。

1854 年，丹麦工程师乔尔塞大胆创新，尝试着在发电机中引入电磁铁。除了原有的永磁铁外，他在发电机上加装了电磁铁，从而试制成功了一种永磁铁和电磁铁混合激磁的所谓“混激式”发电机。这种混激式发电机的功率有了很大提高，为自激式发电机的问世打下了基础。受乔尔塞的启发，英国电学家惠斯通干脆抛掉永磁铁而完全采用电磁铁，成功地发明了自激式发电机，从而极大地提高了发电机功率。随后，英国工程师瓦尔德等人，又进一步完善了自激式发电机。不久，德国电学工程师西门子（Siemens，1816—1892）采用自激式电磁线圈定子，优化机械转动和自馈结构，成功发明了一种更实用的直流发电机。这个西门子老先生，就是如今蜚声国际的电器制造商西门子公司的创始人，你现在知道西门子公司当初是靠什么发家的了。西门子的这种自馈式发电机，不仅发电效能高而且轻便小巧、易于安装，一经推出便大受欢迎。许多工矿企业就是从那时起逐渐淘汰蒸汽机，采用电气设备的。因而可以说，西门子发电机的意义在科技创新史上不亚于蒸汽机的意义，它标志着一个新时代的开始。此后各路豪杰持续创新，比利时的格拉姆发明了环状电枢，西门子公司的阿尔特涅克发明了鼓状电枢，美国的戈登造出了大功率的两相式巨型发电机，无论是直流发电机还是交流发电机都臻于成熟，人类的电气时代来临了。

威力巨大的电老虎一被人们降服，社会的用电量便急剧增长，到处都像是嗷嗷待哺的孩子，于是大范围电力输送成为一种迫切的社会需求。然而，早期的电器设备大多是用伏打电池驱动的直流电方式工作，而使用高压直流电很容易出现绝缘失效、电刷放电、开关漏电等伤人事故，吃奶的风险太大了。此外，远距离直流输电的路途损耗很大，电流升压和降压变换困难。窘境摆在人们面前，直流供电系统的缺陷日益明显。

就在人们为此大伤脑筋的时候，前面提到过的那个塞尔维亚裔美国人特斯拉站了出来，他大胆主张用交流电取代直流电，认为交流电不仅能将电压升高有利于远距离输电，而且也很容易在输给用户之前把电压降下来。这样一来，直流电传输的种种弊端也就迎刃而解了，这主意不错。此处且慢，特斯拉这名字可听着耳熟，他是当今著名的电动机车巨头特斯拉公司的创始人吗？非也，但有点关系。特斯拉公司 2003 年创立时将公司命名为“特斯拉”，正是为了纪念这位杰出的电力学高手。当年特斯拉提出用交流电取代直流电的时候，还是个名不见经传的打工仔，具体说来是在大名鼎鼎的爱迪生手下打工。

特斯拉万万没想到，他的大胆设想一提出就遭到老板爱迪生的强烈反对。爱迪生是个凭经验摸索的发明巨匠，重实践轻理论。他觉得特斯拉简直就是异想天开，无名小卒乱弹琴。面对爱迪生的冷嘲热讽，特斯拉并没有灰心，他坚信交流电终有一天会大范围普及。由于两人之间存在较大分歧，特斯拉不得不离开了爱迪生。不久，他幸运地得到了美国另一位著名的电工企业家威斯汀豪斯的大力支持，而威斯汀豪斯正在考虑建立一座交流电的水力发电站。于是，一场“电流大战”在爱迪生和威斯汀豪斯两位重量级的电力巨头之间展开了。

特斯拉首先出招，他成功地建造了一个交流电的电力传输系统。他设计的交流发电机比直流发电机简单、灵便，而且他的变压器又解决了长途送电的难题，可以利用变压器将输入线路的电压提高，在送入家庭用户或工厂之前，再把电压降下来。面对威斯汀豪斯支持下特斯拉的公开挑衅，爱迪生岂肯善罢甘休。他利用当时不少公众畏惧电力的心理，通过发表文章或发行图书的方式，大肆渲染交流电的危险，以此来攻击交流电的使用。除此之外，爱迪生还用交流电杀死了一些无主的猫狗，并在纽约市处置死刑犯的电椅上采用交流电。这是吓唬人哪。威斯汀豪斯自然也不甘示弱，他针锋相对地撰文捍卫自己的观点，宣扬交流电的种种好处。双方除了在刊物上进行论战外，还进行了大量的政治游说。就这样，直流电与交流电之争闹得沸沸扬扬。虽然交流电一方在刚开始遭受了不少挫折，但那毕竟只是暂时的，在其后几年里交流电的发展势头日益迅猛，用户市场迅速扩大，越来越多的人认识到了交流电的长处。到了 1892 年，德裔美国机电工程师斯泰因梅茨（Steinmetz，1865—1923），通过严密的数学论证创立了交流电理论，更加令人信服地解读了交流电的优点，从而使交流电成为远距离输电的主要方式。

群英奋战电老虎的这段科技创新史，以电动机和发电机的相继问世、直流电和交流电的大规模应用为内容，令人类世界的整个生产和生活面貌发生了深刻变革。那段历史所覆盖的 1850 年至 1900 年间，世界工业产量翻了三番，随之而来的是人口大规模城市化，到 19 世纪末英国、法国、德国的城市人口都已接近和超过 50%，百万人口以上的大城市在欧美如雨后春笋般出现，工业化、城市化构成了一种崭新的文明。今天看来，大城市就是科技创新的产物，是人类制造出来的巨型科技产品，而这个产品的主要一个特征就是到处充塞着各种电器，带“电”的玩意数不胜数。

这正是：电动机发电机齐头并进，直流电交流电改天换地。

欲知当年那些带“电”的玩意是如何出笼的，且听下回分解。

第二十七回 电器招数眼花缭乱　爱迪生最威称大王

主角：莫尔斯，贝尔，爱迪生。

场景：电器“三件宝”的发明过程。

看点：各路英豪在电器技术竞赛中大显身手。

上回说到电动机和发电机相继问世，直流电和交流电争论得不可开交，电力应用大规模铺开。然而有了电总要用到电器上去呀，那些个带“电”的东西是如何发明出来的，本回专门来表一表。

实际上，在电气化的整个过程中，五花八门的各种电器也在同步创造着。这其中，电报、电话和电灯的出现就像耀眼的明星一样光彩夺目，这三件“宝物”也是人类步入电气化时代的标志性发明。你还别不信，就在距今半个多世纪前，“楼上楼下，电灯电话”还是人们对美好生活的追求，可见其重要意义。所以，要了解那些琳琅满目的带“电”玩意是怎么来的，从这三件“宝物”的发明过程中，便有管中窥豹的效果。

先来说说第一件“宝物”，也就是电报的发明。有人认为电报早已退出历史舞台了，其实不尽然，有些特殊行业现在还在使用电报，只是用途极少而已。既然都快被遗忘了，那得赶紧先表一表，免得本回说着说着也一不小心忘掉了。

对如今大多数人来说，电报确实已经是很陌生的玩意了，只是在谍战影视片中，那些谍报人员躲在阴暗角落里鬼鬼祟祟“嘀嘀嗒嗒”发电报的情节谁都有印象。但你要明白一点，影片里那种电报都是无线电报，而最早发明出来的电报则是有线电报，远没有谍战片里的电报技术含量高。

有线电报的最早研制者，当属库克和惠斯通，库克是一名英国科学家，惠斯通则是他的合作者。1837 年，两人联手设计制造了第一个有线电报，所用的原理就是电流的通电、断电信号。他们这种电报机虽然很快就在铁路上得到了运用，却很不便利也不实用。客观说来，他们算是谱写了有线电报发明的序曲。

序曲奏过，有线电报的发明人莫尔斯（Morse，1791—1872）出场了。在发明电报之前，莫尔斯是美国一位很有成就的画家，他曾担任过 10 多年的美国画家协会主席。说来也怪，莫尔斯在不惑之年才开始对电报研究产生兴趣。那年他从法国旅行归来，便全身心地投入研制电报的工作中，有人说他是在海上航行途中深感通信落后而受了启发，也有人说他是在欧洲巧遇电磁专家杰克逊而来了灵感。不管突发奇想是何原因，反正他一回美国就把画室改成了实验室，买来了各种各样的实验仪器和电工用具，开始了电报的发明工作。经过几年摸索，莫尔斯终于找到了用电流发送信号的新方法，并在笔记本上记下了新的设计方案，“电流只要停止片刻，就会现出火花。有火花出现可以看成是一种符号，没有火花出现是另一种符号，没有火花的时间长度又是一种符号。这三种符号组合起来可代表字母和数字，就可以通过导线来传递文字”。他的这种奇特构想，就是著名的“莫尔斯电码”的源头。

新的设计方案一出笼，莫尔斯就把设想变成了实用的装置，并不断加以改进。1844 年 5 月 24 日，是世界电信史上值得永远纪念的一天。莫尔斯在美国华盛顿的国会大厅里，当着社会各界人士的面，亲自按动他的电报机按键，向巴尔的摩发送世界上第一封电报，电文的内容为“上帝啊，你创造了何等的奇迹”。随着一连串嘀嘀嗒嗒声响起，电文通过电线传到了数十公里外的巴尔的摩。那一头，他的助手准确无误地把电文译了出来，人们顷刻间欢呼起来。莫尔斯的成功轰动了世界，电报就此登上了人类历史舞台，并很快风靡全球。

电报通信的大门一打开，人们的创新激情更加旺盛。“嘀嘀嗒嗒”虽然可以把战争的爆发、和约的缔结、风暴的来临、鱼群的发现等等消息传播到远方，但人们总觉得这种方式还不过瘾。传输寥寥数语，要把文字先翻译成符号才能送出去，接收之后还要再转译回去，多麻烦呀，又不是人人都要当特务。于是有人又开始突发奇想了，能不能把人的说话声音直接转换成电讯号来传递呢？就在电报问世10多年后，德国有一位名叫莱斯的年轻发明家成功地用电流传输了一段旋律，虽然还不是人的话音，但却是个了不起的突破。莱斯为他自己发明的装置起了个名字叫作“telephone”。真正的电话还没现身，名字倒先问世了。

名字都起好了那就要抓紧干了，这种紧迫感催促着电话机的发明人贝尔（Bell，1847—1922）登场亮相。这位从苏格兰移民到美国的发明家，那会正紧锣密鼓做着发明电话的各种试验。有一天，贝尔和他的助手分别在两个房间配合做一项试验，由于机件发生故障，助手看管的发报机上的一块铁片在电磁铁前不停地振动。这一振动产生的波动电流沿着导线传播，使邻室的一块铁片产生了同样的振动。碰巧，振动发出的微弱声音被贝尔听到，由此启发他产生了一个新奇的联想和构思。不久，贝尔和助手利用电磁感应原理，开始制造电磁式电话。他先把音叉放在带铁芯的线圈前，音叉振动引起铁芯做相应运动，产生了感应电流，电流信号传到导线另一头作相反转换，变为声信号。后来，贝尔又把音叉改换成能随声音振动的金属片，把铁芯改成磁棒，进行反复试验，终于试制出世界上第一部传递声音的机器——磁电电话机。这第二件“宝物”也问世了。

1876 年 2 月 14 日这个日子应该用小时来记录，这天上午，贝尔正式向美国政府递交了电话机的发明专利申请。但让他万万没想到的是，一个名叫格雷的美国小伙也在同一天申请了电话机的发明专利，而且格雷的电话机在送话器方面似乎更先进。于是乎，贝尔和格雷为争夺电话发明权产生了一场纠纷。后经仲裁查明，格雷递交申请的时间比贝尔晚了不到两个小时，因而与电话发明失之交臂。实在是令人扼腕，只晚了不到两个小时就决定了一段重要历史的写法，这就是科技创新的游戏规则，后人无不为格雷感到惋惜。贝尔因此大获全胜，不久就成立了贝尔电话公司，这就是美国电报电话公司（AT&T）的前身。

就在贝尔为力胜对手而沾沾自喜之际，又有一位悍将中途杀出，向贝尔发出了更强有力的挑战。他就是本回重量级的主角爱迪生（Edison，1847—1931），他是一位“无学历”的传奇发明家。有关爱迪生的故事俯拾皆是，此处仅表一表跟电器发明有关的一二事。

事实上，爱迪生早在多年前就对发明电报产生了浓厚的兴趣，而且他先后发明了自动复记电报机、二重电报机、四重电报机等实用电报机。特别是四重发报机，也就是同步发报机，在无线电尚未大显身手的时代无疑是一项重大的技术创新。与此同时，他也在密切关注着电话发明的进展。当察觉到贝尔发明的电话在实用性方面还远远不够后，爱迪生决心对贝尔电话机进行大幅度改良，使之成为世上人人会用且好用的产品。于是，他行动了。

在对贝尔电话机进行仔细研究后，爱迪生终于找到了突破口。

他发现贝尔电话机的音量非常微弱，远距离通话就跟蚊子叫一样听不清，于是就把改良的重点放在了送话器上。为了找到一种能够发出比贝尔电话机声音更好的材料，爱迪生先后改进出50多种不同的传话器。虽然这些传话器送出的声音都比以前的效果好，但依然没有哪一种让爱迪生感到满意。正当他深感困惑之际，一个偶然的机会，他把一种被称为炭黑的材料涂在一个金属薄盘上，并把它装在了电话机上，没想到竟然产生了极佳的效果，听起来不但发音清晰，而且音量也比用电磁原理制造的电话要大几倍。这个意外的发现令爱迪生兴奋不已，他把这项发明取名为“炭精送话器”，用在贝尔电话机上很快就大受欢迎。

爱迪生对电话机的成功改进，引起了西方联合公司总裁奥顿的关注。在奥顿的支持下，爱迪生成立了电话公司。为了进一步扩大业务，他把炭精送话器送到英国进行演示，结果也大获成功。尔后，爱迪生又应邀在英国皇家学院作了表演。没想到这次表演触怒了贝尔，原因就在于，爱迪生在线路的一端用了他自己的送话器，而另一端的收话器却是贝尔的电磁系统。贝尔认为这是公开挑衅，他马上发出警告说，除非爱迪生今后停止使用贝尔装置，否则将指控他侵犯专利权。

爱迪生不得不接招，他决定走自主创新之路，设计出一种绕过贝尔专利的电话接收机。于是他召集手下人马，全力以赴投入到了电话接收技术的攻关。不久，爱迪生的团队果然绕过贝尔电磁系统，研制出了一种新型的、声音效果更好的收话器。随后，这台收话器和炭精送话器一起被送到皇家学会表演。送话器装在皇家学会阿尔比马勒街的试验室，接收机安在皇家学会的伯林顿馆，表演过程中的两边通话效果非常好。

随后，爱迪生在英国成立了伦敦分公司，并建起了一座电话交换台，目的是与贝尔电话公司唱对台戏。就这样，你方唱罢我登台，在重大技术的推广面前谁都想做龙头老大，爱迪生和贝尔你来我往，在电话领域展开了一场技术争霸赛。1880 年 6 月 8 日，经过多方努力调解，双方终于握手言和，爱迪生的伦敦分公司与贝尔的公司合并为联合电话公司。至此，爱迪生与贝尔之间在电话领域的争霸宣告结束。或许是应了那句老话，“没有永远的朋友，也没有永远的敌人，只有永远的利益”，科技精英一旦进入市场也不例外。

在电话争霸赛这一回合，爱迪生跟别人算是打了个平手。然而，就在他忙于寻找下一个发明目标时，那个似乎已过了气的炭精送话器，却又一次给他带来了惊喜。爱迪生右耳听力不好，一天，他在摆弄炭精送话器时，用一根钢针代替右耳来检验传话膜片的震动。当他用钢针触动膜片时，随着讲话音调的不断变化，送话器发出了一种有规律的颤音。爱迪生忽然灵机一动，如果反过来使短针颤动，能不能复原出声音来呢？想到这里，爱迪生激动不已。他像着了魔似的捣鼓起来，经过日日夜夜的苦战，他制造出了一台由大圆筒、曲柄、两根金属小管和模板组成的机器。这台模样看着怪里怪气的机器，就是世界上第一台留声机。此后，爱迪生又将留声机不断改进，使其走进了千家万户。

有人说假如爱迪生右耳不聋世上就没留声机了，此话谬矣不值一驳。应该说机遇偏爱有准备的头脑，对满脑子创新意识的爱迪生来说，即使耳聋这样的缺陷也能转化成一种机遇。反过来说，人家爱迪生的右眼可是一点都没瞎，不是照样发明出了电灯吗？这是外话。

的确，电灯也是爱迪生的一项很了不起的重大发明，这第三件“宝物”就是在他手上问世的。1879 年 10 月 21 日，爱迪生用碳丝作为白炽灯丝，点燃了第一盏真正有实用价值的电灯。紧接着爱迪生又考虑如何延长灯丝寿命的问题，他又是没日没夜反复试验，用了 6000 多种纤维材料，才找到了一种新的发光体——竹丝，从而使灯泡的使用寿命达到 1000 多小时，解决了又一个技术难题。后来，爱迪生电气公司职员克里奇又发明了钨丝灯丝，使灯丝更加经久耐用。电灯终于代替了煤气灯，全世界的夜晚从此亮堂起来，人类彻底告别了黑蒙蒙的夜生活。从一定意义上说，电灯的发明让爱迪生的创新成就达到了最高峰，这是他献给全人类的一件厚礼，现在人们每天晚上都在尽情享用着。

爱迪生让世人高山仰止，他几乎把毕生精力都用到了发明创造上，他那句名言“天才就是 99% 的汗水加 1% 的灵感”也是他自己的真实写照。据后人统计，爱迪生一生的发明，在美国专利局正式登记的有 1093 种，其他发明和海外专利加起来还有 2000 多项。1881 年是他搞发明创造最辉煌的一年，这一年，他申请的发明专利有 141 种，平均不到三天就有一项新发明问世。爱迪生对人类的文明和进步作出了巨大的贡献，在科技创新史上诸多登台亮相的技术发明英豪中，无论横着数还是竖着数，数来数去还是爱迪生最威，他被称为“世界发明大王”是当之无愧的。

1931 年 10 月 18 日，爱迪生在美国新泽西州逝世，享年 84 岁。他逝世三天以后，全美国熄灯以示哀悼，那天夜晚，连自由女神高举的火把也熄灭了。

爱迪生说过，只有从社会需要产生出发的发明才有意义。他其实一直都关注着社会需求的热点，据说在晚年他将大部分财产投入到了一个铁矿场，也许他壮心不已还想转场。而其时，人们正在向钢铁时代迈进。

这正是：电器发明一场争霸赛，技压群雄当属爱迪生。

欲知人们如何跨入钢铁时代，且听下回分解。

第二十八回

焦炭炼铁技高一筹　转炉转进钢铁时代

主角：达比父子，马丁，贝西默。

场景：焦炭炼铁术问世，转炉炼钢法诞生。

看点：炼铁和炼钢技术的全面革新。

话说以电气化为标志的第二次产业技术革命，促进了工业生产的迅猛发展。然而钢铁是工业的粮食，工业规模迅速扩大也就一天天感到粮食不够吃了，这是由于传统的炼铁技术太落后。那会儿的工业生产就像个处在发育抽条期的傻小子，眼看长得挺快却大喊吃不饱，长此以往不瘦成皮包骨才怪。

说来不难理解，铁的产能之所以上不去，主要原因在于燃料不足。千百年来，炼铁所用的燃料是木炭，这在工业革命以前铁需求量不大的情况下还能维持，后来就捉襟见肘了。实际上早在17世纪初，英国的木材资源就出现了严重短缺，燃料荒成为阻碍炼铁业发展的“瓶颈”，有识之士已意识到，解决问题的唯一途径就是找到一种合适的燃料替代木炭。当时，煤炭作为燃料已在玻璃、制砖等行业得到广泛应用，因而用燃煤代替木炭便成了炼铁的不二选择。这事看着很简单，用煤代替木炭生火做饭谁都干过，毫无技术含量可言。但你想错了，就这么一件简单的事情炼铁业却摸索了大半个世纪，很多人一次又一次尝试都没能取得成功。

最早尝试用煤来炼铁的是英国人杜德利，他受过良好的教育，家里开着铁厂，拥有一座炼铁炉和两座锻造炉。杜德利在17世纪初接手家族产业之后，便着手对两类炉子进行了技术改造，尝试用煤块和煤屑做燃料来代替木炭炼铁，但他试了多年也没成功。这是因为煤块含硫量较高且杂质多，直接燃烧炼铁会导致生铁的热脆性增加，使之无法成形。虽然杜德利这个初试者以失败告终，却给后来人提供了借鉴。到了17世纪下半叶，英国又有人试着用焦炭炼铁。所谓焦炭是指将燃煤经过一系列高温干馏程序而使之“纯化”，这样的产物不仅含硫量少而且质地轻，既能提高炼铁质量，又能减少高炉的炉料重压。

知之非难，行之不易。尽管有人懂得了用焦炭炼铁明显优于用煤炼铁的道理，但是敢于大刀阔斧付诸行动的人却罕见。这主要是因为，炼铁不是个人小打小闹的活计，当时的炼铁厂都算是大企业，改用焦炭炼铁要进行一系列技术改造，这对大企业来说绝非易事。工业企业的创新一直以来有这种毛病，你不妨细看国内外，创新的活力依然主要来自中小微企业，大型企业按部就班的惯性不是说变就变的，船大掉头难。这是外话。

等了几十年，第一个吃螃蟹的人终于站了出来，他就是英国企业家亚伯拉罕·达比（Abraham Darby，1676—1717）。达比早年在伯明翰的一家麦芽糖厂做学徒，后来搬到了布里斯托尔，和别人一起开办公司制造家用的铜锅。由于铜的成本逐年增高，达比尝试着搞了点技术创新，改用生铁铸锅。没想到竟大获成功，申请到了铁锅的专利，这让他搞创新的信心大增。1708年达比离开布里斯托尔，来到科尔布鲁克代尔创办了自己的炼铁厂。有了麦芽糖厂的打工经历，又有了办厂搞创新的经验，达比决心开展焦炭炼铁的试验，趁着自己的船不大赶紧掉头向前冲。

达比专门为此租了一座已经废弃的炼铁高炉，那炼铁高炉可是大型设备，买不起新的就先租旧的，搞试验嘛。不久，达比在试验过程中找出了焦炭炼铁的关键技术难题。他发现，焦炭不如木炭那么容易燃烧，如果不改进鼓风设施以获得更充足的空气，炼铁质量就无法过关。于是，他对高炉的内径作了改造使之适应焦炭炼铁的要求，并为高炉安装了一套新的鼓风设施。功夫不负有心人，1709 年，改进后的高炉成功地用焦炭炼出了第一批生铁。这下子达比信心更足了，过了几年他出资建起了第二座新的焦炭炼铁高炉，熔炼出来的生铁一天比一天质量好。到 1717 年达比临终前，他发明的焦炭炼铁工艺已经趋于成熟。

老达比去世以后，他的儿子继续改进焦炭炼铁方法，并从 1724 年开始不断兼并、改造邻近的炼铁高炉，终于一步步成功地将焦炭炼铁技术在英国大面积推广开来。达比家族的企业，也从当初好掉头的小船，发展成了焦炭炼铁业的一艘巨轮。

焦炭炼铁的成功，开启了炼铁业革命的新纪元。这一新的技术使炼铁业彻底摆脱了对木材的依赖，达比家族企业的所在地科尔布鲁克代尔，也因此成了 18 世纪英国重要的炼铁中心。1776 年，蒸汽机代替水力鼓风在高炉炼铁中得到应用，更是极大地促进了炼铁业的发展。到 18 世纪末，焦炭和蒸汽机已使英国的炼铁业旧貌换新颜，铁的年产量由 1720 年的 2 万吨增加到 1806 年的 25 万吨，工业革命之初“粮食”短缺的状况有了彻底改变。

然而，“粮食”够吃只是解决了温饱问题，吃“饱”以后就要考虑吃“好”的事了。随着廉价的铸铁和生铁熟铁的大批量生产，新型的动力机械、火车铁轨、桥梁架构、军火武器等铁制品在工程领域的应用也越来越多，人们很快就发现，离吃“好”还差得远呢。生铁制品虽然坚硬、耐磨，但是很脆，难以进一步加工。由于铸铁组织疏松、晶粒粗大，内部也存在缩空、气孔等缺陷，因而可塑性很差，煅打时容易出现裂纹。熟铁虽然延展性好，但是很软，无法制造出有相当硬度要求的工具。诸如此类的问题，一个个摆在面前等着解决。

怎样才能让铁变得硬度更高、韧性更好且易于加工，人们不约而同想到了炼钢。其实，炼钢技术的老祖宗在中国，早在春秋晚期就有了用生铁脱碳炼钢的实践，通过对生铁反复加热、反复冷却，再加热再冷却，每加工一次碳的含量就更低，钢就变得更坚硬。成语“百炼成钢”说的就是这事。当然后来的炼钢技术不仅仅要脱碳，还要根据不同钢种要求添加和控制硅、锰、镍、铬等元素，工艺更加复杂。“百炼成钢”历来产量低、成本高，要实现大规模炼钢，其难度可想而知。

然而，“社会一旦有技术上的需求，则这种需求就会比十所大学更能把科学推向前进”，马克思这话很有道理。那边的需求嗷嗷待哺，这边的炼钢技术也就跃跃欲试了。1740年英国出现了“坩埚”炼钢法，把生铁等装入由石墨和黏土制成的一种坩埚内，用火焰加热融化炉料，炼成了钢锭。1750年这种方法又进一步改进，英国人亨兹曼用煤气作燃料直接在坩埚内炼钢，发明了“铸钢”法。由于这货炼出来的“坩埚钢”质量较高，可以做钟表发条、手术刀等精细产品，因而很快就得到普及。然而，这还仅仅是个开始。到了19世纪后半夜，炼钢技术出现更新更大的突破，先是平炉炼钢法，继而又发展出了转炉炼钢法。

平炉炼钢法的发明者是法国工程师皮埃尔·马丁（Pierre Martin，1824—1915）。他十分巧妙地把西门子发明的逆流蓄热炉原理用于熔化炉料，不仅大大提高了炼钢炉的温度，而且提高了炉的容量和钢的质量。1864年，“马丁炉”取得了平炉炼钢法的专利。实际上，平炉炼钢技术是制钢业的一个重要转折，它标志着所谓

"软钢时代"的到来，圆钢、方钢、钢缆、角钢、槽钢、管钢等五花八门的钢材料就是从那时起纷纷涌现出来的，在随后几十年里这种平炉炼钢法一直是全世界使用最广的炼钢技术。

与此同时，另一种更巧妙的炼钢技术也在孕育着，那就是转炉炼钢法。1856 年英国人贝塞麦发明了酸性空气底吹的炼钢法，也称贝塞麦法，首次解决了用铁水直接冶炼钢水的技术难题。但这种技术难以脱磷脱硫，因而很快就被淘汰了。后来，另一名英国人托马斯又发明了碱性炉衬的底吹技术，较好解决了高磷铁水的脱磷问题。但托马斯法的缺点在于，炼炉的寿命太低，不易推广。

转炉炼钢技术的接力棒看来就是要多转几下，终于转到了另一个英国人手里，他就是贝西默（Besemmer，1813—1898）。这货从小就显露了发明创造的才能，不到 20 岁就发明了一种半自动的邮票盖戳方法并被英国政府采用。所谓时势造英雄，在那个大发明时代，贝西默对当时炼钢技术的发展非常关注。事实上，贝西默是发明转炉的第一人。说来也很偶然，在一次试验中，贝西默想增强反射炉的鼓风以加大火力使炉料熔化，结果一些固态的铸铁块暴露在过剩的空气中反而一下就脱碳了。这一下启发了贝西默，他决定尝试在没有炉火的情况下向铁水内鼓风，想看看会有什么结果，就这样第一座贝西默转炉诞生了。这是一个固定的没有热源的耐火容器，铁水从侧面一个槽内注入容器的下部，风嘴在铁水的底部。当空气鼓入后，铁水沸腾起来，其强烈程度使贝西默大为吃惊。当沸腾平息下来后，他把铁水注入锭模进行了冷却，一测定才发现生铁已变成低碳钢了，这让贝西默大喜过望。他确信自己发现了一种新的炼钢法，并在随后举行的切尔特南不列颠协会会议上公布了这一发现。很快，他就制成了每炉可炼 5 吨钢的可倾式转炉，而且能够方便地将炼好的钢水倒出去。这是一个比平炉炼钢技高一筹的革命性发明，它后来的大名就叫“贝西默转炉”。

当然，贝西默转炉问世之初并非尽善尽美，而且几乎在同一时间，美国砂锅业制造商凯利也发明了类似的转炉。后来，又经过穆希特和伊埃兰逊等人的不断改进，贝西默转炉才日趋完善，一步步引入法国、奥地利、德国直至全世界。人类这就迈进了前所未有的钢铁时代。

总而言之，钢铁是怎样炼成的？答案就四个字，历尽艰难！事实正是如此，焦炭炼铁当初经过了几十年的探索、憋闷才终于化茧成蝶，转炉炼钢也是滔滔滚滚才铁杵磨成了针，谈何容易。然而今天看来，那钢铁冶炼毕竟是古已有之、精进不休的故事，而破解那茫然无知的细菌世界还有更精彩的故事。

这正是：钢铁冶炼好事多磨，改朝换代豁然贯通。

欲知那茫然无知的细菌世界如何被破解，且听下回分解。

第二十九回
巴斯德慧眼识病菌　医林好汉齐齐发威

主角： 巴斯德、李斯特、琴纳、科赫、魏尔啸等。

场景： 发现病原菌，创立微生物学说。

看点： 从消毒灭菌到免疫预防。

且说钢铁冶炼技术的创新把人类带进了钢铁时代，工业化、城市化发展如火如荼。新时代的美好生活体现在方方面面，别的不讲，在工厂劳作一天下了班整几杯啤酒喝喝，多么酣畅多么惬意呀，人们感到幸福得像花儿一样。然而美丽的花园也难免长出杂草，啤酒产量猛增很快就带来了新的烦恼，酿制出来的很多啤酒存放不了多久就会发酸、变质，让很多啤酒厂商叫苦不迭，因此而破产倒闭的啤酒厂也不在少数。现在人们早已明白，那都是"坏蛋"细菌惹的祸。本回就从这件事说起，看看那微生物世界的奥秘是如何揭开的。

在科技创新史上，建立微生物学说可不仅仅是喝啤酒的事，而是对整个人类生活，特别是医学发展产生了重要影响的一件大事。要说微生物学的开山鼻祖，那可是一位妇孺皆知的历史人物，他就是路易斯·巴斯德（Louis Pasteur，1822—1895）。

巴斯德出生在法国东部一个叫多尔的小镇。他不仅是个理论上的天才，而且善于动手解决实际问题。在巴黎高等师范学院读书的时候，他就整天泡在实验室里，因而得了个“实验室蛀虫”的绰号。大学毕业不到两年，这个“实验室蛀虫”就在科学界一举成名了，不过其成就不是在微生物方面，而是在晶体化学结构上。他发现，酒石酸有两种不同的晶体结构，一些结晶是另一些结晶的镜像，正如左手和右手那样的关系。这一重大发现出自一个毛头小伙，令科学界大为震惊。不久，法国教育部正式委任巴斯德为里尔工学院院长兼化学系主任，在那里他瞄着当时的技术热点，对酒精工业产生了浓厚的兴趣，认为搞清楚发酵过程是解决这方面问题的关键。

恰巧在此时，里尔一家酒精厂遇到了技术问题，请求名气正旺的巴斯德帮着解决。巴斯德欣然应允，他立刻赶往工厂考察，把造酒精用的各种甜菜根汁和发酵中的液体带回实验室进行研究。经过反复观察，他发现发酵液里有一种比酵母菌小得多的球状小体，它们“长大”后就成了酵母菌。而酵母菌形成后不久，在菌体上会长出芽体，芽体长大后脱落，又成为新的球状小体，在这样不断循环的过程中，甜菜根汁就“发酵”了。有志又有智更加事竟成，就这样，发酵过程的神秘面纱终于被巴斯德揭开了。

一举揭秘发酵过程给了巴斯德极大启发，他觉得啤酒变酸以及食品变腐这样的问题，应该都跟发酵过程类似，是一些“坏蛋”细菌的大量繁殖所造成的。但是，他的这种想法与生物界根深蒂固的“自然发生说”格格不入。没有足够的事实依据，很难被世人接受。

实际上，巴斯德并不是发现细菌的第一人。早在1683年，荷兰人列文虎克（Leeuwemhoek，1632—1723）就用自己设计的单透镜显微镜，在一位从未刷过牙的老人的牙垢上观察到了细菌，人们从那时起已认识到了微生物世界的存在。按照盛行的“自然发生说”，脏衣物自会生蚤虱，污泥浊水自会生蚊，肮脏的垃圾自会生虫蚁，粪便自会生蝇蛆，像细菌这样的微生物就更是无中生有自然而然生出来的了。巴斯德认为这种说法是很荒谬的，完全没有科学根据，他决心向“自然发生说”发起挑战。

事实胜于雄辩，巴斯德决定通过自己精巧的实验，来揭示“自然发生说”的不可信之处。为此，他特地设计了一个现在被称作“巴斯德烧瓶”的曲颈瓶。这种烧瓶有一个弯弯曲曲的长管与外界空气相通。瓶内的溶液加热至沸点再冷却后，空气可以重新进入烧瓶里面，但因为有向下弯曲的长管，空气中的微生物就不容易接触到溶液，使溶液能保持一种无菌状态，这样溶液可以较长时间不腐败。一旦拿掉了这个弯弯曲曲的长管，溶液大量接触了微生物，就会很快腐败变质。巴斯德的实验得到了令人信服的结论，那就是，腐败物质中的微生物来自空气，而不是自然发生的。实验的成功让巴斯德更加坚信自己的观点，他认为空气中原来就有微生物的“原种”，啤酒变酸、食物变质就是“原种”大量繁衍的结果。这便是巴斯德的“生源说”。

巴斯德的“生源说”一出笼，就遭到了“自然发生说”一批拥趸的强烈反对。时任法国里昂博物馆馆长普谢就带头跳出来发难，他反过来指责巴斯德荒谬至极，也想出了用一种实验来反驳。他认为根据巴斯德的“生源说”，海拔越高空气就越洁净，用这样的空气和实验溶液接触，那就很少甚至不会出现变腐现象喽。他要求巴斯德跟他一起带上烧瓶，登上海拔3000多米的比利牛斯山一决雌雄。面对普谢的公开叫板，巴斯德苦思冥想，召集手下商讨出了应对之策。他没有像普谢那样只到高山顶上取样，而是在山底、山腰、山顶三处取样，作对比观察。他和他的手下对60瓶密封煮沸过的培养液作了分别处理。在山底先打开20瓶，放入空气后即封死瓶口，在山腰又打开另外20瓶作同样的处理，到了山顶打开最后20瓶。结果不出巴斯德所料，山底的20瓶中有8瓶繁殖出了微生物，山腰的一批也有5瓶变质，而山顶的20瓶只有1瓶起了变化。这么一对比，巴斯德的“生源说”显然是成立的，雌雄立马见分晓。

到了这时候，巴斯德回过头来解决啤酒变酸问题，就有了充足的理论依据。他很快查明，啤酒变酸的罪魁祸首就是乳酸杆菌。于是，他尝试在不同的温度条件下来杀灭乳酸杆菌，而又不破坏啤酒本身。最后，他找到了一个简便有效的方法：只要把酒放在五六十摄氏度的环境里，保持半小时，就可杀死酒里的乳酸杆菌，这就是举世闻名的“巴氏灭菌法”，至今还在沿用。

尽管巴斯德自己不是医生，但他确信空气中同样存在着人和动物的病原菌，传染病都是病菌在体内大量繁殖造成的。他的致病菌学说，给医学发展打开了一扇沉重的大门。英国医生李斯特（Lister，1827—1912）从微生物学说中得到启发，他很快认识到手术后病人的死亡可能与创口感染病菌有关，于是他把巴斯德灭菌法的原理用于医学中，用苯酚给手术创口消毒，用煮沸法给手术器械消毒，取得了立竿见影的好效果，使手术后病人成活率显著提高。随后，达内恩等医生继续创新，发明的碘酒消毒法等，沿用至今。紧接着，美国外科医生霍尔斯特德和英国医生亨特分别倡导了让医生戴消毒手套和口罩的先例，更为有效地减少了手术创口感染的机会。随着灭菌和防菌方法的不断完善，微生物理论带领医学领域迈进了细菌学时代，完成了医学史上一次重要的转型升级。

不仅如此，巴斯德对免疫学也作出了开创性的贡献。他发现，引起传染病的一些致病菌在特殊的培养条件下可以减轻毒力，从而使它们从病菌变成防病的疫苗。从1865年起，巴斯德花了很大精力研究病菌及疫苗，他最早发现了动物的炭疽病菌，并成功研制出了炭疽病减毒活性疫苗。他还研究了鸡霍乱病、猪丹毒病等，最早的鸡霍乱疫苗和猪丹毒疫苗就出自他之手。此后，巴斯德又向狂犬病发起了猛攻。那时病毒尚未被发现，巴斯德经过研究证明，狂犬病的“致病菌”存在于狗的唾液和神经系统中，于是他大胆尝试用狗的唾液和脊髓组织提取物，制成了狂犬病的疫苗。这项技术不仅在病犬身上取得了显著成效，当时也在被狗咬伤的人身上取得了成功，他进而提出了人体预防接种最初的免疫学思想。巴斯德的免疫理论和实践产生了巨大影响，法国政府于 1888 年在巴黎建立了巴斯德研究所，该研究所作为一个治疗狂犬病和其他传染病的临床中心一直运转着，到了今天，已成为著名的生物医学研究中心，其主要方向为抗血清和疫苗的研发和生产。如今一提起预防接种，人们首先会想到发明了牛痘接种预防天花病的英国医生琴纳（Jenner，1749—1823），其实更应该记住巴斯德，因为医学进入防疫时代是建立在巴斯德微生物学说基础之上并从其研究的多个疾病疫苗开始的。

巴斯德一生对科学作出的贡献是巨大的，他在化学、微生物学、免疫学、医学等领域建树颇丰。1892 年是巴斯德 70 岁生日，那时他已脑溢血病后说不出话了。法国政府在巴黎索邦大学的大礼堂举行了盛大的祝福会，法国总统亲自到场为他颁发了一枚纪念章，上面刻着：纪念巴斯德 70 岁生日。落款为：一个感谢你的法兰西，一个感谢你的人类。

诚然，人们高度赞誉和敬仰巴斯德有多方面的理由，其中一个重要原因是他对大幅度降低疾病死亡率、提高医学水平起到了直接推动作用。事实上在巴斯德时代大半个世纪时间内，人类的平均寿命延长了近 30 岁，这很大程度上归功于微生物和免疫学理论的出现。当然了，巴斯德虽然是鹤立鸡群式的人物，但那时医学界的技术创新总归不是单打独斗，而是个众人拾柴火焰高的局面。就病原菌的发现来说，德国医生科赫（Koch，1843—1910）在同一时期也发现了霍乱弧菌、结核杆菌及炭疽杆菌等，并改进了培养细菌的方法和细菌染色技术。按照他确立的原则和方法，别人又继而发现了白喉杆菌、伤寒杆菌、鼠疫杆菌、痢疾杆菌等不下百种病原微生物，科赫对细菌学的建立也作出了不可磨灭的贡献。如果你是个集邮爱好者可能会注意到，1982年我国发行了一枚纪念肺结核病原菌发现100周年的纪念邮票，上面的人头像就是科赫。

巴斯德时代的医学发展，除了微生物学说，还有其他很多亮点也是值得说道说道的，不妨再列举若干。在病理学方面，德国医生魏尔啸（Virchow，1821—1902）创立了细胞病理学，他认为疾病可以用细胞的病理来解释，从而将疾病研究推进到了细胞层次。在生理学方面，法国的F. 马让迪、德国的J. 弥勒和法国人C. 伯尔纳先后用动物实验对神经和消化等系统进行了大量研究，这些工作奠定了近代生理学的基础。在临床诊断学方面，法国医生雷内克发明了听诊器并成功用于肺和心脏疾病的诊断，德国人赫尔姆霍茨发明了检眼镜，继之喉镜、膀胱镜、食管镜、胃镜、支气管镜等也先后问世，从而大大丰富了临床诊治手段。在外科学方面，除了已提到过的消毒灭菌之外，手术麻醉法、止血钳、止血带等也是这一时期发明出来的，感染、疼痛、出血等外科常见难题得到了有效解决。总而言之，在那个需要英雄也产生了英雄的时代，整个医学的进步正如巴斯德说过的一句话——科学的进步取决于科学家的劳动和他们发明的价值。

“科学虽然没有国界，但科学家却有祖国。”很多人熟知这句脍炙人口的名言，却未必知道这句话也是出自巴斯德之口。说这话的时候，正值1870年普法战争爆发，德国强占了法国领土，巴斯德眼看着祖国受到侵犯，毅然决然把敌国波恩大学授予他的名誉学位证书退了回去。而其时，不只是战争因素铸就了巴斯德作为科学家的爱国情怀，而且在科学领域也正进行着一场无国界的学术交锋。德国科学家们正在为开创化学工业而埋头苦干，他们毫不客气地对巴斯德的发酵理论进行了尖锐抨击。

这正是：微生物学骤然崛起，疾病诊治换了新天。

欲知德国科学家为何反对巴斯德的发酵理论、结果又怎样，且听下回分解。

第三十回 维勒李比希联手领衔　搏出化工产业新天地

主角： 维勒，李比希。

场景： 人工合成尿素取得成功，有机化学发展起来。

看点： 近代化工产业迅速兴起。

话说19世纪的科技创新活动很热闹，科学界的争论、交锋煞是激烈，就连巴斯德拯救了啤酒工业的发酵理论，也遭到了德国科学家的猛烈抨击。何故？这还得慢慢道来。

长期以来在人们心目中，有机界与无机界是两个截然不同的世界，仿佛隔着一条无法逾越的鸿沟。有机化学研究的对象只能在天然的动植物有机体中打转转，要想从无机物中制造出有机物无异于天方夜谭，是痴人说梦。人们慢慢便形成了一种错觉，似乎有机物都是"有生命之物"，不可能在实验室里用化学方法合成，这就给所谓的"生命力论"留下了很大的发言权。显然，这种"生命力论"严重束缚了有机化学的发展。但这关人家巴斯德何事？

说来当然是有点关系的。巴斯德认为发酵过程离不开酵母菌的参与，发酵的动力蕴含在活体微生物中。所以德国科学家要站出来反对这种说法，他们认为发酵是一种化学反应，与酵母菌的生命活动无关。看看，针锋相对不是？后来的研究证明，这两种说法都没错，发酵既有酵母菌导致的，也有不需要微生物参与的，用酶也可以完成发酵过程，这是后话了。

但起初，争论双方谁也说服不了对方，问题的焦点很快就集中在离开了活体的有机物能否从无机物中合成出来。换句话说就是，无机物与有机物之间的鸿沟究竟能否跨越。

既然德国科学家抨击巴斯德的火力最猛，想必他们是有备而来了。没错，率先跨越无机界与有机界之间那条鸿沟的人，正是德国的化学家维勒（Wohler，1800—1882）。

维勒出生在法兰克福一个名医家庭，父亲一直希望儿子能子承父业。但维勒自幼就喜欢化学，尤其对化学实验感兴趣。1820年他虽然奉父命进了马尔堡医科大学攻读医学，却身在曹营心在汉，经常在宿舍里悄悄进行化学实验。他的第一篇科学论文题为《关于硫氰酸汞的性质》，发表在当时很有影响的《吉尔伯特年鉴》上，受到了瑞典化学界泰斗级人物贝采里乌斯（Berzelius，1779—1848）的赏识，此人是硅、硒、钍、铈等元素的发现者。后来维勒取得了外科医学博士学位也没子承父业，而是到贝采里乌斯的实验室工作了一段时间以后，回到德国一直在大学当化学教授。

说来维勒合成有机物很是偶然，起初他并没意识到自己干了一件惊天动地的事。从1824年起维勒就一直在研究氰酸铵的合成。氰酸铵是一种无机铵盐，外观为无色针状晶体，可以用来制作药物。他设计出一套合成步骤反复进行实验，期望能得到氰酸铵晶体。但是他发现，在氰酸中加入氨水后蒸干得到的是一种白色晶体，这显然不是无色的氰酸铵。这种白色晶体会是什么呢？维勒百思不得其解。直到1828年，他才终于证明这种白色晶体是尿素。这个结果让他大吃一惊，尿素可是动物尿液里的有机物，自己居然一不小心在实验室里合成出来了，不可思议呀。由此他断定，有机物是能够用无机物合成出来的，“生命力论”站不住脚。

于是，维勒兴冲冲地将这一重大发现告诉恩师贝采里乌斯。谁料，贝采里乌斯听后却大为怀疑，权威嘛总是有保守的一面。就在别人重复了维勒的实验之后，贝采里乌斯依然持怀疑态度，认为尿素是动物的排泄物，介于有机物和无机物之间，而不是真正的有机物。他甚至还给维勒玩了一个冷幽默，说你这样下去还能在实验室造出一个孩子来呢。面对恩师的揶揄，维勒没有动摇，他想起了亚里士多德的话“吾爱吾师，吾更爱真理”。他将自己的发现和实验过程写成题为《论尿素的人工制成》的论文，发表在1828年《物理学和化学年鉴》第12卷上，在论文中他详尽记述了用氰酸与氨水或氯化铵与氰酸银来制备纯净尿素的过程。论文发表后产生了巨大的反响，化学界虽然还有质疑声却受到了很大触动。在维勒有机合成新理念的启发下，随后乙酸、酒石酸、糖类物质等相继被成功合成出来，从而证明人工合成有机物是完全可行的，“生命力论”就此宣告彻底破产。

凡事被人关注多了，幺蛾子就出来了。维勒成功合成尿素的实验研究，很快引起了德国另一位同行的侧目，他对实验结果的可靠性高度怀疑，毫不客气地去信质问维勒，两人就此结下了40多年的不解之缘。这个人就是后来被誉为“化肥工业奠基人”的李比希（Liebig，1803—1873）。

李比希出生在一个药剂师家庭，按现在的说法他小时候是个学渣，学习不咋的却对化学实验很感兴趣。读了波恩大学以后他桀骜不驯、争强好斗，因参加自由军团和学生反政府活动而被警方通缉，不得不去了巴黎的索邦大学。在那里，他接触到了盖·吕萨克等著名化学家，学业有了迅速长进。后来，他回到德国在吉森大学任教。差不多在维勒研究氰酸铵的同时，李比希也在研究“雷酸盐”的合成。他发现维勒对氰酸银组分的分析结果与他得自雷酸银的分析数据几乎高度一致，但氰酸银与雷酸银的性质却全然不同。这个维勒不是在瞎忽悠吧？他这样琢磨。

针对李比希的怀疑，维勒再次研究了氰酸银的组成，结果表明自己的研究结论是靠谱的。呵呵，你怀疑我忽悠，我还怀疑你瞎掰呢。就这样两人各持己见，互不妥协。要不说姜还是老的辣，1830 年贝采里乌斯发现了原因，他提出了化合物的“同分异构”学说，氰酸银与雷酸银的分子式相同，却是两种不同性质的化合物。同理，氰酸铵与尿素也是分子式一样，却是两种不同性质的化合物。迷雾终于被彻底拨开。

正是氰酸盐的研究，成了维勒与李比希相识相交的契机。一次偶然的机会两人见了面，双方大有相见恨晚的感觉，彼此都为对方追求真理的精神和严谨求实的治学态度所感动。从此，两个素不相识的年轻人开始密切合作，在近代化学领域披荆斩棘、奋力开拓，创造了化学史上绝代双雄的奇迹。在长达 40 多年的时间里，两人之间友谊的小船从来没翻过，成为世人的榜样。

相知无远近，万里尚为邻。刚开始合作时，李比希在吉森，维勒在柏林，两人相距遥远，主要靠频繁的学术通信开展合作。后来，在李比希的帮助下，维勒调到了距吉森较近的卡赛尔工学院工作。离得近了，李比希便邀请维勒和他一起研究苦杏仁油的成分，这种植物油的研究难度极大。但他们两人合作得非常默契，仅用一个多月的时间就完成了这项具有里程碑意义的研究。1832 年，两人合作的论文以《关于苯甲酰基（安息香酸基）的研究》为题发表。这项成果向世人昭示，苦杏仁油可以转变成一系列含有苯甲酰基的化合物，植物的化学过程也可以在实验室里完成。这一重大发现震撼了整个化学界，贝采里乌斯也为这一成果而欢呼，称赞这是“植物化学新纪元的开始”。

有了这次成功的合作，维勒和李比希两人后来一直配合默契，在化学领域纵横驰骋，收获颇丰。在此不妨列举一些两人合作的重要成果。关于安息香酸的研究，他们弄清了苯甲酰基的特性，为化学“基团论”学说提供了有力的实验依据。他们通过对氰尿酸的精心研究，搞清了这种化合物的组成和性质。他们共同研究了密石酸的组成和扁桃甙的发酵机理，还研究了尿酸及其不同反应物的组成和性质，制备出了尿酸的多种衍生物。在完成对苯醌、氢醌理化性质研究的基础上，他们发现了绿色氢醌，即醌氢醌。他们还研究了苯六甲酸、苦扁桃油、那可汀、配糖体、乳浊液等多种化合物的性质，都取得了令人赞佩的成果。维勒和李比希两人还一起编撰了对化学发展有着重大影响的《化学辞典》《李比希化学年鉴》等。

如果说维勒是个名不虚传的文弱书生的话，那么李比希则是个不折不扣的强悍武将。不同的家庭出身和成长经历，注定了维勒和李比希拥有不同的性格特点。维勒温良敦厚、谦虚谨慎，考虑问题细致周密，处事也比较冷静。李比希则风风火火，自信、刚强，有着充满幻想的思维方式和狂热的钻研精神，敢于标新立异，敢于大刀阔斧地剖析问题，不达目的誓不罢休。争强好胜的性格，常常让李比希陷入与他人争斗的泥潭中难以自拔。而大多数时候，维勒在一旁默不作声，静观事态发展，关键时刻才出手相助一把。就是这样两个性格迥异的人，在探索科学、追求真理的道路上却能珠联璧合，他们联手领衔为 19 世纪化学的发展开辟了一片片肥沃的绿洲，谱写了时代的光辉篇章。

此处还要对李比希多表几句才是，维勒头上有合成尿素的光环照耀，免得让人误以为李比希就是个沾光蹭热的货，好像离了维勒他没什么建树。其实不然，李比希自己在化学领域也干了很多重要的事。比如他对鸦片碱化学性质的研究，对噻啶，对硒、碲有机化合物的研究，对纯甲醇的制备，对乙烯、苯胺制法的改进研究等。在年届花甲时，他还完成了对可卡因、阿锐碱等植物碱的理化性质研究。尤其是他对碳化钙与水反应生成乙炔的研究，对化学工业的发展具有重要意义。在与维勒合作的同时，李比希还将研究视角转向了生物化学和农业化学。他用实验方法证明了植物生长需要碳酸、氨、氧化镁、硝酸以及钾、钠和铁的化合物等无机物，同时还证明了人和动物的排泄物只有转变为碳酸、氨和硝酸等才能被植物吸收。这些观点都是近代农业化学的基础。

要说李比希对农业技术的贡献，农业界至今也还津津乐道，化肥产业就是由他成功开辟的。李比希曾说过："学习化学的真正中心不在于讲课，而在于实际工作。"他最早提出了植物营养的无机养分说，即土壤中的矿物质是植物的唯一养分，并提出了最小养分定律。该理论对发展植物营养和指导农业施肥作出了巨大贡献，为农作物的产量提高奠定了化肥理论基础，并由此引发了化肥工业的产生。李比希还亲身投入化肥生产实践，他不仅用硫酸处理骨粉制成了易溶于水的过磷酸钙磷肥，而且还开发出了钾肥，并开创性地成立了世界上第一家化肥厂。由于李比希在化肥领域的杰出贡献，后人尊称他为"农业化学之父"。

除了开发农业技术外，李比希还把化学应用到生物学、生理学及工业等方面，也取得了很大成就。比如，他利用所发现的银镜反应，发明了新的镜面制造技术，并且成功地将其应用于工业生产，取代了对生产者有身体危害的镀汞技术，这可是有超前眼光的劳保技术哦。他不断尝试着将科学研究、应用开发与工业密切联系起来，为科研成果的商品化探索了有益的路子。咱们现在经常喊着产学研结合，促进科技成果的产业化，其实人家李比希在一个半世纪前就干这事了，他可以说是产学研结合的开山鼻祖。

还值得一提的是，李比希改革了德国大学的化学教育体制，建立了完善的化学实验教学系统，并按照新体系编制了教学大纲，培养了一大批优秀的化学家。19世纪许多一流的化学家，如俄国的齐宁，法国的日拉尔，英国的威廉姆逊，德国的霍夫曼、凯库勒、富兰克兰、武兹等等，都是李比希教出来的学生，他们为德国化学研究和化工产业的发展作出了不可估量的贡献。从以上这些意义来说，李比希的业绩已经远远超出了科学领域，具有促进人类进步的至功伟绩。

德国历史上盛产耀眼的"双子星"，不信你看。歌德和席勒两人的友谊曾经结出了累累硕果，他们的不朽著作在世界文坛上脍炙人口，成为德国文学界的骄傲。马克思和恩格斯更是珠联璧合，结成亲密战友，创立了伟大的马克思主义学说，成为无产阶级进行革命斗争的行动指南。

而在德国化学界，又出现了李比希和维勒这一对闪闪发光的"双子星"。正是他们两人卓有成效的合作，照亮了德国在19世纪的化学发展道路，他们的科学品质和献身精神所浇灌的友谊之花也成了人们千古传颂的佳话。正由于一大批像维勒和李比希这样的科学家不懈努力，德国才能够赶超英法成了世界科学的新霸主。

这正是：绝代双雄一齐发威，有机化学迅猛崛起。

欲知德国如何赶超英法当上科学新霸主，且听下回分解。

第三十一回

科技体制始登台　主角首推德意志

主角：德国。

场景：科学在三个领域中实现体制化，德国成为科学新霸主。

看点：科学的体制化过程及意义。

且说李比希这样的科学家搞起了教育改革还办起了化肥厂，倒是新鲜事。不过这些新鲜事只是德国科技由弱变强、后来居上的缩影，不久德国就一跃而成为世界头号科技强国，这才是让人大跌眼镜的事。要知道，当高卢鸡法国用响亮的声音宣告其科学霸主地位时，近邻的德国还是一片愁云惨雾、百废待兴的景象。那会儿，德国是一个四分五裂、农业人口占了四分之三的贫穷落后之邦。为何这么快会发生屌丝逆袭的事，本回就来表一表。

知耻而后勇的道理谁都明白。自1806年的普法战争失败后，德国便开始进行政治、经济和社会等一系列的改革，穷则思变嘛。改革总会有成效的，德意志关税同盟的成立，使德国第一次有了自己统一的市场，这为经济发展创造了良好条件。而统一的国内环境和不断提升的经济实力，又为德国提供了科技发展的广阔空间。尤其是伴随着铁路建设步伐的加快，德国的工业化、城市化进程也迅速推进，创新的大环境日益优化。在这种大背景下，19

世纪中叶以后的德意志涌现出了一批闻名遐迩的科学大师，例如生物学领域的施莱登、施旺、耐格里、魏斯曼等人，物理学领域的欧姆、楞次等人，以及化学领域的维勒、李比希、霍夫曼、凯库勒等等。这些科技精英为德国科学事业的发展及奠定新霸主的地位立下了汗马功劳。

然而，这些并不是问题的关键。那会儿，欧洲列强都在铆劲干着搞工业、修铁路、推进城市化的事，偏偏德国在科技方面一马当先跑到了最前面，何故？看来还另有原因。这原因就是，德国抓住机遇率先实现了科技的体制化。

体制化这个概念跟社会的组织架构及运作有关，学术定义非三言两语说得清道得明，且按下不去表它。用通俗的话来说，科技的体制化就是让科学研究不再是闲人的业余劳动，让科学家变为全社会一种正儿八经的职业，让更多中低阶层的人有机会靠科研养家糊口。简而言之就是让科学职业成为整个社会建制的一部分，搞科学研究的人，哪怕不是科学家而只是唱配角的实验员、技师，也跟政府官员、军人、教师、医生、企业员工等职业一样，是可以领到薪水的。明白了这个道道，那就看一看德国人当年是怎么干的。

科学的体制化最早是在大学推进的。1810年，时任德国教育厅长威廉·洪堡（Humboldt，1767—1835）创办了柏林大学，这是一所别出心裁、与众不同的大学。它的标新立异之处就在于，洪堡提出了“教学与科研并重”的办学思想，这在今天看来理当如此，办大学嘛。可是你要知道，欧洲此前的大学全是纯粹的“教学型大学”，大学教授并没有科研任务。而洪堡要求柏林大学必须承担两种任务，既要传播科学（教学），也要发展科学（科研）。有了这种指导思想，搞科研就成了大学老师的必要活动，大学教授的聘用要基于其学术研究水平，这慢慢成了一种制度。这下可不得了，原先科学家个人小打小闹的实验室、仪器设备，改由大学出钱来建设，那规模和档次一下就上了个大台阶，搞科研的人才也源源不断涌向大学。不仅如此，学生在这样的大学不仅要接受知识，而且要学会探索知识前沿，这实际上把科研训练也纳入到了大学教育中。日子一久，柏林大学的体制化科研就见了成效。马克思、爱因斯坦、普朗克、赫兹、玻恩、薛定谔、黑格尔这些如雷贯耳的牛人，全都是柏林大学的毕业生。有了诺贝尔奖以后，从这所大学里走出去的诺贝尔奖得主，至今已有40多人。后来，人们为了纪念创办者威廉·洪堡，便把柏林大学改名为柏林洪堡大学。如今，柏林洪堡大学依然是世界著名的百强大学之一，2015—2016年度的世界高校排名在第49位。

柏林大学牛起来以后，科学体制化的热潮很快就波及到了德国的其他大学。前回刚提到的李比希，在推进大学的科学体制化过程中也是功不可没的。他当时也意识到了传统教学型大学的落后与沉闷，于是在吉森大学对化学教育进行了成功的改革，并建起了一整套化学的教学实验室和科研实验室，在科学体制化初期留下了他浓墨重彩的一笔。现代著名科学史家丹皮尔在研究这段历史时说道："1826年，在吉森建立了一个实验室，从那时到1914年，学术研究的有系统的组织工作，在德国异常发达，远非他国所及。"的确，大学里一大批新型实验室的出现，让德国这个后起之秀在科学上有了弯道超车的资本。

但这事可没说完。事实上，德国实现科学的体制化是在三个社会系统中推进的，大学只是其中的一个重要组成部分，此外还有另两个社会系统。那就接着往下说，再来看看科学在工艺学校的体制化过程。

德国历来很重视工艺人才的培养，即使在当今世界，德国也是世界上职业技术教育最发达、最完善的国家。外话不多说，言归正传。随着19世纪德国工业化步子的加快，师傅带徒弟的传统学徒培训方式越来越落伍了，于是一大批工艺学校纷纷建立起来并被纳入了国民教育体系，形成了所谓“双元制”教育格局。工艺学校主要是为工业生产服务的，说白了就是培养技工，也就是高级打工仔，因而起初跟科学几乎不搭界。然而这些学校办着办着就发现，技工们也是会升级的，他们所需的知识日益超越了手工技艺所依赖的传统经验技巧，这标志着工程师职业兴起了。这样一来，技术问题就跟科学原理越走越近了，以往的技艺传授要加进高标准的理论课程才行，于是技术实验室开始建立起来。在工业生产的刺激下，工艺学校不仅要开展科学和技术两方面的培训，而且促进了技术科学的出现。毋庸置疑，科学在大批工艺学校中慢慢也实现了体制化。

德国科学体制化的第三个社会系统，就是企业系统。如果说科学在大学的体制化为科学繁荣提供了智力基础，在工艺学校中的体制化促进了科学与技术融合的话，那么，科学在企业内部的体制化则为科学提供了发展的动力。19世纪的德国要想在科学领域赶超英法等强国，除了拥有科学的智力资源之外，还必须有促使科学飞速发展的动力机制。当然了，社会对科学的需要是推动科学发展的天然动力。但问题是采取怎样的方式才能有效地促进社会需要与科学发展之间的良性互动。此时的科学理论已经冲在前面，科学被认为有实际用途也已不是什么稀奇事，但要使人们有意识地推动科学的发展，还必须使得科学能有效地转化为技术并推动企业的发展。因此，创造某种新的制度，促使科学与生产的有效结合就成为推动科学发展的关键所在。当时的德国政府对此已有所认识，尤其是工业界深刻悟出了这一点，并在实践中创造了一系列开发和利用科学的新制度。

这样叙述起来既绕口又晦涩，不想烧脑就别去细细琢磨了，来看一个工业实例吧。

合成染料工业在德国是后起的产业，主要靠模仿英法两国起家。但德国人走的路不是完全模仿而是有所创新，他们的合成染料企业大都是化学专业的大学毕业生自己创建起来的，这与英法主要靠“土豪”办厂完全不同。这些化学系出来的毕业生懂得产品研发的重要性，因而很多公司在创建之初就四处招揽化学人才，并跟大学的化学专家积极合作，企业跟大学的这种密切合作源源不断地带来新的产品、新的工艺。李比希当年有一个得意门生，号称德国染料工业的开拓者，他名叫威廉·霍夫曼（Wilhelm Hofmann，1818—1892）。这个霍夫曼不仅是个化学家也是个社会活动家，苯胺、异腈、甲醛等化学产品是他一手发明的，许多化工企业也是由他亲自或经他指导而创建的，他在化学界和工业界两边“通吃”。霍夫曼在化工领域的涉猎范围非常广泛，毕业离开李比希之后他去了英国，最初他研究煤焦油化学，解决了英国工业革命中面临的煤焦油副产品处理问题。他的弟子珀金在他指导下于1856年合成了第一个人造染料苯胺紫，并实现了产业化。他本人则最早由苯胺合成了品红，并从品红开始又合成了一系列紫色染料。回到德国后，霍夫曼开创了以煤焦油为原料的德国染料工业，并开始在企业建立工业实验室以满足生产技术的需要，这对合成染料工业的腾飞具有非凡的意义。

霍夫曼的实践在当时的德国很有代表性，事实上工业实验室的出现并非偶然。从技术上看，合成染料起源于大学的实验室，是最早以科学研究为基础的工业门类。但在产业化发展中，科学研究对技术进步起着越来越大的支撑作用，企业自身也不得不建立相应的研发机构，以增强技术创新的能力。从市场需求看，新产品、新工艺以及技术更新换代的压力从一开始就存在，企业为了不断开辟新的市场，必须改进生产效率和产品质量，必须找到新的染料替代已没有利润的旧染料，这就需要进行持续研发。而化学家的发明创造对于企业家来说，就是新财富的源泉，霍夫曼的创举无疑满足了企业内部对于科技的要求，因此从某种意义上来说，霍夫曼是科学在企业中实现体制化的一个重要推手。

榜样的力量是无穷的，工业实验室这一模式在合成染料工业中取得的巨大成功，引来了德国不少其他支柱产业积极仿效，例如钢铁、电气等工业部门也纷纷建立了自己的实验室，拥有了企业自己的研发人员。这种模式不仅促进了科学与生产的良性互动，有效地解决了长期以来存在的科技与经济“两张皮”的问题，而且还培养出了集“科学家、工程师、商人”于一身的科技英才，西门子、克虏伯、拜尔等人就是这样“通吃”的新型人才。这种焕然一新的变化正是科学、技术、生产浑然一体的产物，也是科学技术日益体制化的表现。正如“科学中心转移学说”创始人汤浅光朝所说：“这种西门子式的风格正是使近代德国科学技术获得迅速发展的根本原因。”

德国 19 世纪在三个社会系统中的实践，标志着科学体制化开始登上历史舞台。科学由此在社会中找到了应有的存在方式，从而彻底摆脱了传统自然哲学的束缚，走上了自由而独立的发展道路。科学家有了自己特定的社会角色，能更加全身心地投入科技创新活动之中，随之形成的科学共同体也有了稳固的组织基础。科学技术的生产力功能也由此得以充分彰显，成为推动历史大踏步前进的革命力量。

总而言之，19 世纪科学体制化的过程，使德国一举赶超英国和法国，当上了全世界新的科学霸主。它果真成了龙头老大吗？如今时兴让数据说话，那就来看一组数据吧。据史料统计，从 1851 年到 1900 年的 50 年间，理论科学和技术科学上的重大成果数目，英国有 106 项，法国有 75 项，美国有 33 项，而德国占到了 209 项，几乎是前三者相加之和，领先地位非常明显。而德国的这种领先优势，一直持续到了 20 世纪上半叶。更值得关注的是，紧接着还涌现出了一大批德国籍的诺贝尔奖得主。

这正是：体制化科学显神威，后来者居上成霸主。

欲知诺贝尔为何设大奖，且听下回分解。

第三十二回

诺贝尔慷慨设大奖　科学界动力再激发

主角： 阿尔弗雷德·诺贝尔。

场景： 体制化科学继续推进，设立诺贝尔奖的过程。

看点： 科学奖励制度的出现及意义。

话说科学体制登上了历史舞台，科学家日益成了社会上一种香饽饽职业，搞点科学研究不仅能解决温饱问题而且能过上小康日子，妙不可言。然而，与社会的其他职业相比较而言，科学家有其很特殊的一面，搞科学研究的动力不仅仅是为了获得一份劳动报酬，甚至可以说主要不是为了挣点工资养家糊口。别谈钱，谁谈钱跟谁急，那么科学劳动图个什么？这正是问题的关键。其实，对科学家们来说，除了有相应的经济收入之外，更多的科研动力来自于个人爱好、个人智力、同行承认、社会认可、获得荣誉等等。简而言之一句话，“名”大于“利”。你可别不信，这样的事至今在普通科研人员身上还很普遍，许多人自掏腰包付版面费、审稿费就为了发表一篇辛辛苦苦弄出来的研究论文，这跟学术不端是两码事也不是中国独有，而是国际上多数学术刊物的共同遵循。再看看那些个知名的科学家，很多人得了丰厚的科学奖金随手就捐了出去或用于继续搞研究，这就是一种科学精神。当然，这种科学精神既是科学职业内在的气质，也与社会的激励制度密切关联。本回就从诺贝尔奖的角度对此说道说道。

诺贝尔奖是家喻户晓、妇孺皆知的一项科学大奖，也是当今世界影响力最广、荣誉最高的科学奖励制度。是制度吗？没错。诺贝尔奖是在国际范围内设立的大奖，有着严格的评选程序和章程，具有高度的科学权威性，是科学系统内部和外部建立起来的一整套评价体系，实质上这就是科学体制的一种制度。诺贝尔奖在 1901 年设立，标志着现代科学奖励制度的问世，它本身也是科学体制化的一项重要内容。况且，在诺贝尔奖的引领下，100 多年来全世界的科学奖励制度已经形成了一个庞大的体系。正如科学社会学家默顿所说，“像其他体制一样，科学体制也发展了一种给那些实现了其规范要求的人颁发奖励的经过精心设计的制度”。

你看看当今世界，国际组织、各国政府、各行各业、民间团体和个人设立的各种科学奖应有尽有，就连科幻小说都设了“雨果奖”“星云奖”之类的诸多奖项，甚至还有研究内容稀奇古怪的“搞笑诺贝尔奖”之类的，数都数不过来呀。如今这些五花八门的科学奖，其实都是源于诺贝尔奖创立的科学奖励制度，所以说诺贝尔奖本身就劳苦功高，应该得个更大的“诺贝尔奖创设奖”。

闲话已叙，言归正传。接着来说一说诺贝尔奖的创始人、瑞典著名的“炸药大王”阿尔弗雷德·诺贝尔（Alfred Nobel，1833—1896）。这个阿尔弗雷德是个杰出的发明家、企业家，他一生共获得技术专利 355 项，其中以用硝化甘油制作炸药的发明最为闻名。在从事技术发明的同时，他还在欧美等 20 个国家开设了近 100 家公司和工厂，积累了巨额财富。说来阿尔弗雷德的成功之路，也是历经坎坷的。早年他在父亲的工厂里打工，发明过气体测量仪、流体计测器、气压计等玩意，后来又跟着父亲一起搞炸药研究。那时正值克里米亚战争时期，他家的“诺贝尔父子铸造厂”要为俄国军队提供弹药，他父亲便尝试着研制一种比黑火药威力更大的炸药。可是屡试屡败，直到俄国灰溜溜打完了仗也没搞出名堂来。于是父析子荷，阿尔弗雷德接了手继续干。

硝化甘油也叫硝酸甘油，本是医治心脏病的一种药物，当时已经用在了临床上。其实这种化合物不仅能治病，也是一种威力极强的爆炸物，但用作炸药最大的一个问题是很难将其引爆。阿尔弗雷德经过多次试验，终于发明了一个小小的起爆装置，这个小玩意现在叫“雷管”。紧接着，他用雷管引爆硝化甘油液体一举取得了成功，硝化甘油炸药就这样问世了。消息很快传开，来自瑞典、法国、英国和比利时的订货单像雪片般飞来。恰在这时，他那在外地读书的弟弟埃米尔放假回来了，弟弟见哥哥忙得不可开交，便来工厂助他一臂之力。谁知，这时候惨剧发生了。那天阿尔弗雷德刚好出门在外签订合同，工厂发生了一场可怕的大爆炸，弟弟埃米尔和另外四个人当场丧生。得悉消息，阿尔弗雷德一家人悲痛万分。

然而祸不单行。由于这次事故，瑞典政府宣布禁止制造硝化甘油炸药，并关闭了诺贝尔工厂。阿尔弗雷德没有向命运低头，那会儿欧洲的许多铁路工程和矿山开发都急需高效炸药，面对纷至沓来的订货需求，他决定东山再起。不久，诺贝尔工厂在德国的克伦麦尔河岸重新建成。尽管如此，由于硝化甘油炸药是液体，在贮藏、运输和使用过程中还是时不时会有爆炸事故发生，禁止使用和制造硝化甘油的呼声日益高涨，这使诺贝尔工厂又一次受到沉重打击。为从根本上扭转局面，阿尔弗雷德决心研制更安全的硝化甘油炸药。经过多次试验，他发现了一种名叫“硅藻土”的物质，他把硝化甘油与硅藻土混合起来，终于制成了安全的硝化甘油炸药，这便是达纳炸药。1866年10月，在德国的克伦麦尔对这种新炸药进行了公开试验，结果大获成功。达纳炸药的名字很快就不胫而走，从而彻底消除了人们对硝化甘油炸药的恐惧，阿尔弗雷德也因此名声大噪。世界各国向诺贝尔工厂发来的订单急剧增加，德国、英国、美国、法国、西班牙和意大利都提出要大量订货。更让人感到意外的是，瑞典也发来了大额订货单，阿尔弗雷德激动不已，他为能再次替祖国出力而高兴。

就在阿尔弗雷德的事业如日中天的时候，却突然传来了他二哥路德维希·诺贝尔病逝的消息。当时法国的一家报纸误以为是阿尔弗雷德离世，他们立马刊登了一则语气揶揄的讣告，说是著名的“死亡商人”阿尔弗雷德·诺贝尔离世。一看到这篇报道，阿尔弗雷德简直惊呆了。作为一个专心发明、生产炸药的科技企业家，他一直自认为是个造福人类的和平主义者，却万万没有想到在世人眼中，他竟是个唯利是图的“死亡商人”，是不惜助纣为虐推动战争的恶魔。这让阿尔弗雷德一直很纠结，他为此感到十分痛苦。

此后，阿尔弗雷德的身体每况愈下。在生命的最后几年，他曾先后立下过三份内容非常相似的遗嘱。第三份遗嘱立于 1895 年，最后存放在了斯德哥尔摩一家银行，一年后他病逝于意大利的圣雷莫。就是这份伟大的遗嘱，成就了举世闻名的诺贝尔奖。按照这份遗嘱，诺贝尔奖包括金质奖章、证书和奖金支票。在遗嘱中他提出，将部分遗产（920 万美元）作为基金，以其利息分设物理奖、化学奖、生理学或医学奖、文学奖以及和平奖五个奖项（1968 年后添加了经济学奖），授予世界各国在这些领域对人类作出重大贡献的人物。

关于一代伟人阿尔弗雷德·诺贝尔的生平业绩，有很多传记、著述可找来细细研读，此处寥寥数语不再赘述，还是回到诺贝尔奖本身来。

诺贝尔之所以慷慨出资设立科学大奖，除了他大爱无私的品格之外，还受到了时代因素的影响。诺贝尔奖是以奖励“科学”为宗旨的，而不奖励技术应用，你就是发明了航天飞机、阿尔法狗这种震惊世界的高技术产品也休想拿到他的奖，这是有原因的。诺贝尔一生读书并不多，大概相当于如今的初中文化水平，所以他并没有很深厚的科学理论功底。晚年他深刻认识到了科学理论知识的重要性，当年他在发明和改进炸药的过程中，由于缺乏科学理论的指导，花费了很多精力并付出了弟弟被炸死的沉重代价，因而诺贝尔设奖的目的就是要鼓励科学发现，发展科学、普及科学。100多年来的事实已经证明，诺贝尔设立的这个奖项符合历史潮流，是有长久生命力的。

至于为何要设一个和平奖，那跟他的痛苦纠结有关。特别是看到炸药用于战争而自己被人称为“死亡商人”之后，他要向世人表明心迹，和平也是人类一项伟大的事业，为世界和平作出了重大贡献的人同样应该得到褒奖。但这个奖项在评选过程中往往掺杂了复杂的国际政治因素，因而长期存在争议、遭人诟病，这不是诺贝尔设奖的初衷。当然这也不是科学奖励制度的题中之意，因涉及诺贝尔奖的系列奖项，在此只好啰嗦几句，这是外话。

1898年5月，瑞典国王以国家和人民的名义宣布诺贝尔遗嘱生效，并于两年后成立了“诺贝尔基金会”，正式启动诺贝尔奖的运作。为了深切缅怀诺贝尔这位历史人物，“诺贝尔奖”的颁奖日期被确定为每年的12月10日，即诺贝尔逝世的纪念日。1901年12月10日下午4点30分，在斯德哥尔摩音乐厅举行了诺贝尔奖的第一次授奖。6位在各自领域作出杰出贡献的人物在这次辉煌的典礼上接受了诺贝尔奖章、证书和奖金。德国物理学家伦琴获物理学奖，荷兰化学家范托夫获化学奖，德国微生物学家贝林获生理学或医学奖，法国诗人普律多姆获文学奖，瑞士社会活动家杜南和法国经济学家帕西共同分享了和平奖。整个颁奖仪式隆重而简朴，出席的男士必须穿燕尾服或民族服装，女士要穿庄重的晚礼服，以示对科学的尊重。仪式中所用的白花和黄花要从意大利小镇圣雷莫（诺贝尔逝世的地方）专门运来，以示对诺贝尔的敬仰。这些传统一直沿袭至今。

诺贝尔奖之所以成为国际公认的最具权威性的科学大奖，与其独一无二的规范性的评审机制分不开。根据诺贝尔的遗嘱，获奖人不受任何国籍、民族、意识形态和宗教信仰的影响，评选的唯一标准是科学成就的大小。瑞典政府无权干涉评选活动，任何科学家个人也不得毛遂自荐，各奖项的筛选、审定过程严格保密并设置了 50 年的保密期。这些原则充分体现了科学体制的内在要求，由同行评议去保证科学家创新成果的价值，从而维护了科学本身固有的权威。当然，有些做法至今让人丈二和尚摸不着头脑，比如说诺贝尔奖在 1931 年和 1961 年曾授予了已去世的人，到了 1974 年诺贝尔基金会又决定不授予已去世的人，有人说这是遵从诺贝尔的遗愿。但 2015 年 3 月，在瑞典的诺贝尔博物馆首次公开展出的诺贝尔遗稿中，并没有发现诺贝尔有这种意思。他只是留下过这么一句话："我更关心生者的肚皮，而不是以纪念碑的形式对死者的缅怀。"

任何一种科学奖励制度都不可能尽善尽美，诺贝尔奖也不例外。比如说，作为世界上影响力最大的科学奖，诺贝尔奖没有设立数学、天文、地学等奖项，而这些领域同样有许多重大科学成果促进了人类的进步，从事研究工作的科学家没能得到这一大奖的激励，不能不说一直是遗憾的事。再比如说，诺贝尔奖每年经过长时间审慎严密的评审，也还是出现过一些阴差阳错。1923 年的生理学或医学奖授予了班廷和麦克劳德两人，但后者并没有参加过实验胰岛素的研究工作。1938 年的物理学奖授予了美籍意大利教授费米，虽然费米在物理学界声望高、建树多，但其获奖项目是利用中子轰击铀原子核产生放射性元素，后来的实验证明产生不了新的放射性。2003年的化学奖授予了美国的阿格雷声，但那货后来声称从未研究过获奖项目细胞膜通道方面的课题。更奇葩的是，人人都知道爱因斯坦是诺贝尔奖获得者，人人都知道他先后创立了狭义相对论和广义相对论，这可是史上数一数二的科学硕果，但偏偏这两个相对论都没获得诺贝尔奖，他唯一的一次获奖项目是光电效应的发现。

美中不足但瑕不掩瑜，不管怎么说诺贝尔奖对科学奖励制度的建立，对激励科学家勇于探索未知世界，对推动20世纪以来的科学发展起到了无与伦比的巨大作用。正因为如此，诺贝尔奖本身也慢慢成了科学研究的对象，如今全世界每年都有成千上万篇从各个角度研究诺贝尔奖的学术论文问世，还有大批研究生以诺贝尔奖为课题而获得博士和硕士学位。说不定你哪天碰到某位专家问他做什么研究，他便会自豪地回答说是专门研究诺贝尔奖的，像这样把诺贝尔奖“当饭吃”的大有人在。说到底还是要感谢阿尔弗雷德·诺贝尔，他给世人留下的物质和精神财富，吸引着无数精英投身于壮丽的科学事业，诺贝尔奖得主就像璀璨的群星，在科学的天空熠熠生辉。然而，在高视阔步的同时别忘了会有突如其来的绊脚石。当初就在阿尔弗雷德酝酿遗嘱设立诺贝尔奖的时候，科学的天空中却突然出现了“两朵乌云”，具体来说是物理学遇到了麻烦。

这正是：一代英贤无私设奖，拳拳之心激励科学。

欲知物理学上空为何冒出了两朵乌云，且听下回分解。

第三十三回
物理学上空突现乌云　伦琴和居里夫人现身

主角：伦琴，居里夫人，汤姆逊，贝克勒尔。

场景：X 射线、放射性元素先后被发现。

看点：物理学陷入一场危机，经典理论面临挑战。

且说诺贝尔设了个大奖，全世界科学家们的干劲就更足了，高水平的科学成果理应越来越多。然而刚开始的情况却有点糟糕，这跟整个 19 世纪科学的快速发展有关，人们头脑一热便出了麻烦。在短短 100 年左右的时间内，经典物理学在各条战线上所取得的辉煌成就使科学家们产生了一种错觉，认为物理学的主要框架已经搭建完成，理论体系也已接近完善，物理学中的基本问题都已得到解决，剩下的一点点工作就是把物理常数测得更准确些，把基本原理应用得具体些，这全都是小菜一碟嘛。1899 年 12 月 31 日，英国著名物理学家威廉·汤姆生（William Thomson，1824—1907，开尔文温标的创立者）在新年祝词中就说到，物理大厦已经落成，剩下的事只是一些修饰工作。那时不少科学家都是这么看的，大家普遍认为，在牛顿力学基础上形成的经典理论体系是万能的，是物质世界最终的真理，再想搞出什么大名堂是不可能的。但是，正当经典物理学被认为达到了顶峰，人们陶醉于“尽善尽美”的境界时，却出乎意料地发生了危机。本回就来说说这场危机是怎么来的，最终又是如何化解的。

这场危机从两个方面突然袭来，一个是以太飘移实验，另一个是黑体辐射实验。它们就像是斜刺里冲出来的两个蒙面侠，打得物理学家们晕头转向，一时摸不着东南西北。

先说第一个蒙面侠，也就是以太飘移实验。谁都知道声音的传播要有空气做媒介，那么物理学家们自然就想到了，光波在真空中传播也一定有媒介，这种媒介就是以太，宇宙太空中应该到处充满着这种以太，不然太阳光和星光如何能传到地球上来？虽然这种以太看不见摸不着，却应该能测得到。想来也不难测，地球时时刻刻穿行在以太中绕着太阳公转，就相当于一艘船在太空中高速行驶，迎面会吹来强烈的“以太风”。于是，美国著名物理学家迈克尔逊（Michelson，1852—1931）及其同事莫雷（Morley，1838—1923）设计了一种精巧的实验，想测一测“以太风”，感知一下以太的飘移。1887年迈克尔逊和莫雷一道，在克利夫兰进行了一次以太飘移实验。实验的结果表明，地球跟设想的以太之间没有相对运动，也就是说找不到以太。迈克尔逊-莫雷实验在理论上简单易行，方法上精确可靠，实验结果却让人大跌眼镜。接下来，人们又在不同地点、不同时间多次重复了迈克尔逊-莫雷实验，并且用各种手段对实验结果进行验证，得出的结论可以说板上钉钉，那就是，根本不存在所谓的以太。

这下子麻烦真的来了，科学界顿时陷入了骑虎难下、进退维谷的境地。如果否定以太的存在，那么过去跟以太相关的物理学理论，包括对电磁学及光学许多现象的解释都将颠覆，这也就意味着整个经典物理世界可能会轰然崩塌。反过来呢，如果继续相信以太的存在，那就必须放弃比以太学更古老的哥白尼地动说，道理很简单，地球不动才会测不到以太。在这个左右为难的困境面前，科学界真可谓一筹莫展。

然而一波未平一波又起。继以太飘移实验之后，第二个蒙面侠，也就是黑体辐射实验紧跟着就找麻烦来了。所谓黑体是指能够全部吸收外来的辐射而无任何反射和透射，也就是吸收率为100%的理想物体。按照这种理想物体的概念，黑体的辐射亮度在各个方向都应该相同，是连续分布的。然而，德国物理学家卢梅尔（Lummer，1860—1925）等人进行的黑体辐射实验却发现，黑体辐射的能量不是连续的，其波长的分布与黑体的温度有关。从经典物理学的角度看来，这个实验结果有违科学原理，是不可思议的。为了解释黑体辐射实验的结果，当时很多人从经典物理学出发去找原因，最后都以失败而告终。特别是英国物理学家瑞利和金斯两人，他们认为能量是一种连续变化的物理量，应该能找到相应的表达公式。在严格运算的基础上，他们建立了一个黑体辐射的公式，这个公式在波长比较长、温度比较高的情况下与实验事实基本吻合。但是人们只高兴了一阵就很快发现，从瑞利－金斯公式可以推导出，在短波紫外光区，随着波长的变短辐射强度却可以无限增加，这跟实验事实相差十万八千里。所以这个失败的解释立刻名噪一时，在科学界被称为紫外灾难。这个紫外灾难无疑表明，经典物理学理论对黑体辐射实验的解释无能为力，很可能是整个经典物理学的灾难。

突如其来的两大实验困惑，正是当时科学界所形容的“两朵乌云”。以太飘移实验也好，黑体辐射实验也好，都是著名的“失败实验”，但它们传播的却是正能量。失败是成功之母，以太没找到，黑体辐射也不是那么回事，“两朵乌云”表明物理学理论远没有达到尽善尽美的程度。事实上，除了这两个著名的“失败实验”之外，还另有两个成功的实验研究，同样预示着物理学一场革命的暴风雨即将来临。

事情还要从阴极射线说起。早在 1858 年的时候，德国人普吕克用低压放电管研究气体放电现象时就发现了阴极射线，由于从阴极发出来的这种射线能在磁场作用下发生偏转、聚焦等作用，于是 19 世纪末期在物理学领域掀起了研究阴极射线的一股热潮。后来，英国物理学家约翰·汤姆逊（John Thomson，1856—1940）根据阴极射线在磁场中的轨迹证明这是一种带负电荷的粒子流，实际上就是电子在流动。几乎与此同时，另一位来自德国的物理学家也在研究阴极射线，但他没按传统的套路循规蹈矩，而是有了意外的重要发现。这个人就是 X 线的发现者威兼·康拉德·伦琴（Wilhelm Konard Rontgen，1845—1923）。

伦琴年轻时候生活挺颠沛流离的，他出生在德国，长在荷兰，读书在瑞士，后来又辗转在德国几所大学任教。发现 X 线时，他已是维尔茨堡大学的校长兼物理研究所的所长。在研究阴极射线过程中伦琴察觉到，电子流碰在真空管壁上能发生蓝白色的荧光，玻璃管外的铝片上也有荧光。起初他以为是管内的电子流“漏”了出来，于是每次做实验之前他都会用一张厚厚的黑纸把真空玻璃管包好，以排除玻璃管外的干扰。

1895 年 11 月 8 日这一天，伦琴像往常一样为实验做着准备。他仔细检查了玻璃管的黑纸封套，然后切断电源，看看是否有光漏出。就在切断电源后，他突然看见一米外的工作台上有淡绿色的闪光，那闪光是从一个荧光屏上发出的。他又把荧光屏一步步移远，一直移到两三米外，却发现仍然会产生荧光。伦琴感到非常纳闷，阴极射线最多只能在空中前进几厘米，不可能使远处的荧光屏闪烁，现在居然能穿透玻璃管还前进几米，这是很不可思议的。

为了弄清这一点，伦琴接下来一连几十天都吃住在实验室里，甚至把大学的校务工作也放下了，科学的魅力比当校长大。他想搞明白这种射线还能穿透什么物质，于是将手边能拿到的各种材料都用来做遮挡实验，木头、玻璃以及各种金属都试了，结果发现除了铅和铂以外，其他材料几乎都挡不住这种射线。他又把照相底片放在真空管与纸板之间，尽管实验室里漆黑一片，照相底片却感光了。这下伦琴更来兴趣了，他用手拿了一个小铅板放到适合的位置上，想观察铅板对射线的截断作用。一通电他立刻惊呆了，他看见荧光屏上不但出现了小铅板的影子，还出现了他的手指轮廓和手骨骼的阴影。缓过神来后，伦琴凭着一个物理学家的眼光确信，这一定是不同于阴极射线的一种新射线。激动不已的伦琴赶紧给它起了个名字叫“X 射线”。后来，人们为了纪念这位慧眼识珠的科学家，又把这种射线叫作“伦琴射线”。

转眼圣诞节到了。多日不见，伦琴的夫人别鲁塔来到他的实验室探望。伦琴一见大喜过望，还没讲上两句温存的话，就让夫人把手伸到这种射线和荧光屏之间。荧光屏上立刻出现了别鲁塔手掌骨骼的影子，把她吓得瞠目结舌以为遇到鬼了，伦琴却哈哈大笑。别鲁塔明白过来后惊叹不已，她指着荧屏问，那个圆环是什么？伦琴说亲爱的，那是我送给你的结婚戒指呀。

X 射线的发现不仅震撼了物理学界，而且在社会各界尤其是医学界引起了轰动。仅仅 3 个月之后，维也纳医院就首次用 X 射线来拍摄骨骼照片，紧接着伦敦一家医院也把 X 射线用于临床，在一位妇女手掌软组织中取出了一根缝衣针。从那以后，X 射线诊断开了医学影像技术的先河，使医生可以在人体外观察到人体内脏器官的病灶，迅速、彻底地解除病人的痛楚，给普天下无数人带来了福音。

X 射线的发现还直接影响到了另外一项成功的实验研究，那就是放射性的发现。

1896 年初，伦琴发现 X 射线的消息传到了巴黎。也在研究阴极射线的法国物理学家贝克勒尔（Becquerel，1852—1908），一听到这消息大受启发。他很快想到，X线是从真空管阴极对面发荧光的地方产生的，或许跟荧光属于同一机理。于是贝克勒尔马上动手，试验荧光物质会不会辐射出一种看不见却能穿透厚纸使底片感光的射线。他试来试去，终于找到了一种物质具有预想的效果。这种物质的学名叫作硫酸钾铀酰，是一种铀盐。这一发现让贝克勒尔兴奋不已，他又一鼓作气反复进行实验，继而发现无论是哪一种铀盐，都能自发地产生出一种射线。显然，这种射线只与铀元素有关，而与荧光无关。这就是人们发现的第一种放射性物质——铀。

虽然贝克勒尔发现了铀元素的放射性，但他只是证实了这种放射线的存在，其真面目还有待进一步揭开。贝克勒尔的研究报告一发表，很快就引起了法国一位波兰裔女物理学家的高度关注，她就是玛丽亚·居里（Marie Curie，1867—1934），也就是后来赫赫有名的居里夫人。

玛丽亚之所以成为居里夫人，是因为她在巴黎求学期间结识了法国物理学家皮埃尔·居里（Pierre Curie，1859—1906），他后来成了她的丈夫。1897年居里夫人决心揭开物质的放射性之谜，皮埃尔毅然决定暂时中断自己从事的晶体研究工作，全力支持妻子挑战未知，就这样两人珠联璧合地奏响了一曲妇唱夫随的科学探索乐章。然而，搞新探索却没有一间像样的实验室，皮埃尔东奔西跑好不容易才借到了一间又冷又湿的小实验室。虽然工作条件异常艰苦，但居里夫妇没有退却。工作开展起来后，居里夫人很快从盐和氧化物的研究中发现，一些矿物的放射性强度比单纯含铀的物质要大得多，经过多次测定，她确信这些矿物中含有放射性比铀更强的未知元素。皮埃尔鼓励妻子说，一定要把这种物质找出来。随后两人废寝忘食夜以继日地工作，终于在1898年7

月找到了一种新元素。皮埃尔请妻子给这一新元素命名，她安静地想了一会说，那就叫它“钋（pō）”。她是以此表达对自己祖国的怀念，那个当时已被俄、德、奥瓜分掉了的国家——波兰。居里夫人作为一名科学家的爱国之举，如今已成为经典流传的故事。

发现钋元素之后，居里夫妇以锲而不舍的精神一鼓作气，又在同年 12 月发现了另一种放射性更强的元素，他们把它命名为“镭”。镭的拉丁语本意就是“放射”，他们要提醒世人放射性元素是自然界的客观存在。不料，这一说法遭到了科学界的激烈反对，不少人认为可能是实验出了差错，失败的实验有的是嘛。甚至有人挑衅说，如果真有那种元素，请提取出来看看，眼不见不为实。

然而这事谈何容易，必须从大量的沥青铀矿中才有可能分离出纯镭来。在当时要得到足够的沥青铀矿是件很难的事，这种矿本来就很稀少，价格又很昂贵，居里夫妇根本买不起。后来经过多方努力，他们才勉强得到了奥地利政府赠送的一吨沥青矿的残渣，开始了提取纯镭的实验。在一间简陋的窝棚里，夫妻两人把那堆沥青矿残渣一锅锅地煮沸，同时要用棍子在锅里不停地搅拌，还要搬动很大的蒸馏瓶把滚烫的溶液倒进倒出。别说是分析测试了，就是这些繁重的体力活再加上毒烟的熏烤，都让人累得头昏脑涨。但居里夫妇挺住了，他们经过近 4 年锲而不舍的顽强努力，成功地提取出了 0. 12 克纯净的氯化镭。就这么一丁点粉末，却足以让人眼见为实了。由于在放射性研究方面的卓越贡献，居里夫妇和贝克勒尔共同分享了 1903 年的诺贝尔物理学奖，居里夫人也因此成为历史上第一个获得诺贝尔奖的女性。

然而天有不测风云，人有旦夕祸福。就在居里夫妇的科学事业如日中天的时候，皮埃尔却在一场意外的车祸中不幸丧生。居里夫人虽然悲痛万分，她献身科学的意志却没有动摇，她决心把与丈夫共同开拓的科学事业进行下去。又经过多年孤军奋战，居里夫人在1910年成功地分离出了金属镭，并分析出镭元素的各种理化性质，精确地测定了它的原子量。同年，居里夫人出版了她的名著《论放射性》，提出了镭的国际标准。她也因此再获得1911年度诺贝尔化学奖，成为历史上第一个获得两项诺贝尔奖的科学家。这荣誉可谓至高无上了，但她却看得很淡。有一天一位朋友来她家做客，忽然看见她的小女儿正在玩一枚金质奖章，立刻惊讶道："居里夫人，这可是您崇高的荣誉标志，怎么能给孩子当玩具呢?"居里夫人笑笑说："我是想让孩子从小就知道，荣誉就像玩具，绝不能看得太重，否则就将一事无成。"这话说得多好啊，她确实是一名品格过人的伟大女性。

居里夫人去世后，爱因斯坦曾在纽约作过一次《悼念玛丽亚·居里》的演讲。他感慨地说，她一生中的伟大科学功绩之所以能取得，不仅是靠着大胆的直觉，而且也靠着难以想象的极端困难情况下工作的热忱和顽强，这样的困难，在实验科学的历史上极为罕见。

没错，正因为有居里夫人这样一批科学家顽强拼搏，才有了科学在世纪之交的新一轮转折。事实上，随着X射线、放射性以及电子的发现，经典物理学的主导地位已岌岌可危，取而代之的现代物理学即将诞生。困境就是突破的前夜，此时的物理学上空已不只是"两朵乌云"，而是乌云密布，危机四伏。一场空前的物理学大革命紧接着就爆发了，各路科学精英揭竿而起，向旧权威发起了猛烈挑战。爱因斯坦更是勇敢亮剑，直捣那乌云而去。

这正是：旧经典摇摇欲坠，新理论呼之欲出。

欲知爱因斯坦如何向旧权威亮剑，且听下回分解。

第三十四回

爱因斯坦大智大勇　相对论亮剑旧权威

主角：爱因斯坦。

场景：“世纪伟人”的主要业绩，相对论的诞生与发展。

看点：现代物理学的大门被撞开。

话说随着以太飘移实验的失败，物理学上空就出现了第一朵乌云。为了冲散这朵乌云，各路科学高手纷纷使出了看家本领，试图解释迈克尔逊－莫雷实验。最早的尝试来自爱尔兰物理学家菲茨杰拉德（Fitzgerald，1851—1901），他在1895年率先提出了物体随运动速度增加而长度缩短的假说。在他看来，一切物体在其运动方向上的长度都会缩短，当运动速度达到极大时物体的长度就会趋近于零，速度超过极限的负长度当然是没有意义的。正是由于光速极快，所以很难探测出以太飘移的迹象。虽然没能解释清楚迈克尔逊－莫雷实验，但菲茨杰拉德这种收缩假说首次表明，光在真空中的速度可能是任何物体所能达到的最高速度。

紧接着，荷兰物理学家洛伦兹（Lorentz，1853—1928）也独立提出了类似的理论，并建立了一套数学方程组，描述了不同惯性参照系之间对物理量进行测量时所进行的转换关系。这就是著名的洛伦兹变换，它进一步解释出了以太在运动方向上为零的结果。而法国数学物理学家庞加莱（Poincare，1854—1912）在此基础上更进一步，他明确提出了光速在真空中不变的观点。这个庞加莱可不简单，他在数论、代数学、几何学、拓扑学等方面也都很有成就，著名的“三体”力学难题就是由他巧妙化解的。然而，这些高手虽然使出浑身解数想驱散乌云，却仍旧在以太假说的泥沼中艰难跋涉，推开了新理论的门缝却没有把门彻底撞开。

向经典物理学发起强有力挑战的历史重任，最终落在了一位科学巨匠身上，他就是阿尔伯特·爱因斯坦（Albert Einstein，1879—1955）。

这是一个世人皆知、有口皆碑的旷世奇才，包括《时代》周刊在内的许多国际知名媒体无一不把他列为“世纪伟人”。如今在全世界，有关爱因斯坦的生平传记、科学成就甚至趣事逸闻俯拾皆是，本回不打算连篇累牍说些众所周知的话，而是想介绍一个能更直观地感受和了解爱因斯坦的渠道。说的是2010年恰逢中国与瑞士建交50周年之际，瑞士方面不远万里把一个大型的“爱因斯坦展览”搬到了中国来，先后在北京、广州、武汉、香港等地巡回展出，吸引了成千上万的公众前往观看。那个展览包括了大量珍贵的文字史料、影像图片以及实物，有爱因斯坦的出生证明、儿时玩过的一些玩具、童年与家人在一起的许多照片、学习笔记手迹及成绩单档案、成年后用过的浪琴怀表和台灯等物品、获诺贝尔奖的金质奖章和证书、国籍变化的护照原件、成名后各时期媒体报道的资料、晚年的反战讲话录音，甚至还有他写的情书原件及第一次婚姻离婚判决书的原件，可谓应有尽有，让人大饱眼福。看过展览的人都能感受到一种震撼，如同近距离领略了伟人光辉的一生。这是一个大型的常设展览，当时巡展之后又运回了瑞士，如今依然在伯尔尼历史博物馆常年陈列着，有机会不去感受一番着实可惜。

参观“爱因斯坦展览”会有很多收获，或许还能改变脑子里固有的一些印象。举一小例来说说。人们通常都以为爱因斯坦是德籍犹太人，后来入了美国籍，若问爱因斯坦是哪里人，答案似乎就在这两个国家。但瑞士人却说不，爱因斯坦应该算是瑞士人，理由就是爱因斯坦不到20岁就加入了瑞士籍，而且至死一直拥有瑞士和美国双重国籍，他的德国籍和美国籍时间都没有瑞士国籍时间长。而且这还不算完，爱因斯坦作为一个举世闻名的科学家，他从读大学到后来在伯尔尼专利局工作，其一生主要的科学成就包括提出光量子学说、解决光电效应问题尤其是开创相对论，都是在瑞士完成的。至于他后来的一些业绩，不过是从瑞士这块风水宝地上延伸出去的而已，是余热没散尽，所以爱因斯坦怎么着也是属于瑞士的。看看，瑞士人说的还蛮有道理呵。

闲话叙过，此处言归正传表一表爱因斯坦相对论的创立过程。虽然可能味同嚼蜡，却也还要简单说一说。

早在青少年时代，爱因斯坦就知道光是快速前进的电磁波，他那时候就遐想过，如果一个人以光的速度运动，他将看不到前进的光，只能看到在空间里振荡着却停滞不前的电磁场。有可能发生这种事吗？这个问题让他一直耿耿于怀。带着“追光”的疑问，爱因斯坦进入了苏黎世联邦工业大学攻读数学和物理。在这期间，他继续思考着关于运动物体的光学性问题，他也想亲自验证一下以太学说。于是，他设计了一个热电偶实验，想象着用几面镜子，把来自同一个光源的光反射到两个不同的方向，如果在两条光速之间存在能量差，那么就能用两个热电偶测出所产生的能量差别，进而测出地球相对于以太运动而引起的光速变化。可惜乳臭未干的毛小子没有得到老师的支持，这个实验也就再无下文。但爱因斯坦对以太的思考并没有停止，在伯尔尼专利局工作的日子里，他对迈克尔逊－莫雷实验进行了认真琢磨。他觉得麦克斯韦电磁理论，特别是经过赫兹和洛伦兹发展和阐述的电动力学没有错，问题应该出在绝对参照系以太身上。经过认真研究，爱因斯坦发现，以太这个绝对参照系根本就没有存在的必要。1905 年对爱因斯坦来说，是发生奇迹的一年。他终于彻底想明白了，速度越快时间就会越慢，运动物体长度也会缩短，这说明时间和空间都是相对的。于是他抛出了《论动体的电动力学》的研究论文，提出了狭义相对论。这是爱因斯坦十年磨一剑长期探索的结果，它首次突破了牛顿力学的时空观念，创立了一个全新的物理学世界，有力地撞开了现代物理学的大门。

狭义相对论之所以不同于经典时空观，主要体现在两点：一个是狭义相对性原理，一个是光速不变原理。按照爱因斯坦的理论，宇宙中唯一不变的是光线在真空中的速度，其他任何事物，包括速度、长度、质量和经过的时间，都随观察者所在的参照系而变化。那个著名的公式 $E = MC^2$ 就是狭义相对论的数学表达。爱因斯坦指出，随着运动速度的加快，时间会变慢，物体长度会缩短，质量会增加。也可以反过来理解狭义相对性，假如真的能超光速，时间就会倒流，物体就会缩到零尺寸以下，质量就会变得无限大，而这一切是难以想象的。

由于受传统时空观的束缚，爱因斯坦的狭义相对论发表以后，不但没得到应有的重视，反而招来很多人的反对，这主要还是对根深蒂固的以太学难以割舍。一些科学家把彻底否定以太看成是不可思议的事，甚至掀起了一场保卫以太的运动，就连著名物理学家汤姆逊也大声疾呼，他说以太并不是思辨哲学家异想天开的创造，它的存在就像我们呼吸的空气一样不可缺少。甚至连“以太乌云”的始作俑者迈克尔逊也“不知好歹”，他在与爱因斯坦唯一的一次会面时，懊恼地说，他想不到自己的实验会莫名其妙引出相对论来，那是从历史垃圾堆里拼凑出来的“怪物”。迈克尔逊的话虽显苛刻，但也不无道理。诚然，狭义相对论从某种程度上说也是“集体智慧的结晶”，菲茨杰拉德、洛伦兹、庞加莱、马赫甚至可以追溯到早年的伽利略，都或多或少表达过类似的思想，虽然他们没有像爱因斯坦那样旗帜鲜明地挑战绝对时空观。但接下来的广义相对论却不同，它完全是出自爱因斯坦个人的独立思考，这么一个颠覆人类思维方式的重要科学理论靠一己之力创建起来，在历史上很罕见。

对于爱因斯坦来说，狭义相对论暂时不被人理解倒不算什么大事，真理的诞生难免要经过一番波折。但有两个问题却让他感到很不安，第一个是引力问题。狭义相对论对于力学、热力学和电动力学的规律都能作出正确解释，但它不能解释引力问题。牛顿的经典引力理论是超距的，两个物体之间的引力作用无论多远都能在瞬间传递，即以无穷大的速度传递，这与相对论依据的光速极限观点相冲突。第二个是非惯性系问题。狭义相对论与以前的物理学规律一样，都只适用于惯性系，但客观世界却很难找到真正的惯性系，而且从逻辑上说，一切自然规律应该既适用于惯性系也适用于非惯性系。于是，爱因斯坦接着向广义相对论发起了冲击。

又是十年磨一剑。1915 年 11 月，爱因斯坦先后向普鲁士科学院提交了四篇论文，系统阐述了他的广义相对论思想，即物理学的定律必须对于无论哪种方式运动着的参照系都成立。爱因斯坦的广义相对论认为，由于有物质的存在，空间和时间会发生弯曲，而引力场实际上是一个弯曲的时空。这样不仅对传统的引力概念作了新解释，而且对难以理解的许多天文现象也能作出合理解释。爱因斯坦经过计算还大胆预言，遥远的星光如果掠过太阳表面到达地球，将会发生 1.7 秒的偏转。然而，对于爱因斯坦这些全新的说法，包括相对论思想先驱洛伦兹在内的绝大多数科学家，都觉得难以接受。后来有人回过头来说，当时全世界能读懂相对论的人不会超过三个。也是，狭义相对论烧脑多年还没整明白呢，又冒出个广义相对论来，这不是要把人脑袋烧焦吗?

深奥的理论不一定人人都懂，但要证明其正确性。毕竟，科学理论不能只凭感觉和逻辑推理，而应该用实验去检验。1919 年，在著名天文学家爱丁顿的鼓动下，英国派出了两支远征队分赴两地观察日全食。经过认真的观测研究，他们得出的最后结论是，星光在太阳附近真真切切发生了 1.7 秒的偏转。这下子科学界沸腾了，英国皇家学会马上发布了观测报告，宣告广义相对论的结论是正确的。与此同时，爱因斯坦给出的行星近日点进动、光的引力延迟、光的引力红移等预言也都一一得到了实验验证。至此，曾激烈反对过相对论的汤姆逊不得不心服口服地说，这是自牛顿时代以来关于万有引力理论的最重大的成果。

广义相对论的伟大之处还在于，它给物理学和宇宙学研究打开了一扇大门，为人类开辟了广阔的科学探索空间。在刚刚过去的 100 年中，它就像指路明灯一样照耀着科学家们探索宇宙的道路，直到今天。黑洞就是广义相对论最惊奇的预言之一，多年来也一直是天文学的研究热点。这种天体的质量巨大、密度极高，其超强的引力场使光也无法从中逃逸。虽然黑洞不能直接“看”到，但可以间接观测到，因而引起了无数人的遐想，关于虫洞、时光穿越、曲率引擎、多维时空等话题长期热度不减。理论研究也大有高手参与，1916 年施瓦西（Schwarzschild）提出了第一个静态球对称黑洞解，1963 年克尔（Kerr）提出了转动的黑洞解，1973 年贝肯斯坦（Bekenstein）提出黑洞具有熵的概念，1974 年著名物理学家霍金（Hawking）提出了黑洞具有热辐射的观点，等等。天文观测直到现在也不停进行着。2017 年 12 月 7 日，美国卡耐基科学研究所宣布，他们发现了有史以来最遥远的超大质量黑洞，其质量是太阳的 8 亿倍。2018 年 7 月 26 日，欧洲南方天文台宣布，他们观测到一颗快速移动的恒星正在靠近银河系中心一个巨大的黑洞，这个超大质量的黑洞扭曲了恒星 S2 的光波。研究人员说这是科学家第一次在超大质量黑洞附近直接测试广义相对论，结果再次表明爱因斯坦是对的。

引力波的存在也是广义相对论预测的杰作。爱因斯坦早就预言，时空弯曲会通过波的形式从辐射源向外传播，这种传输能量的方式必然产生引力波。通俗说来引力波就是时空弯曲产生的涟漪，可以把它想象成水面上物体运动时产生的水波。然而，只有非常大的天体才会发出较容易探测的引力波，比如超新星爆发或两个黑洞相撞时，而这种情况非常难捕捉到。由于科学界多年苦苦探寻未果，引力波是否真的存在，一直有人将信将疑。但人们的探索却不曾停过。1968 年美国马里兰大学研制了一种共振型引力波探测器，一度声称探到了引力波，但后来再重复却一无所获。1974 年普林斯顿大学的泰勒和赫尔斯对一种脉冲双星发出的能量进行了测定，结果与引力波的理论计算值很接近。这可以说是引力波探测史上的第一个定量证据，两人因此荣获了 1993 年度诺贝尔奖。1991 年麻省理工学院和加州理工学院开始联合建设激光干涉引力波天文台（LIGO），并从 2003 年起搜集数据，开启了大规模探测活动。2012 年中国科学院地球物理研究所提出了用固体潮测量引力传播速度的方法，并取得了“引力场以光速传播”的第一个观测证据。功夫不负有心人，到了 2015 年 9 月 14 日，美国 LIGO 探测器终于成功地捕捉到了两个黑洞相互碰撞发出的强大引力波。这是人类第一次直接探测到的引力波，它来自 13 亿光年之外。2016 年 6 月 16 日，LIGO 合作组再次宣布，他们又探测到了第二个引力波信号。顿时全球轰动，世界各国旋即掀起了一股探测引力波的新热潮。中国也启动了三个大型引力波探测项目，一个是由中科院牵头的“太极计划”，另外一个是在太空开展的由中山大学领衔的“天琴计划”，第三个是中科院高能物理研究所建在西藏阿里地区的“阿里实验计划”。这几个项目都在全力推进中。从1915年预言引力波的存在，到2015年首次探测到引力波，整整跨越了100年终于让预言成真，这是对爱因斯坦广义相对论最好的百年纪念。

毋庸置疑，爱因斯坦相对论是人类历史上最伟大的思想成果之一。过去100多年来，相对论经受住了实践和历史的检验，已成为举世公认的真理。然而这并不是完成时，而是进行时，相对论如今依然在路上，还有待进一步丰富、进一步发展。别的且不说，爱因斯坦生前就一直有个强烈愿望，希望能把量子力学纳入到广义相对论的理论框架内，结果到他去世也没能圆梦，实现量子力学与相对论的统一直到今天依然是整个科学界的重大难题。要知道，当相对论对着“以太乌云”亮剑的时候，量子理论也正在挥刀斩向“黑体辐射乌云”，对颠覆经典物理学同样是劳苦功高的。

这正是：相对论横空出世，旧思维一朝颠覆。

欲知量子理论如何向经典物理学发起冲击，且听下回分解。

第三十五回 量子理论一路杀出　哥本哈根创立门派

主角：普朗克、玻尔、德布罗意、薛定谔、海森堡等。

场景：从前期量子论向量子力学发展的过程。

看点：量子力学大旗在现代物理学上树起来。

且说爱因斯坦剑指根深蒂固的以太学说，创立了相对论的时空观，向经典物理学发起了猛烈攻击。其实就在这同时，量子理论也正在另一条战线上向“黑体辐射乌云”开战，斗得那是天昏地暗。说来相对论和量子力学是现代物理学的两大基本支柱，前者是要揭示宏观高速领域的物质运动规律，后者则要深入到微观小尺度世界中去阐明里面不为人知的运行法则，二者缺一不可，而且都是千辛万苦、熬心费力才建立起来的。如果说相对论的产生是爱因斯坦智慧超凡单枪匹马打下的一座江山，那么，量子力学的问世则是大部队作战合力攻克的一片天下，并且连爱因斯坦都抽出身来助战了。本回便来表一表量子力学这片天下是如何攻克的。

量子力学的晦涩难懂是举世公认的，其创立过程可分为两个阶段。第一阶段是确立量子理论概念，这个时候倒不难懂。第二阶段是理论的深入挖掘，挖着挖着就越来越深奥难懂了。但只要注意到这两个阶段的衔接关系，从整体上理解量子力学就会容易得多。而今许多教科书把这两个阶段混在一起描述，自然会让很多人云里雾里。比方说，爱因斯坦讲过“上帝决不会掷骰子”，此话尽人皆知，于是经常有人会问，那他究竟是支持还是反对量子力学的？其实，爱因斯坦是量子理论第一阶段的重要奠基人之一，他当然是支持的。但到了第二阶段，他对量子力学的概率性描述一下子难以接受，才有了那句经典名言。

还有一点也容易把人搞糊涂，很多大咖都把第一阶段说成是“旧量子论”，让人误以为过去还存在一个不太好的量子论，理解起来就更是雪上加霜了。其实，量子学说从概念提出到理论确立，总共只有短短二三十年，把这一完整过程分出个旧与新，有点词不达意了，还是用“前期”“后期”表述更客观易懂。

闲话叙完，转入正题。要说量子理论的开山鼻祖，那要首推德国物理学家普朗克（Planck，1858—1947）。这位慕尼黑大学的高才生先学数学，后又改读物理学专业，取得博士学位后一直专注于热力学第二定律研究。时势造英雄这话没错，黑体辐射实验引发的“紫外灾难”波及整个物理学界，普朗克很快也坐不住了。从1896年起，他便开始了对热辐射的系统研究，力图化解“紫外灾难”。经过几年的不懈努力，普朗克终于推导出一个与黑体辐射实验相符的公式，并于1900年10月在《德国物理学会通报》上发表了题为《论维恩光谱方程的完善》的论文，第一次提出了黑体辐射公式。随后，他又在德国物理学会的例会上作了《论正常光谱中的能量分布》的报告，阐述了自己的新观点。在报告中普朗克大胆指出，物质辐射或吸收能量的过程不是连续的，而是一份一份进行，这个最小的能量单元，就叫作“能量子”或“量子”。由此普朗克提出了一个违背经典理论的学说——能量子假说，他认为电磁场和物质交换能量是以间断的形式实现的，能量子的大小同辐射频率成正比，比例常数即为普朗克常数，从而他得出了黑体辐射的能量分布公式，成功地解释了黑体辐射现象。

普朗克一不小心拉开了量子理论研究的序幕，虽然他的假说提出以后刚开始并未引起过多的关注，但眼光敏锐的爱因斯坦看到了量子假说的高明之处，并从中受到了重要启发。他察觉到，在现有的物理理论中，物体是由一个个原子组成的，是不连续的，而光和电磁波却是连续的。这样一看就有大问题了，原子的不连续性与光波的连续性之间显然存在着矛盾，是说不通的。经过反复思考，爱因斯坦于 1905 年提出了新说法，他认为光在空间的传播也不是连续的，是一份一份在传播，每一份就是一个光量子，简称光子。他进而还指出，光子的能量与光的频率成正比，每一个光子的能量只取决于光子的频率，例如蓝光的频率比红光高，所以蓝光的光子能量比红光子的能量大，同样颜色的光，强弱的不同则反映了单位时间内射到单位面积的光子数的多少。这就是爱因斯坦创立的光量子理论。这一理论圆满地阐明了经典电磁理论一直无法解释的“光电效应”现象，揭示了光的两重性本质，表明光既是微粒，又是波动。爱因斯坦的光量子理论，不仅对持续几个世纪之久的关于光本质的争论作了一个了断，而且为前期量子论打下了一根坚实的基柱。由此可见，爱因斯坦无疑是量子理论的一个重要创始人。

前期量子论的奠基者中还有一位重量级人物不得不表，他就是丹麦著名物理学家玻尔（Bohr，1885—1962）。他不但在前期身体力行地倡导量子学说，而且是后期“哥本哈根学派”的舵主，可以说是量子力学创建史上承前启后、继往开来的关键人物。

玻尔早年在丹麦哥本哈根大学的数学和自然科学系读书，先后取得科学硕士和哲学博士学位后，他到了英国剑桥大学的卡文迪许实验室，做了几个月的研究工作。那会儿，被誉为原子核物理之父的卢瑟福（Rutherford，1871—1937），正因成功发现了原子内部结构名声大噪。出于对卢瑟福的崇拜，玻尔很快就跳槽去了曼彻斯特大学。在卢瑟福亲自指导下，他开始集中精力研究原子结构领域的问题。在研究工作中玻尔逐渐意识到，经典电磁学理论在解释微观现象方面存在严重缺陷，他很赞赏普朗克和爱因斯坦引入的量子学说。1913 年，他发表了题为《论原子和分子结构》的长篇论文，提出了量子不连续的原子结构。玻尔指出，原子系统存在着所谓的稳定态，在这种状态中，粒子的运动虽然在很大程度上遵守经典力学规律，但这些状态稳定性应该用量子来解释，原子系统的每个变化只能从一个稳定态完全跃迁到另一个稳定态，外层轨道的电子落入内层轨道，将释放出一个带固定能量的光子。这就是玻尔的原子模型，是一个在量子理念基础上描绘出来的原子结构。

事实上，普朗克的量子假说、爱因斯坦的光量子理论和玻尔的原子模型，三者构成了前期量子论的主要基石。所以玻尔的论文一发表，很快引起了强烈反响，当时就有人评价玻尔说他凑齐了“伟大的三部曲”。

后来玻尔回到了丹麦，担任哥本哈根大学的理论物理学教授，1917 年他当选为丹麦皇家科学院院士。玻尔不仅在科研上独树一帜、敢于创新，而且极力倡导团队合作精神，他主张通过思维碰撞，在学术争论中形成新思想，在学术交流中完善新理论。1921 年，玻尔亲手创建了哥本哈根大学理论物理研究所并担任所长，此后 40 余年他一直工作在这个岗位上。他通过自己的学术声望，一方面积极构建科学研究的创新平台，一方面潜心培养后辈人才，激发年轻一代的创新精神。很快，玻尔的周围就聚集起了一批研究量子物理学的有为小将，如海森堡、泡利、狄拉克等人。他们相互磋商、自由讨论、不断创新，最后发展成为名震天下的“哥本哈根学派”，其风头远远盖过同时期的“慕尼黑学派”和“哥廷根学派”，玻尔则理所当然地成为哥本哈根学派的掌门人。事实上，这个研究所建成后在相当长一段时间内，曾经是全世界研究量子力学最重要、最活跃的学术中心，没有之一。特别是他们倡导的谦虚、坦率、热烈、自由、平等的学术合作精神，更是以被科学界誉为“哥本哈根精神”而闻名于世。

话再说回来。虽然玻尔继普朗克、爱因斯坦之后凑齐了前期量子论的“三部曲”，但前期量子论还没有从经典力学中彻底摆脱出来，对物质运动的微观阐述很困难，特别是对一些实验现象的解释依然乏力。新理论的发展不可能一蹴而就，朝着后期进一步挺进是必然的。

在认识到光具有波动和微粒的二象性之后，为了解释一些经典力学无法解释的现象，法国年轻的物理学家德布罗意（Debroglie，1892—1987）于 1923 年提出了物质波这一概念。他把光的波粒二象性思想推广到实物粒子，并大胆提出假设，认为一切实物粒子都具有波动性。在他看来，每一个能在空间自由运动的粒子都同时具有一种“物质波”，即德布罗意波。不料，他这种物质波理论一出笼就让科学界嗤之以鼻，人们很难接受这种并无实验证据的新说法。就连德布罗意的导师也不相信这种观点，好在爱因斯坦慧眼识珠，他看了年轻人的论文之后称赞说：“德布罗意的工作给我留下了深刻的印象，一幅巨大帷幕的一角卷起来了。”有了爱因斯坦的鼎力支持，德布罗意的物质波理论这才引起了物理学界的广泛注意。1927 年，美国科学家戴维逊和他的搭档通过电子衍射实验，证实了运动电子不仅具有粒子性，而且具有波动性。他们根据实验结果算出的电子波长与德布罗意公式给出的波长是一致的。随后更多的实验相继证实，不仅电子，还有质子、原子、分子等都具有波动性。至此，德布罗意的物质波假说终于得到了人们的认可。大幕真的卷起来了。

紧接着，奥地利物理学家薛定谔（Schrodinger，1887—1961）在爱因斯坦光量子理论和德布罗意物质波假说的启发下，从经典力学与几何光学的类比出发，在1926年提出了波函数所满足的运动方程，即薛定谔方程，奠定了波动力学的基础。其实，量子力学与经典力学的差别主要就表现在对粒子的状态和力学量的描述方面，在量子力学中，粒子的状态要用波函数描述，才能够阐明微观粒子状态随时间变化的规律，薛定谔做的正是这种开创性工作。他知道经典力学的描述无法解释量子物理现象，就像生活常识无法理解微观世界一样，所以后来他弄出了个著名的“薛定谔猫”实验，就是想表达一种拒绝随意理解量子物理现象的态度。不过这倒让“薛定谔猫”成了人们至今还津津乐道的话题，这是后话了。

量子力学的很多实验现象都让人感到不可理喻，单从粒子波动这一个方面去解释还远远不够。就在薛定谔建立粒子波动力学的同时，德国物理学家海森堡（Heisenberg，1901—1976）另辟蹊径，对量子世界作出了一番令世人骇目惊心的解释，惊得连见多识广的爱因斯坦都不敢相信。这个海森堡是哥本哈根学派的一员得力干将，当然也是玻尔栽培出来的高徒。在他看来，当微观粒子处于某一状态时，它的力学量（如坐标、动量、角动量、能量等）一般不具有确定的数值，而只具有一系列可能值，每个可能值以一定的概率出现。换句话说就是，永远别想测到粒子在运动瞬间的参数。提出这种看法的时候，海森堡还只是个20多岁的帅小伙，天不怕地不怕，他连恩师玻尔的原子轨道假说都敢怀疑，认为想确定某一时间电子在空间上的位置根本办不到，也不可能在它的轨道上跟踪它，因而玻尔假定的轨道并不是真实存在。于是，他大胆地抛弃了轨道概念，以代数为工具创造性地提出了一套数学矩阵解的方案，也就是著名的“海森堡测不准原理”。这个矩阵方案提出以后，立刻引起了哥廷根大学教授玻恩（Born，1882—1970）和他的学生约尔丹的关注，他们联手海森堡把这种思想进一步发展成了矩阵力学。1927 年海森堡和玻恩在布鲁塞尔的物理学会议上宣布，量子力学可以就此收官了。就这样，海森堡和薛定谔沿着两条不同的路径，各自完成了量子力学的两个基础理论体系，确立了这门学科应有的地位。

然而，一场旷日持久的争论也就此拉开了。在老将爱因斯坦看来，海森堡这小子创立的矩阵方案把简单问题搞得复杂化了，解释微观世界的理论没有必要建立在可观察量的基础上。在爱因斯坦的影响下，矩阵力学一度在科学界引起非议。但是，初生牛犊不怕虎的科学才俊还不止海森堡一个，英国的狄拉克、奥地利的泡利等人不仅没被权威吓倒，反而以各自的研究成果为量子力学提供了更丰富的依据。狄拉克甚至公然向爱因斯坦喊话说：“量子力学可以使全部化学简化为一组数学方程。”爱因斯坦当然也不会善罢甘休，经过一番认真思考，他数度发声表明自己的态度。他反对量子力学把概率看作是整个理论牢靠的基础，他说这是一个不能对单个事件作细节描述的理论体系，因而是无法接受的，而且他坚信因果定律，对世界的非客观性不能容忍。他告诉哥本哈根学派的掌门人玻尔说：“我确信上帝决不会掷骰子。”玻尔对此一笑反驳说：“爱因斯坦呀，不要告诉上帝怎么做。”争论到了后来，爱因斯坦的态度从怀疑变成了沮丧，继而又是深思。他虽然慢慢接受了量子力学，却一直看不透量子力学背后更深的奥妙，为什么相对论和量子力学都能成功描述自然现象，但二者又不可通约。晚年他总在思考这个大问题，但直到他离世，直到今天，也没有更高明的人给出这个问题的答案。

量子力学跟相对论一样并没有达到“尽善尽美”的程度，也同样还在继续前进的路上。实际上，量子力学一个最明显的缺陷早就存在，它还无法解释万有引力现象。而且在这点上，它跟广义相对论有着不可调和的矛盾。举例来说，假如一个粒子到达了黑洞奇点附近，按照广义相对论的说法，该粒子会被压缩到密度无限大，但按照量子力学的说法，由于粒子的位置永远不能确定，因而它无法达到密度无限大，甚至还可以逃离黑洞。孰是孰非？这是有待当今物理学家们揭秘的事。最近几年，试图解决这个问题的所谓“弦理论”研究正在升温，人们正拭目以待。

物理学是整个自然科学的基础，因而无论从理论还是实践的角度来说，量子力学都是科学研究的一个制高点。就连量子力学的通俗解释造成的一些所谓佯谬（看似荒谬实则不然）现象，也为人们提供了探索宇宙奥秘的无限空间。不妨以著名的“薛定谔猫”思想实验为例：在一个封闭的盒子里装有一只猫和一个与放射性物质相连的释放装置，放射物有可能发生衰变而放出射线，一旦触发释放装置，就会放出毒气，当然也有可能不触发放射装置。因此根据常识判断，这只猫要么是死的，要么是活的，泾渭分明一清二楚。但按照量子力学的解释，猫的死活依赖于观察，而在观察之前，这只猫既是死的也是活的，处于不死不活的迭加态，这显然有悖于人们的常识。为摆脱这种解释困境，人们设想出了种种方案，但依然无法填平宏观常识与微观世界之间的鸿沟。这样一来便引出了平行宇宙说法，认为猫死与猫活这两种结果分属两个独立平行且真实存在的宇宙，是人们的观察行为选择了其中之一，也就是我们目前所处的宇宙。因而有关平行宇宙的研究也就纳入了科学探索的领域。

量子力学创立近百年来，对推动各领域的科技创新起到了不可估量的作用，人们所熟悉的核物理技术、材料科学、电子通信技术、激光、核磁共振医学影像等等，都是建立在量子力学基础上的杰作。晦涩难懂的量子力学概念，实际上一直在改变着人们的生活面貌。此处再举个量子纠缠的例子来说说。所谓量子纠缠，是指两个或两个以上的粒子匪夷所思的“黏糊”现象，这种“黏糊”不受任何距离的限制，哪怕两个粒子分隔在银河系甚至宇宙的两端，只要其中一个粒子的状态发生变化，另一个粒子也会瞬间发生相应的变化，爱因斯坦称这种现象为“鬼魅似的远距离作用”。目前，量子纠缠技术已经开始向通信应用领域进军，将一劳永逸解决通信保密问题。1997 年奥地利首次在室内开展了量子态隐形传输的实验验证，2004 年他们又成功地将量子“超时空穿越”距离提高到 600 米。2005 年中国科学技术大学潘建伟院士团队，创造了 13 公里双向量子纠缠的世界纪录。2017 年 6 月 15 日，世界著名的《科学》杂志以封面论文形式，报道了中国“墨子号”量子通信卫星首次实现上千公里量子纠缠的消息，相较于此前 144 公里的最高量子传输纪录又前进了一大步。人们有理由相信，实现绝对安全的量子通信那一天已经为期不远了。

说一千道一万，量子力学造福人类的事就是道个七七四十九天也是道不完的。回头再看看那些创立量子力学的先驱者，没有他们的非凡勇气和创新精神，便没有 20 世纪现代物理学突飞猛进的发展。其实不只是在物理学领域，20 世纪初自然科学一片片新天地的开辟，一个个自然奥秘的揭示，都留下了科学勇士们不畏艰难、挑战陈规的奋斗故事。说来也巧，就在普朗克提出量子假说的那一年，在生物学领域有三位学者也同时揭开了一个奥秘，但这个奥秘却不同寻常。

这正是：各路豪杰挑战经典，量子力学笑傲沙场。

欲知生物学领域有何奥秘被揭开，且听下回分解。

第三十六回

孟德尔种豌豆搞遗传　摩尔根养苍蝇找基因

主角： 孟德尔，摩尔根。

场景： 三大遗传定律相继被发现。

看点： 现代遗传学从无到有、从模糊到清晰。

话说世纪之交的1900年注定非比寻常，普朗克率先揭秘量子世界，科学的许多奥秘开始徐徐被揭示。就在这一年，生物学领域也似乎一夜吹来了春风，百花忽然间盛开了。在前后不到两个月的时间里，荷兰人德夫里斯、德国人科伦斯和奥地利的切尔马克分别发表了自己的研究论文，报道他们各自在本国独立开展生物学研究取得的成果。这三个人彼此素不相识更无来往，却几乎同时揭示了植物性状遗传的奥秘。此事本来已经够让人惊喜了，然而这背后更大的一个奥秘也随之浮出水面，令生物学界一片震惊。

分别来自荷兰、德国和奥地利的这三位学者都有着严谨的学风，他们在论文发表前各自去当地图书馆查阅了文献资料，不约而同都查到了一个默默无闻的人，这个人已经在10多年前就去世了。他们三人惊奇地发现，早在35年以前，这位默默无闻的前辈就已经发现了植物性状的遗传规律，因而三人在论文中都谦虚地提到，他们各自的工作只是进一步证实了前辈的观点。他们的论文一发表，这位默默无闻的前辈很快就名扬欧洲了，他便是生物遗传学的奠基人孟德尔（Mendel，1822—1884）。

很显然，孟德尔的重要科学发现被埋没了多年才引起世人关注，这对生物学界来说已是迟到的春天。然而金子总是会发光的，纵观科技创新的历史，新学说新理论在诞生之初不被人理解甚至遭到奚落的事，并不鲜见。挖出了掩埋已久的金子，人们自然会问，生物遗传学又不是什么邪门巫术，那金子当初怎么就没闪闪发光呢？

说来话长，还得从 19 世纪 50 年代扯起。那时候的欧洲，科学各学科门类的发展正如火如荼，一派百花争艳的景象，生物遗传学却还在冷板凳上坐着，天晓得何时才有出场的机会。不知从哪一天起，奥地利的布尔诺修道院（现今在捷克境内）里新来了个修道士，附近的村民很快就察觉到这是个“怪人”。他怪就怪在茶余饭后还要“没事找事”，别的牧师神父热衷于传经布道，他却热衷于种豌豆。为此，他特意在修道院后面开垦出一块豌豆田，整天用木棍、树枝和绳子把四处蔓延的豌豆苗支撑起来，让它们保持“直立的姿势”，他甚至还小心翼翼地为豌豆苗驱赶蝴蝶和甲虫，像是生怕飞虫们咬了他的宝贝豌豆。很多年以后人们也只知道这个怪人是孟德尔神父，但不知道他在搞生物遗传研究。

谁也没想到小庙出神人，一个杰出生物学家的真实身份居然会是个普通神父。其实，孟德尔就是一个贫民家庭出生的孩子，父母都是园艺工，他从小就受到园艺和农学知识的熏陶，对花草树木很感兴趣，正是这种环境为孟德尔日后研究植物遗传打下了基础。后来，他大学没读完就因家境贫寒而辍学，违心地到修道院当了一名修道士。不过还好，修道院了解到孟德尔人穷志不短且勤奋好学，就破例推荐他去维也纳大学进修生物学，他在那里受到了正规的科研训练，回到修道院以后就有了搞遗传研究的功底。

从1857年夏天开始，孟德尔就展开了豌豆植株高矮等性状的遗传研究工作，他想搞清植物性状的代际遗传机制。摆弄豌豆这种在外人眼里看着毫无意义的举动，他一干就是8年。孟德尔先是从几十个品种的豌豆中挑选出22个品种用于实验，它们都具有某种可以相互区分的稳定性状，例如高茎或矮茎、圆粒或皱粒、灰色种皮或白色种皮等。接着他就亲手培植这些豌豆，以极大的耐心研究它们一代代的生长规律，对不同代豌豆的性状和数目进行了细致入微的观察、计数和分析。

众所周知，豌豆通常是自花授粉的，在自然生长条件下很难看出遗传规律。但孟德尔多年进行人工培植，终于摸清了规律。他把一个高植株品种跟一个矮植株品种进行杂交，结果只获得了产生高植株的种子。他又进一步观察到，当这种新的种子自花授粉时，它产生的高植株和矮植株的比例为3∶1。再用这样产生的种子继续观察，他发现矮植株总是繁育同样的矮株后代，而3个高植株中只有1个一直繁育高株后代，其他两个仍按3∶1的比例生出高和矮的两种植株来。孟德尔对长期研究的实验结果作了科学解释，他认为每一个植株都具有两个决定高度性状的因子，高的因子是显性，而矮的因子是隐性，因此杂交后第一代的植株全都是高的。当这一代自花授粉后，这些因子在子代中排列可以是两个高因子在一起，或者是两个矮因子在一起，或一高一矮，或一矮一高。前两种组合将会繁育出同样的后代，各自生出全是高的或全是矮的植株，而后面的两种组合则将以3∶1的比例产生出高的或矮的植株来。这些研究工作今天说起来就这么几句话，做起来则相当繁杂，尤其是在基因尚未被发现的年代，完全要靠孟德尔个人锲而不舍的观测和科学严谨的分析才能完成，这是开启现代遗传学大门的一项伟大发现。

孟德尔得出研究结论之后，便把实验结果告诉了当时声名显赫的德国植物学家耐格里，希望得到同行们的认可。但是耐格里对孟德尔的重要发现并不放在眼里，在他看来一介布衣修道士根本搞不出什么遗传学名堂，那些都是“依靠经验而不是依靠理智得来的”。孟德尔不甘心，1865 年他在布吕恩自然科学研究协会上报告了他的研究结果。第二年，他又在该会会刊上发表了题为《植物杂交试验》的论文。在这篇论文中，孟德尔提出了“遗传单位”（即今天所说的“遗传基因”）及显性性状、隐性性状等重要的遗传概念，并阐明了遗传学的两个基本规律。后人把这两个重要规律，即孟德尔第一定律（分离定律）和孟德尔第二定律（自由组合定律），作为生物遗传学的基本定律写入了全世界各版本的教科书中。

梅花寂寞开无主，零落成泥碾作尘。用这样两句诗来形容孟德尔当年的处境非常贴切。他那篇开创遗传学的重要论文发表后，外界居然没什么反应，这实在是个历史的误会，至今让人费解。要说原因后人也作了些分析，可能还是跟生物学大背景有关。孟德尔论文发表的时候，正值达尔文《物种起源》抛出不久，整个生物学界的兴奋点都在进化论方面，或许疏忽和冷落了名不见经传的孟德尔。这么分析不无道理，因为在那几十年时间里，遗传学研究除了发现染色体之外再没有留下其他的痕迹。就这样，生物学界以集体沉默回应了孟德尔对遗传学所做的开创性工作。

在此后的岁月里，孟德尔继续进行着类似的研究，可惜在学术界依然默默无闻。直到后来，孟德尔当上了他所在修道院的院长，才把精力转移到行政事务上去。学者秉性为官也难改，在捍卫修道院财产的过程中，性格耿直的孟德尔与政府打起了一场旷日持久的官司。后来，步入老年的孟德尔既在学术上不得志，又与政府长期冲突，慢慢变得郁郁寡欢，终因心脏病急剧恶化而离世。参加孟德尔葬礼的人倒是不少，既有当地三教九流各界人士又有许多贫苦百姓，人们在心中缅怀一位令人尊敬的神父，却没有一个人意识到，这是一位对人类作出了巨大贡献的杰出科学家。这是孟德尔一生的遗憾，也是科学界的遗憾。

然而，历史有阴差阳错也有天缘巧合，探索生物遗传规律的火种总会延续下去。就在孟德尔的论文发表的同一年，远在美国肯塔基州列克星敦市的查尔顿·摩尔根夫妇的头一个孩子降临人间了。这孩子注定跟生物遗传学有缘，他日后继承了孟德尔所开创的遗传学说，将其进一步发展成为现代经典遗传学理论。这个幸运儿就是后来大名鼎鼎的遗传学家托马斯·亨特·摩尔根（Thomas Hunt Morgan，1866—1945）。功成名就之后的摩尔根说过，好像自己就是为了接孟德尔的班而来到这个世界的。

摩尔根是名门望族的后代，这个家族出过外交官、律师、军人、议员和政府官员，却从来没有出过一个科学家，他在家人眼里是“基因突变”的产物。从小就热爱大自然的摩尔根，曾跟随美国地质勘探队到山区进行实地考察和采集化石。14岁时，他顺利地考进肯塔基州立学院，从预科到本科他最感兴趣的是博物学。大学毕业时，他对自己未来的发展方向还懵懵懂懂，暂时不想就业那就继续深造呗，于是考进了霍普金斯大学攻读硕士。就在这时，不经意间改变他一生的事情发生了。本来，摩尔根想利用研究生入学前的暑期，到培训学校去充充电，提高自己的综合素质，便选择了马萨诸塞州的一家学校参加暑期培训。但就是这家培训学校，一不小心把摩尔根对博物学的兴趣培训成了对生物学的浓厚兴趣，特别是让他迷上了昆虫实验技术，这为他后来出色的果蝇研究埋下了伏笔。俗话说兴趣是最好的老师，摩尔根读完硕士又读博士，对生物学的兴趣日益浓厚，并把“一切都要经过实验”作为他开展生物学研究的信条。

从在霍普金斯大学读书到后来留校任教，摩尔根始终保持着对生物学研究的高度关注。当孟德尔这颗金子被挖出来重新发光以后，遗传学研究开始活跃起来，性状变异、族群与纯系、染色体与遗传、减数分裂等研究新进展的消息，不断传到摩尔根的耳朵里。一开始，摩尔根对孟德尔遗传学和染色体理论表示怀疑。他提出了一个非常尖锐的问题：生物的性别肯定跟基因有关，那么，决定性别的基因是显性的还是隐性的？这个问题无论怎样回答，都难以解释。事情明摆着，自然界中生物群落的两性个体比例基本上是1∶1，但按照孟德尔遗传定律的说法，性别基因不论是显性还是隐性，都不可能得出这样的比例。为了检验孟德尔定律，摩尔根曾亲自做了不少实验，他用白腹家鼠与野鼠进行杂交，得到的结果却跟种豌豆不一样，乱七八糟看不出什么规律。而且，关于遗传基因存在于染色体上的说法，当时也还只是猜测，用猜测来解释孟德尔学说，这对坚持“一切都要经过实验”的摩尔根来说断不可信。

心中存有怀疑，摩尔根便在自己的实验室里动手检验。从1908年起，他开始用果蝇作为实验材料，研究生物遗传性状中的突变现象。摩尔根养了一大群果蝇，经常是几十个实验同时进行，绝大多数实验最终都劳而无功。就在这么紧张的工作环境下，摩尔根还不忘来点自娱自乐。他别出心裁地将自己的实验分成三类：第一类是愚蠢的实验，第二类是蠢得要命的实验，第三类呢，就是比第二类更蠢的实验。虽然他的实验频频失败，但摩尔根还是屡败屡战、坚持不懈。因为他知道，在科学研究中失败并不可怕，只要出现一个有意义的实验，付出的所有劳动就都得到了回报。果然，关于果蝇研究的一项实验最终取得了巨大成功。

1910年5月，摩尔根在红眼睛的果蝇群中发现了一只异常的白眼雄性果蝇，这是一只罕见的果蝇突变品种。摩尔根像捡到宝物一样兴奋，他用这只白眼雄蝇跟红眼果蝇杂交，得到的子一代全是红眼果蝇。接着他让子一代自交，又得到了子二代结果。细细一数，哇，完全是孟德尔式的哟，其中红眼果蝇2688只，白眼果蝇828只，两者比例约为3.2∶1，而约占总数1/4的白眼果蝇则全是雄性个体。能得到这样的结果让摩尔根欣喜若狂，他以《果蝇的隐性遗传》为题写出了研究论文，发表在1910年7月22日出版的《科学》杂志上。

如果没有后一部分结果（白眼果蝇全是雄性），则摩尔根的实验发现只不过是孟德尔学说的又一例证，说明孟德尔学说也适用于昆虫。但后一部分结果的意义就重大了，它表明白眼基因与性别有关，性状（白）和性别（雄）两种因子是连锁在一起的。摩尔根在论文中没有急于宣布眼色基因一定与性染色体相关联，只不过说，眼色基因的分离与两条性染色体的分离一致。他决心沿着这条线索追下去，看看动物到底是怎样遗传的。接着，摩尔根又做了补充实验，进一步观察证实决定遗传性状（白色）和性别的基因就在染色体上，这些基因通过细胞分裂一代代地传下去。翌年，摩尔根又接连发表了两篇相关论文，确认染色体就是基因的载体，而且突变出来的白眼基因是伴随着雄性染色体而遗传的。他进而提出，基因的连锁和交换也是一条遗传规律，这就是遗传学第三定律。摩尔根不仅证实了孟德尔学说的广泛适用性，而且把遗传学向纵深推进了一大步。由于这些卓越贡献，他荣获了1933年的诺贝尔生理学或医学奖。但他并没有去瑞典出席颁奖仪式，借口是自己工作太忙。后来得到奖金后，摩尔根执意一分为三，给他自己的孩子和实验室的两个学生斯特蒂文特、布里奇斯每人一份。在摩尔根看来，荣誉和奖金属于区区小事。

从孟德尔到摩尔根，遗传学从埋没已久到闪亮登场，许多概念、术语从无到有、从含糊其词到清晰明了，正是遗传学创建的关键历史时期。后来遗传学紧接着向分子水平大步挺进，可以说摩尔根起着承上启下、继往开来的作用。他借助物理、化学、辐射等实验手段，研究果蝇的遗传和变异规律，确立了染色体是基因载体的重要事实。然而在这一过程中有一点不可忽视，那就是，摩尔根成就的取得是与显微镜的快速发展分不开的，那时光学观测手段已经是今非昔比了。

这正是：孟德尔创立基业，摩尔根继往开来。
欲知望远镜和显微镜如何快速发展，且听下回分解。

第三十七回
望远镜越望越远　显微镜越看越微

主角： 海尔、赫歇尔、阿贝、泽尔尼克等。

场景： 望远镜、显微镜的发展历程。

看点： 科研仪器与科学本身的关联性。

且说生物遗传学在显微镜帮助之下有了突飞猛进的发展，而且还要继续朝着微观纵深挺进，这倒一点不假。其实不只是遗传学，科技创新的很多方面都要借助于光学仪器的观察。眼见为实自古以来就是深入人心的理念，科学发现都是从观察开始的，那小小的果蝇只有 3 毫米左右，摩尔根要是看不出它是雌是雄、眼睛是红是白，也就无从发现遗传奥秘了。所以说正因为有了望远镜和显微镜这样的仪器，人类才会看得更遥远、更细微，而且望远镜和显微镜本身就是科技创新的产物，也是人们使用最早、最多的一类观察仪器，没有之一。既延伸人的肉眼观察能力，自身又在不断鼎新改良，这样的玩意不专门表一表是说不过去的。

望远镜和显微镜犹如一对好兄弟，它们随着光学技术的发展一同成长起来。不过要是细细说来，望远镜的历史要比显微镜稍早些，望远镜是大哥，显微镜是小弟，而且往往是大哥带着小弟成长。这倒不难理解，天文观测的需求要早于微观世界的观察，大哥走在前面理所当然。那就先从大哥说起吧。

要说望远镜的历史，一不小心又会扯到伽利略、开普勒时代去。姑且不说那么远了，那个时候的望远镜很简陋，比不上现在随便买来的任何一副玩具望远镜，也没啥好说的。其实，望远镜技术的快速发展是18世纪以后的事，是在此前惠更斯发明高精度天文望远镜的基础上，才有了各路高手前赴后继、纷纷登场亮出绝招，让望远镜越望越远的。

较早登台亮相的是英国律师穆尔·霍尔，他在1729年制成了第一块降低色差的物镜。这种消色差物镜由两种不同的玻璃组成，其主要作用在于一块透镜产生的色差可以被另一块透镜所抵消，所以又叫作复合物镜。后来，德国物理学家夫朗和费（Fraunhofer，1787—1826）更上一层楼，他打造出一块直径达9.5英寸、焦距为14英尺的大孔径优质物镜。这可是天文观测的一件利器，俄国多尔帕特天文台台长斯特鲁维，很快就用装上了这种物镜的折射望远镜进行巡天观测，先后发现了3100多颗新双星，他还开创了恒星视差的测量。

就在折射望远镜迅速发展的同时，反射望远镜也在大步向前迈进。1781年，英国天文学家威廉·赫歇尔（Wilhelm Herschel，1738—1822）利用自制的大型反射望远镜发现了天王星及其两颗卫星，他还和妹妹卡罗琳·赫歇尔一道发现了2000多个天体并确立了银河系的概念。赫歇尔兄妹在观测天体的同时不断改进望远镜的性能，他们后来还研制出了直径为48英寸、焦距为40英尺的巨型反射望远镜，并用它发现了一些行星的卫星。19世纪最大的反射望远镜，是由爱尔兰天文学家帕森斯（Parsons，1800—1867）发明的，他在1845年研制出一台直径达72英寸（1.8米）的反射望远镜，并成功探测到了第一个旋涡星系，也就是今天人们熟悉的蟹状星云。帕森斯这台望远镜在随后70年时间里，一直保持着反射望远镜尺寸之最的世界纪录。

实际上，反射望远镜比折射望远镜的技术要复杂些，它是利用曲面和平面的面镜组合来反射光线而形成影像的光学望远镜，其最大的优点就是影像看上去跟实际物体并无明显的色差。当然，它发明之初也存在着一个技术瓶颈，那就是反射镜的材料要求很高，镜片磨制难度极大，这个问题当时严重制约着反射望远镜的发展。1856年，在德国开办第一家化肥厂的那个李比希解决了这一难题，人家化学家还真是多面手。他发现如果在玻璃上涂一层薄银，然后轻轻地抛光，就能得到反射能力非常强的镜片。李比希发明的这个方法，为制造更好更大的反射望远镜提供了有力的技术支持。

然而天外有天人外有人，若论推动光学望远镜大发展的最牛者，那要数美国天文学家乔治·海尔（George Hale，1868—1938）。这个海尔出生在芝加哥一个商人家庭，毕业于麻省理工学院物理学专业，他后来不仅创办了《天体物理学》杂志，出版了《恒星演化研究》《天文台的十年工作》《新的星空》《宇宙的深度》等名著，还最早发现了太阳耀斑以及太阳黑子中强磁场的存在。在此过程中，他最大的一项功劳是制作、安装了一批巨型望远镜。谁都知道，搞科学研究是需要花钱的，没有仪器设备的投入便没有研究成果的产出，像天文望远镜这样的大型装置，科学家要化缘筹钱才能建得起来，海尔在这方面有着过人的本领。大学毕业没几年，他受聘当了芝加哥大学教授，从那时开始他就决心造一台顶级的望远镜，但学校拿不出大笔资金。于是他在父亲帮助下去找金融大鳄们募捐，结果还真有一位金融家答应为新望远镜资助34.9万美元，这在当时可是一笔建造大工程的资金。

有了这笔巨款，海尔就找光学企业合作，造出了一台直径达1.02米的折射望远镜。这台大型望远镜由两个消色差的透镜组合而成，配备精密的机械组件，整台设备重达18吨。海尔把它安装在了威斯康星州的一个湖畔，因为那里有相当优越的观测条件。这台天文望远镜从1897年5月启用，虽然已经过去了100多年，但至今仍是世界上最大的折射望远镜。然而建成以后海尔很快就知道了，1.02米直径已接近了折射望远镜的极限，若想再加大口径就必须同时增加物镜的厚度，这样所收集到的星光就会被镜片变厚所吸收的星光抵消，也就是说口径再大已没意义。但反射望远镜不存在这种问题，鉴于赫歇尔和帕森斯分别研制出了大口径的反射望远镜，于是海尔打定主意，要在反射望远镜上另辟蹊径一展宏图。1908年，海尔在自己任台长的威尔逊山天文台建起了一台口径为1.52米的反射望远镜，虽说口径不算世界之最，但性能却有了很大提高，可以拍摄到其他望远镜无法拍到的许多暗星。这台望远镜一建好，美国天文学家亚当斯就用它成功地拍摄到了天狼星伴星的光谱，发现这颗暗星的表面温度竟高达1万摄氏度左右，从而证明它体积虽小却质量超大，这便是最早发现的白矮星。

几乎与此同时，海尔又说服一位名叫胡克的商人投资建造一台更大的反射望远镜。这位商人答应出钱但提了个条件，他希望把自己的名字与世界上最大的望远镜联系在一起。钱好说不够再追加都行，就是别让人在短时间内把世界之最的纪录给破了。于是海尔一忽悠，决定把望远镜的口径扩大到2.5米，把帕森斯多年保持的1.8米纪录甩得老远啦。1918年，海尔主持建造的2.5米望远镜在洛杉矶的威尔逊山天文台正式投入使用。这台以胡克的名字命名的望远镜是第一台能够借以确定银河系实际大小和太阳系所在位置的望远镜，许多著名天文学家用它在星系和宇宙学研究方面做了大量开创性的工作。在此后的30年，胡克望远镜一直占据着“望远镜之王”的宝座。

至此海尔仍觉得壮志未酬。尤其是随着洛杉矶这座城市的迅速发展，灯光污染日益严重，对威尔逊山天文台的夜间观测影响越来越大。海尔决定另外择址在帕洛玛山上建造一台更大的望远镜。1929年他从洛克菲勒基金会争取到了一笔巨款，便开始筹建口径达5.08米的巨型望远镜。这是一项空前浩大的望远镜工程，人们为此付出了巨大的努力，光是镜片的打磨就用掉30多吨磨料，最后成型的反射镜重达14.5吨，镜筒重达140吨，望远镜的机械转动部分总重530吨。然而这样一个庞然大物却转动自如，影像清晰。它能拍摄到大量昏暗的天体，比肉眼所能看到的最暗的天体还要暗600万倍。经过长时间曝光，甚至能拍摄到10亿光年之外的星系光谱，天文学由此视界大开。令人遗憾的是，战争延误了超大望远镜的工期，直到1948年6月，这台举世瞩目的天文望远镜才得以举行落成典礼，而海尔却早在10年前就离开了人世。人们没有忘怀这位已长眠地下、为天文望远镜事业呕心沥血的开拓者，在帕洛玛山天文台的门厅里，至今坐落着一尊海尔的半身塑像，塑像底座的铜牌上写着："这台5.08米的望远镜以乔治·海尔之名来命名，他的远见卓识和亲自领导使之变成了现实。"

10亿光年之遥已是难以想象的了，但对探索偌大的宇宙来说还远远不够。就在光学望远镜对浩翰星空即将鞭长莫及的时候，射电望远镜慢慢发展起来。1931年，美国贝尔实验室的工程师卡尔·央斯基发明了利用射电波探测天体的旋转天线阵，1937年另一位美国工程师格·雷伯试制成功了第一架抛物面型的射电望远镜，由此射电天文学诞生。从20世纪50年代起，英国、澳大利亚、法国、荷兰等相继建造起大小不一、形状各异的早期射电望远镜。到1960年，英国剑桥大学的马丁·赖尔利用干涉的原理，发明了综合孔径射电望远镜，从而大大提高了射电望远镜的分辨率。天文学界紧接着取得的所谓“四大发现”，即脉冲星、类星体、宇宙微波背景辐射、星际有机分子，都是射电望远镜的杰作。20 世纪 80 年代以后，新一代射电望远镜采用超长基线阵列，其灵敏度、分辨率和观测波段都大大超过了以往，欧洲、美国、日本等先后建成了一批这样的望远镜，观测精度呈数百倍提高，目前所能达到的分辨率相当于一个人站在珠穆朗玛峰上能看清哈尔滨的报纸。值得一提的是，进入新世纪以后中国在这个领域后来居上，被誉为“中国天眼”的 500 米口径球面射电望远镜（FAST）于 2016 年 9 月在贵州平塘县境内建成，这是目前世界上最大单口径、最灵敏的射电望远镜。

在发展望远镜技术的同时，为大幅度增强天体观测效果，人们还把大型望远镜建在了大气层之上。1990 年举世闻名的哈勃望远镜成功进入太空，给人类了解宇宙打开了一扇更亮堂的视窗，可谓收获颇丰，最远已观测到了距离地球 130 亿光年之外的原始星系。另一架更先进的韦伯空间望远镜（JWST），也将于 2020 年左右升空，美国宇航局（NASA）还正在筹划将射电望远镜搬进太空。预计不久的将来，宇宙年龄、恒星形成、黑洞、暗物质、外星生物等不解之谜，会接二连三传来令人惊喜的消息。

表过了望远镜大哥的成长历史，再来简单说说显微镜小弟的技术演进史。其实，望远镜的发达史就是天文学的进步史，而显微镜的起色则关系到生物学的兴盛，这样一说就该知道显微镜蓬勃发展的大致时间段了。

与望远镜的发展节奏差不多，19 世纪以前的显微镜技术走得很慢，从早期的放大镜进入到复合式显微镜阶段后就基本上裹足不前了，当年列文虎克发现软木塞里面的细胞所使用的显微镜也只能放大 140 倍，不解决分辨率的技术难题再也看不清更细微的结构了，巴斯德要是靠那样简陋的显微镜是不可能看见酵母菌的。所以说，从普通显微镜到复杂显微镜，关键在于显微成像的原理上要有新突破，并由此来改进显微技术。1827年消色差浸液物镜的问世大大提高了显微镜的观察能力，1850年偏光显微技术的出现又把分辨率提高了一步。接着，德国物理学家阿贝（Abbe，1840—1905）对光学系统成像提出了两条重要原理，一条是阐述了几何光学的“正弦条件”，确定了可见光波段上显微分辨的极限，这是光学设计的基本依据，另一条就是波动光学的显微镜二次衍射成像的机理，把物面视为衍射光栅而成像。简单来说，阿贝发现并确定了可见光波段上显微镜分辨率的极限，并提出了二次衍射成像的机理。实际上，阿贝成像原理是显微镜技术的发展转折点，由此奠定了显微成像的理论基础，从而极大地促进了显微镜制造和技术改良的迅速进步。这才带来了19世纪细菌学、细胞学、病理学等方面的飞快发展。

到了20世纪初，荷兰物理学家泽尔尼克（Zernike，1888—1966）根据阿贝成像原理，率先运用“位相反衬法”研制显微镜取得成功，把现代光学显微镜技术推上了一个新的台阶，他也因此荣获了1953年的诺贝尔物理学奖，这也是诺贝尔奖历史上罕见的与光学仪器有关的奖项。说来人家也不是头脑一热就想出了“位相反衬法”，对出身于书香门第的泽尔尼克来说，他从小就对物理学很痴迷，上中学时就捣鼓出了照相机和小天文观测仪之类的小仪器。大学毕业后，泽尔尼克留在了哥廷根大学天文学实验室工作。从1930年起，他便把全部精力投入到了光学研究中，主要是想解决透镜像差对衍射的影响问题。

发现“位相反衬法”，完全是无意插柳的收获。有一天，泽尔尼克的实验室运来了一块大凹面的光栅，也就是一块刻有大量平行等宽、等距狭缝“刻线”的平面玻璃。泽尔尼克把它安装在支架上准备使用，好奇心驱使他试着用一台小型望远镜观察它。就在这时意想不到的事出现了，他透过望远镜发现光栅那些线条状的“划线”清晰可见，而他站的位置离光栅足有6米远，按道理肉眼是不可能看得清楚的。难道是望远镜有特殊功能？带着满脑子疑问，他慢慢调试着望远镜，把望远镜精确聚焦到光栅面上，企图把光栅看得更清楚，但这下不但看不清，就连先前看到的“划线”也消失不见了。悟性极高的泽尔尼克马上意识到，这可能涉及未被发现的新的光学原理。于是，他借助阿贝成像原理，经过反复计算和试验终于发现，原来发生这种“意外”是由光波的干涉现象所造成的。本来看不清的微细结构突然能看清了，这不正是制造新型显微镜的好办法吗？泽尔尼克立即开始研究，他根据位相理论慢慢推断，建立起了“位相反衬法”，两年以后终于成功研制出世上第一台相衬显微镜。这种相衬显微镜，也叫相差显微镜，是一种利用光的衍射和干涉现象，将透过标本的光线相位差转换成肉眼可分辨的振幅差的新型显微镜。这种新型显微镜提高了不同密度物质图像的明暗区别，可用于观察未经染色的细胞以及微生物结构。

泽尔尼克发明的相衬显微镜具有很高的实用价值，特别是让生物学家们感到如获至宝。用这种显微镜观察，只要把衍射光的相位相对于入射光稍微作些改变，就可以让细胞中的不同目标带上不同的颜色，这在普通显微镜下是做不到的。简单来说，泽尔尼克创造了一种不用把细胞或微生物染色杀死，就能把内部细微的情况看得非常清楚的一种新方法，这无疑是巨大的技术进步。与此同时，随着摄影技术和感光胶片、硅晶片等记录存储技术的出现，人们也开始把感光装置加在显微镜上，以代替肉眼的观察。后来又采用光电元件、电荷耦合器等作为显微镜的信息接收器，从而使显微成像技术向前迈进了一大步。

然而这并不是显微镜技术的完结，好戏还在继续。如果说光学显微镜发展到这一步是人类认识微观世界的一次飞跃的话，那么，电子显微镜的问世则是又一次飞跃。电子显微镜的原理是将电子的速度加到足够高并汇聚起来，从而在纳米级水平上放大观察物体，许多在可见光下看不见的微细玩意就能现出原形了。1938年德国工程师卢斯卡设计出了第一台透射电子显微镜（TEM），1952年英国工程师奥塔雷又研制出了第一台扫描电子显微镜（SEM），从而使显微镜的分辨率得到前所未有的提高，人类以往不可能直接观察到的微观世界，像细菌、类菌体、蛋白质大分子、DNA等可以被放大几十万上百万倍，活脱脱呈现在人们面前了。但这还没完，1982年德国科学家宾尼格和瑞士科学家罗雷尔，发明出了扫描隧道显微镜（STM），对显微镜进行了第三次飞跃式的颠覆。这种显微镜采用了全新的物理探测系统，其分辨放大效果可达到上亿倍。目前在STM基础上出现的原子力显微镜、磁力显微镜、近场显微镜等还在蓬勃发展着，人类正在开启直接观测和操纵原子的新时代。

工欲善其事必先利其器。从望远镜和显微镜的改进变革历程可以看出，科研仪器设备与科学本身的发展休戚相关，从一定意义上说，仪器设备的水平决定着科学发展的水平。就现代科学而言，仪器设备体现出一个国家、一个地区的科研能力，仪器虽然不是万能的，但没有仪器却是万万不能的。事实上，美国之所以在天文探索领域长期保持着牛气，这跟当初率先架设了一批大型天文望远镜、建起了天文观测台网有很大关系，他们的老本到现在还没吃光。其实不只是在天文领域，那时候，世界科学活动的中心也正由欧洲逐渐转向美国，科学技术在迅速发展中带动了美国的崛起。

这正是：望远显微比翼双飞，科研仪器尽显神威。

欲知美国如何依靠科技迅速崛起，且听下回分解。

第三十八回 科技展翅带飞经济　美国乘势一举崛起

主角：美国。

场景：科技创新引领美国成为全球新霸主。

看点：美国逐渐成为新的科学活动中心。

话说美国从19世纪初开始工业革命，后来还经历了一场天翻地覆的南北战争，到了19世纪末，其工业化水平后来居上超过了欧洲而成为全球新霸主，并为其20世纪实现高度现代化奠定了根基。这一崛起过程来势很猛，丑小鸭一跃变成了白天鹅，令世人刮目相看。要知道，美国在工业革命之初是个落后的移民农业国，全国95%的人口都住在农村，自给自足的自然经济状态，跟当时欧洲的英、法、德等国相比是远远落后的。究竟是何原因促成了美国强大？当然不是某一粒灵丹妙药使然，说来一定跟社会的方方面面因素都有关，本回就单从科技方面的因素来说一说。

事情明摆着，美国的崛起缘于紧紧踩着电气化的节奏，抓住第二次技术革命的机遇实现了弯道超车。前面已表过的爱迪生、贝尔等科技创新的大腕，便是那个时期勇立潮头的代表性人物。仅爱迪生一人发明的五花八门的电器产品，就让美国政府的税收在半个世纪内增加了15亿美元。贝尔也一样，他发明的电话机在

1880 年的产量就已达 4 万多部，到 1900 年猛增到了 86 万部，带来的经济收益可想而知。问题在于，一开始捣鼓电磁玩意的奥斯特、法拉第、麦克斯韦等一大批牛人都在欧洲，怎么一到了要把科技成果变成白花花银子的时候，美国人却捷足先登了，这不能不成为大大的问号。但这事要是细细一琢磨，也就释然了。

简单说来，美国的国家创新体系受传统的条条框框约束少，从开始就呈现出多元化、自主性和市场化导向的特点，而这是其他国家不具备的。美国自建国以后，就开始关注科学技术对经济发展的推动问题，到 19 世纪末已从法律、政策、机构、人员等多方面形成了全国性的科技系统。这个体系一建立就显示出多元化味道，没有哪个单独的系统（包括联邦政府在内）能够起支配作用，各系统内的机构具有很强的自主性，根据市场需要自主设置。政府只起引导作用，比如到了第一次世界大战的时候，政府以军事科技的研发为契机加大了经费投入，吸引社会的各个科技系统加盟参与，达到了众人拾柴火焰高的效果。

美国的大学转型也很利索，从 1876 年霍普金斯大学成立起，办学思想很快转向了培养科学技术实用人才。此前的大学主要是仿照英国模式，以培养绅士和牧师那样的学究为目标，根本无法满足工业化发展的需要。德国近代大学的办学模式传入美国后，霍普金斯大学敢为人先办起了研究型大学，在其带动下，包括哈佛大学、耶鲁大学、哥伦比亚大学在内的一批老式高校纷纷转型、仿效，从而为时代发展培养了一批批适应性较强的科学人才。

企业的创新主体作用，在美国工业革命中很快就得到发挥。由西部大开发所带动的运河、铁路、钢铁、纺织、电讯、电力、石油等工业相继兴起以后，美国企业界的科技创新活动就迅速壮大起来。爱迪生在门罗公园创办的工业实验室、贝尔创办的电话机实验室就是最早的典型。随后工业研究机构的大量出现，为促进技术创新、推动经济发展起到了至关重要的作用，企业尝到了甜头主动投钱搞研究，慢慢便形成了良性循环。与此同时，非营利性的科技组织也开始发展起来，美国学者学会、美国科学促进会、史密森学社、美国科学院等就是那时候建立的，从开始这么寥寥几个发展到19世纪末，美国已有了4000多个科技社团，这让其他国家望尘莫及。

正因为有了这样一种在整体上充满活力的科技系统，美国的经济在科技引领下开始迅猛增长。

随着电力技术的蓬勃发展，资本主义在美国迅速壮大起来，开始从自由竞争向垄断资本主义过渡。1860年以前，美国的工厂规模都很小，不是独资就是合伙经营。然而到了19世纪70年代，情形便发生了大变化。同业竞争激烈，投资银行兴起，对外贸易扩大，催生了一批工业巨头和垄断企业。这个时期的美国，也不断扩大着它的疆土。持续了一个世纪之久的西进运动，已经使美国的版图延伸到了西海岸的太平洋。在内战爆发之前，美国有36个州，到了1900年又有9个州先后加入了联邦，使当时的美国拥有了45个州，加上海外属地，美国成了一个名副其实的大国。

与此同时，美国的人口也随着版图的扩大而急剧增加。大批欧洲、亚洲移民纷纷离开家园来到这个新兴的国度，寻找自己的美国梦。从1875年到1900年的25年间，美国的移民人数达到1000万。人口的急剧增加促进了工业的发展，也加快了城市化步伐，越来越多的人向城市聚集，超大型城市随之出现。1870年，美国拥有10万以上人口的城市也就10来个，这个人口规模当时可以算是大城市了。到了19世纪末，纽约、费城、巴尔的摩、芝加哥、华盛顿、旧金山等城市的人口已接近或超过百万。

铁路建设在美国从自由竞争向垄断资本主义的过渡中，发挥了非同小可的作用。1830年英国利物浦至曼彻斯特铁路通车的时候，美国才刚开始铺设自己的铁轨。巴尔的摩至俄亥俄铁路是美国的第一条铁路，全长仅13英里。然而到1860年，美国的铁路总长已达5万公里，超过了欧洲各国铁路里程的总和。到了1890年，铁路总长则增加到了15万英里，建成了世界上最为庞大的铁路交通网。除此以外，1869年5月，第一条横跨北美大陆的铁路落成通车，此后美国又建成了四条横跨大陆的铁路干线。大规模修筑铁路增加了对钢铁的需求量，并刺激着钢铁业的发展。19世纪中期，美国引进了贝西默炼钢法，并把冶炼与碾轧结合起来，这是钢铁冶炼技术的一次重大革新。它既大幅度降低了钢材生产成本，又提高了钢产量。据史料记载，从1860年到1875年美国最大炼炉的日炼生铁量从40吨增长到100吨，到1900年更是达到了800吨，美国炼炉的产量几乎是同期德国炼炉产量的两倍，英国和法国炼炉产量的三倍。同时，美国注重利用化学分析、热处理、催化剂等科技手段来提高钢材的质量，还积极利用新设备减少对资金、矿石和燃料的需求，处处依靠科技提高效益。1900年美国钢铁工业全部实现了机械化，年产量达到1000多万吨。正是这样把科技创新的成果及时应用于生产之中，直接转化为生产力并产生出可观的效益，才使美国经济在短时间内赶上并超过了欧洲。

令人更感慨的是，这一时期美国的科技创新成果不仅在工业领域充分展露，而且在农业领域也是大显身手。早在1797年，美国就第一次颁发了犁的专利权，以鼓励新式犁的发明。一个毫不起眼的犁按说没什么好捣鼓的，没想到的是，到1869年仅犁的改进专利就出现了255件。农业机械也在19世纪的美国涌现出大量新发明，1831年，麦考密克和赫西成功地发明了工作效率很高的马拉收割机。随后，又出现了播种机、割草机、脱粒机、钢犁等一系列农业机械。1907年，履带式拖拉机的发明，更是给农业带来了重大变化，仅1915年美国就出售了2.5万台拖拉机。从1860年到1916年，美国农场数目从200万个增加到640万个，可耕地面积从近25亿亩发展到53亿亩。再加上化肥的使用，以及棉花和玉米等新品种的培育，农业产量大大提高。从1870年到1910年，小麦产量增加了两倍，棉花产量增长了四倍。美国的农业由此进入了发展的快车道。

还要值得一提的是，在这一时期，美国出现大量的科技创新成果，并非只是得益于爱迪生这样的创新天才，其中的另一个重要原因就是联邦政府对专利的大力保护。虽然英国早在16世纪就开始对专利实行保护，但美国人第一次把专利权写入了宪法，用国家的根本大法来保护发明创造，高度明显不在一个档次。早期的专利都是由华盛顿总统亲自签发生效的，美国第三任总统托马斯·杰斐逊在担任国务卿的时候，曾经是美国第一位专利审查员。联邦政府用专利制度保护了发明人的权益，同时也保护和激发了整个社会的创新热情。正如美国专利商标局公共事务办公室主任理查德·莫斯比所说："知识产权，是大脑的产品，是一份无尽的资源。我们对这项资源的开发利用，与我们为那些伟大的发明家所提供的知识产权保护是息息相关的。这也是美国能够在历史上取得世界经济强国地位的关键因素。"

话到此处，美利坚合众国悄然崛起的轮廓算是大致表过。从南北战争结束到第一次世界大战爆发，是美国进入全面崛起的重要阶段。其间，美国经历了南部的重新建设，以及经济和社会结构的巨大变革，从一个农业大国转变成为一个工业强国。到19世纪末，美国的工业生产总值位居世界第一，科技创新能力跃居世界首位，成了全球首屈一指的霸主。说来说去，似乎还有一幕重头戏没看到，那就是汽车和飞机的发明。没错，汽车和飞机的问世更是为美利坚的发达立下了汗马功劳。

这正是：大变革风起云涌，美利坚独占鳌头。

欲知汽车和飞机如何登上历史舞台，且听下回分解。

第三十九回 奔驰和福特汽车代步　莱特两兄弟飞机上天

主角：本茨，戴姆勒，福特，莱特兄弟。

场景：汽车的发明和推广，飞机的诞生历程。

看点：现代交通工具的出现改变了生活面貌。

且说 19 世纪末的技术发明还有一出重头戏，便是汽车和飞机的相继问世。然而，这出重头戏有板有眼唱起来让人鼓掌喝彩，那是进入 20 世纪以后的事了，19 世纪末只是大戏开了个场。

1893 年，被誉为美国“汽车大王”的亨利·福特（Henry Ford，1863—1947）制成了时速 25 英里的汽车。与此同时，美国人奥兹、海恩斯、阿珀森等人也相继制成了不同类型的汽车。到了 1898 年，美国造出来的自动车共有 300 辆左右，大都为电池车和蒸汽车。对于当时的情况，福特生前曾描述说：“那个时候汽车初问世，声音很喧闹，又时时惊吓着路上的马匹，都被认为是一种令人讨厌的东西。它又有阻碍交通之害，引来路人围观。如果我在城里任何地方停下，我的汽车必有一大群人把它团团围住。如果我暂时离车而去，必有一些好奇的人上车打算开动。结果，我不得不带一条铁链。当我必须离车的时候，便把车锁在灯柱上。”看看吧，福特的这番话，就是当年汽车诞生之初的真实写照。

然而说到汽车的发明，福特却并非首创者。近代历史上第一辆单缸发动机三轮汽车出现在1886年，是由德国“汽车鼻祖”卡尔·本茨（Karl Benz，1844—1929）发明的。这个伟大的汽车发明家，就是后来享誉全球的奔驰汽车公司的创始人，“奔驰”这个品牌的中译名也来自他的名字谐音。本茨从小就是个自然科学爱好者，但家境贫寒无法专心读书，上中学时他就到机械厂和制秤厂打零工，以补贴家用。他还在桥梁建筑公司当过工长。后来，在母亲的支持下，本茨终于有机会先后进入德国卡尔斯鲁厄大学和卡尔斯鲁厄综合科技大学学习。在这两所学校里，本茨系统地学习了机械构造和机械原理、发动机制造、制造业经济核算等课程，为他日后大展宏图，研制汽车，继而创办汽车公司打下了坚实的基础。

大学毕业后，本茨在一家机械厂当了两年钳工，后来就在曼海姆与人合开了一家小型机械修理厂。1879年，本茨发明了第一台单缸煤气发动机，指望着售卖发动机赚钱谋生。然而事与愿违，这台发动机并没有让他走上发家致富之路。当时本茨已经娶妻生子，经济上几乎陷入困境，要靠妻子贝尔塔变卖嫁妆、首饰来维持一家人的生活。然而不服输的本茨没有在贫困面前退缩，他依然坚持发动机的研制。很快，他又发明了一种二冲程煤气内燃机，并为这种电火花点火的二冲程发动机申请了专利。

功夫不负有心人。1886年1月29日，本茨终于试制成功世界上第一辆单缸发动机三轮汽车，并向德国专利局申请了专利。后来，人们为了纪念本茨，把这一天定为“世界汽车诞生日”。接着，他向市民们展示了这辆装有钢管焊接车架、辐条式车轮和水平大飞轮的三轮汽车。然而美中不足的是，这种车性能并不过关，开出去试车动不动就熄火抛锚，展示期间经常遭人嗤笑。以至于一向要面子的本茨后来改进了车况，却不敢把它开到街上去试车，他怕在大庭广众之下出洋相。事情眼看就这样要搁浅了。

每个成功男人的背后都站着一个女人，这话没错。本茨夫人贝尔塔这时挺身而出了，她对孩子们说："你们的爸爸害羞，那么我们来开！"1888 年 8 月的一天早晨，本茨还在睡梦中，贝尔塔和两个孩子把车推出门外，一口气开到了 140 多公里外的娘家。虽然路上几经周折，但总算在傍晚时分顺利抵达了目的地。贝尔塔马上给本茨发了一封报喜的电报。本茨非常激动，他立即着手申请参加慕尼黑博览会，后来这辆车闪亮登场，一举荣获了慕尼黑博览会的金奖。本茨夫人贝尔塔也因此收获了"世界上第一位女汽车司机"的美名。如今，这辆"奔驰一号"车陈列在德国汽车发源地斯图加特市的奔驰汽车博物馆。

慕尼黑博览会上获得的荣誉给了本茨莫大的鼓舞。随后，他成立了奔驰汽车厂，并很快发展成为当时世界上规模最大的汽车制造厂家。1893 年，本茨又研制出新的燃气发动机，并开始生产功率为 2.2 千瓦的"维克托得亚"牌汽车，这是世界上第一种批量生产的汽车。就在本茨成立汽车公司的同一年，另一位德国的汽车发明家戴姆勒（Daimler，1834—1900）也在行动。他在一辆四轮马车上安装了自己研制的汽车发动机，虽然它以每小时 18 公里"令人窒息"的速度行驶，但却是人类历史上第一辆四轮汽车。1890 年戴姆勒也成立了汽车公司，进而形成了德国汽车工业界双雄逐鹿的局面。1926 年 6 月 29 日，奔驰公司与戴姆勒公司宣布合并，建立"戴姆勒 - 奔驰汽车公司"，总部设在斯图加特。后来，他们创造出了举世闻名的"梅赛德斯 - 奔驰"汽车系列品牌。

对于谁是汽车的最早发明者，法国至今还有许多人持不同看法。法国人认为，早在德国人之前，法国工程师戴波梯维尔在

1884年就发明了汽车发动机并申请了专利，因而本茨不能称老大。这或许是个事实，但遗憾的是，戴波梯维尔后来并没有去研制汽车，而是把发动机用到了工业生产中，最终成了发动机制造商，供应汽车的关键构件却没有生产汽车。但有一点是肯定的，法国在汽车发展史上也是作出了巨大贡献的，可以说是汽车工业的先驱，雷诺、标致、雪铁龙、菲亚特等知名汽车品牌就是法国汽车工业发达的明证。

不管是德国人还是法国人，汽车的发明虽然源于欧洲，但汽车的大规模普及却是美国人先做到的。亨利·福特作为举世公认的“汽车大王”并非浪得虚名，他对现代汽车工业的发展起码在两个方面作出了不可磨灭的贡献，一是他发明的T型车使汽车实现了平民化，进而走进了千家万户，二是他独创的汽车流水线影响了全世界的工业生产方式。前回说过，美国人弯道超车后来居上而成为世界新霸主，这从汽车工业的发展也可见一斑。

19世纪末，美国已拥有了发展汽车工业的有利条件。钢铁、石油及汽车所需的原材料和技术，美国都具备了不错的条件。亨利·福特就是在这种背景下出场了。

福特早年是爱迪生照明公司的一名工程师，但他从小的兴趣却在机械设计方面，他16岁就离开家乡去底特律做机械学徒工，后来为生计所迫才进了爱迪生的公司。当本茨成功发明汽车的消息传来时，福特再也按捺不住他那颗躁动的心了，他的兴趣马上转向了汽车研究。不久，福特就辞职与他人合伙组建了底特律汽车公司。然而，公司成立之初发展并不顺利，他一心只想着研制新车而忽视了卖车。在碰了几次壁以后，福特逐渐领悟到，大批量生产民用汽车的火候还没到来，在公众对汽车这种新产品尚未了解的情况下，贸然研发、生产的风险很大。他感到迫切需要进行一场轰轰烈烈的炒作、宣传，要让全美国的民众充分认识到汽车的优越性和意义，市场需求才能开拓出来。于是，他想到了赛车。

1901 年夏秋之交，福特联手其他人造出了福特赛车的第一个版本。不久，福特亲自驾驶他的赛车参加了密西根州有史以来的首场汽车赛，结果他战胜了当时名噪一时的赛车手温顿，一举夺魁。从表面上来看，赛车与福特想要推出的民用汽车似乎关系不大，殊不知，这恰恰是福特的高明之处。他利用赛车赚够了眼球和关注度，因而渐渐享誉全国，成为美国民众心目中的明星。福特接着因势利导，1903 年 6 月，他和投资人马尔科姆森合伙成立了冠以自己名字的福特汽车公司。果然，新成立的福特汽车公司朝气蓬勃，很快就将福特设计的 A 型车（T 型车的前身）正式推向市场，每部车售价 850 美元。在经过最初的惨淡经营后，福特汽车公司终于缓过劲来，不但站稳了脚跟，更走上了良性发展的轨道。可以说，福特紧紧把握住了 20 世纪初美国消费主义盛行的机遇，采取提高生产效率、降低价格、多元营销、激励员工等措施，大批量生产符合美国民众口味的福特车，因而使福特车的市场占有率逐年攀升，很快就占到了美国汽车市场份额的近一半。到 1908 年福特已执全美汽车业之牛耳，成了名副其实的汽车大王。

尝到了甜头的福特，并没有就此停止创新的步伐。他依旧紧锣密鼓地加大新车研制力度，在 A 型车的基础上又先后开发出了 N 型车和 T 型车。尤其是 1909 年推出的 T 型车具有划时代的意义，这种车在技术上有很多创新，首次将发动机气缸体和曲轴箱做成单一铸件，首次使用可拿掉的气缸盖以利检修，首次大量使用由福特汽车公司自己生产的轻质耐用的钒钢合金材料。诸如此类的创新和改进，再加上物美价廉、轻便实用等特点，使它在城市化进程中一时成了最佳的个人交通工具。T 型车推出的第一年就成功售出近万辆，直至1927年夏天T型车成为历史，共售出1500多万辆，创造了汽车销售史上的神话。美国亦由此成为“车轮上的国度”。

福特汽车公司还创造性地发明了“流水装配线”，引起了整个工业生产领域的重大变革。1913年4月1日，世界上第一条工业流水装配线出现在福特汽车工厂，起初的流水线上单是装配汽车底盘，很快整车的各部件都能在流水线上装配了，传动速度也越来越快。福特汽车厂流水装配线的原则是，按照操作程序安排工人和工具，在整个成品的装配过程中以流程为本，保证流程本身的顺畅和效率。这一重要原则后来成为全世界工业生产大步迈向自动化的行动指南。

福特为世人留下的不仅仅是一个汽车品牌，他还代表着一种执着的、永不言弃的创新精神。著名的《财富》杂志在评选“20世纪最伟大的企业家”时这样评价说：最杰出的企业家是这样一位工业创建者，他改变了我们生活的每一片土地，第一个创建了“大市场”，并为之供应产品，他是我们生平遇见的最伟大的企业家——这个人就是亨利·福特。

一江春水一江涛，一山更比一山高。说过了地上跑的汽车，就再来说一说天上飞的飞机。那汽车是源于欧洲，而在美国发展完善的。但这飞机可不同，飞机的发明完全是在美国的一对亲兄弟手里实现的，他们俩就是威尔伯·莱特（Wilbur Wright，1867—1912）和奥维尔·莱特（Orville Wright，1871—1948）。就是这对兄弟实现了人类自古以来翱翔天空的梦想，人们一提到飞机发明便会想起著名的“莱特兄弟”。

莱特兄弟从少年时代起就对飞行很感兴趣。他们早就知道，18世纪法国的蒙特哥菲儿兄弟俩从烟气的上升中得到启发，制成了热气球，后来热气球又发展成了飞艇，但那是在空中的无动力飘移，不能算翱翔天空。人家法国哥俩能整出热气球，咱美国哥俩就来搞飞机呗。1895 年，莱特兄弟开了一间自行车修理和制造作坊，工作之余便开始琢磨和研究飞机。尽管两人都没有受过高等教育，但莱特兄弟虚心好学，阅读了空气动力学方面的大量文献。哥哥威尔伯更是想方设法弄来了有关航空理论的书籍进行自学，弟弟奥维尔则富于想象力，经常琢磨着鸟儿的飞行道理。兄弟俩边学习总结前人的经验教训，边动手摸索实践，开始了他们的滑翔飞行试验。

从 1900 年起，莱特兄弟先后研制了三架滑翔机，并进行了上千次的飞行试验，详细记录了不同情况下的升力、阻力、速度等数据，为制造动力飞机做准备。到 1902 年，兄弟俩设计出了他们的第一架飞机的框架结构。但加工制造却遇到了难题，在当时没有哪一家公司肯冒险制造航空发动机和螺旋桨，万一出了人命谁担当得起哟。无奈莱特兄弟只好亲自设计图纸，好在有一个名叫泰勒的技师朋友帮助，他们花了几个月时间总算制造出了一台 12 马力的活塞式航空发动机。随后，莱特兄弟又克服重重困难，自行制造出一种效率较高的螺旋桨。就这样，经过艰苦不懈的努力，莱特兄弟的第一架飞机“飞鸟 1 号”终于问世了。

1903 年 12 月 17 日，在北卡罗来纳州的基蒂霍克海滩上，莱特兄弟进行了人类历史上首次有动力、可操纵的飞行试验。兄弟俩心情激动都想当第一个吃螃蟹的人，于是以掷硬币的方式确定谁先登机试飞，结果弟弟奥维尔赢了。随后，奥维尔沉着地爬上“飞鸟 1 号”，手中紧紧握着木制操纵杆，威尔伯则开启发动机并推动它滑行。飞机在发动机的作用下先是剧烈震动，几秒钟后便在自身动力的驱动下缓缓滑行，在达到一定速度后，飞机就像小鸟一样离地飞上了天空。虽然“飞鸟 1 号”第一次飞得摇摇晃晃，看上去像醉汉一样东倒西歪，但它毕竟在空中飞行了 12 秒钟才落在了沙滩上。接着，他们又轮流操纵进行了三次飞行。在当天的最后一次飞行中，威尔伯操控飞机在空中飞了59秒钟，飞行距离达260米。人们梦寐以求的载人持续动力飞行，终于首次取得了成功。然而倒霉的是，几分钟后一阵狂风突然把刚落地的“飞鸟1号”吹得翻了几个筋斗，致使飞机严重损坏。后来，“飞鸟1号”再也没有重返蓝天，如今它的复制品被珍藏在华盛顿国家航空航天博物馆内。

本来，这次成功试飞意味着人类的动力航空史就此拉开帷幕，但遗憾的是，莱特兄弟的壮举没有得到美国政府和公众的认可。有人甚至怀疑这是假消息，开着汽车跑可以，开上天去纯属瞎忽悠。更不凑巧的是，就在莱特兄弟试飞几天以后，另有一位企图研制飞机的先驱者在试飞中失事，结果机毁人亡酿成了惨剧。这下子更不得了，很多美国人对研制飞机进行了猛烈抨击，认为这种行为无异于恐怖自杀，有违人伦道德，政府决不能浪费纳税人的钱支持这样的试验。然而，莱特兄弟虽感伤心却没有打退堂鼓，经过一段冷静思考之后，他们决心把飞机研制工作继续进行下去。公开试验会招惹是非，他俩只好把研制工作转入地下。已进入20世纪了，搞科技创新还要偷偷摸摸地进行，世所罕见哪。也是应了天道酬勤这话，莱特兄弟对飞机的改进不断取得成功，1904年和1905年他们又相继制造出“飞鸟2号”和“飞鸟3号”。1904年5月26日，“飞鸟2号”进行了试飞，但飞行状态仍不理想。1905年10月5日，“飞鸟3号”进行了一次长时间的空中飞行，留空时间达38分钟之久，飞行距离达3.8万多米。在铁铮铮的事实面前，人们终于相信飞机已经横空出世了。1906年，莱特兄弟的飞机专利申请终于得到了美国政府的批准。接着，美国军方意识到了飞机的巨大战斗潜力，很快就向莱特兄弟订货。再接着，飞机从军用慢慢转向大规模民用，莱特飞机公司宣告成立，人类的航空时代来临了。

莱特兄弟的巨大成功，在欧美掀起了一股航空热潮。在军用和民用规模不断扩大的同时，飞机的动力技术也在不断改进。1910 年 12 月 10 日，在法国巴黎博览会上，一架新型飞机在试飞表演时不幸坠毁。但飞机设计者亨利·科安达研制的新式发动机却引起了人们的注意，这种全新的飞机发动机，就是最早的喷气发动机。后来英国空军飞行员弗兰克·威特尔、德国工程师奥海因分别研制出了涡轮喷气发动机，喷气式飞机就此诞生。1939 年 9 月，美国工程师西科斯基又研制出了第一架直升机。就这样，人类的飞天梦想变得越来越完美。

毋庸置疑，汽车和飞机的出现极大地促进了交通业的发展，使人类社会的生活面貌发生了深刻变革。人们的出行往来骤然变得快捷便利，全世界的时空也日益缩小，“你和我心连心，同住地球村”便是活生生的写照。历史将会永远铭记那些为汽车和飞机的发明作出了贡献的好汉，事实上正是创造了人间奇迹的各路高手圆了人们一个个科技梦想，这其中也包括了“千里眼”的美梦。

这正是：地虎天龙降世，一朝风驰电掣。

欲知人类的“千里眼”梦想如何实现，且听下回分解。

第四十回
千里眼梦想成真　电视机来到人间

主角： 尼普科夫，贝尔德，法恩沃斯。

场景： 机械式电视坎坷问世，电子式电视后来居上。

看点： 人类实现了“千里眼”的梦想。

话说快捷便利的现代交通工具问世后，天南海北四通八达的景象便慢慢出现了，以至于全世界演变成了一个地球村。然而，如果说让偌大的地球世界缩小成了一个村落，那倒不光是汽车和飞机的功劳，怎么着都不能落下电视机的一份贡献。本回便来表一表人类的这种“千里眼”梦想是如何实现的。

说来电视技术的发展并不是一蹴而就的，从黑白电视到彩色电视，从电子管、晶体管电视到集成电路电视，从电子管显示到等离子显示再到液晶显示，目前电视已进入数字化、智能化、多功能化时代，这一过程几乎经历了百年时间。跟汽车和飞机的发明一样，任何一项具有重大创新意义的科技产品都是很多人前赴后继，从无到有、从初创到完善一步步完成的，但每个章回仅寥寥数语无法表述出全部过程，而只能重点拣“初创”时候的人和事说一说，因为从无到有才是创新最关键、最激动人心的环节。回回挂一漏万实属不得已，本回依然按照这种套路继续说来。

早在电报、电话问世之初，就有跃跃欲试者开始琢磨起图像传送的技术了。1883 年，德国工程师尼普科夫（Nipkow，1860—1940）发明了一种圆盘状的装置，以图解决图像的机械扫描问题，他把这项发明申请了德国专利。在专利申请书中，尼普科夫写道："这种描述的仪器能使处于 A 地点的物体，在任何一个 B 地点被看到。"瞧见了吧，这就已经有点"千里眼"的意思了。按照尼普科夫的设想，他的这个圆盘上有一些螺旋形开设的小孔，圆盘转动时小孔便把物体依次扫描成图像，并通过光电管进行电转换。在接收的另一端，也有同样的装置把接收到的信号还原，这样就可以在另一端看到物体还原的图像了。别小看这个圆盘，后来电视技术就是按照这种扫描原则来工作的，所以这个圆盘也被称作"尼普科夫圆盘"，它可以算是电视史上的第一个专利。然而，尼普科夫虽然设计出了电视的原理，却并没有造出一部电视机实物来，甚至连个电视的模型都没有做成，因此他只能算是电视最早的探路者。

尼普科夫虽然没有自己实现自己的的天才设计，却启发了英国发明家贝尔德（Baird，1888—1946），他才是世上第一台电视机的真正发明者。贝尔德年轻时就一直坚信，既然已经可以远距离发射和接收无线电波，那么发射和接收图像也是完全可能的。当时，贝尔德是伦敦一家电气公司的电气工程师，他健康状况不太好但才华过人。一个偶然的机会，他对尼普科夫发明的圆盘产生了浓厚的兴趣。于是，他在自己家里建立了一个实验室，想要制造出一种设备，来实现尼普科夫用无线电传输图像的构想。每天除了上班，贝尔德就在家里捣鼓他那些设备。天长日久，他的身体越来越虚弱，最后干脆辞职在家专心搞起了研究。就这样，贝尔德天天在家痴迷地摆弄着一堆外人看不明白的玩意，这里边有捡来的破马达、电线、橡胶圈、塑料棒、毛线针、圆盘子，甚至还有旧茶叶盒子什么的。他把它们组装成了一个当时还不为人知的新鲜玩意，而这个在别人眼里看着是一堆破烂组合出来的"大杂烩"，其实就是最早的一台电视机。然而这台最早的电视机，在贝尔德手上捣腾了好几年也没能实现隔空传播图像。

世上无难事，只怕有心人。1924年春季的一天，贝尔德终于成功地发射了第一幅图像，它是模模糊糊一朵十字形的花。虽然传输距离只有3米远，但足以让他激动万分，成功的大门就要打开了。贝尔德心里很清楚，要想把图像发射得更远更清晰，就只能加大电流、提高电压，起码要有上千伏的高压才行。但上哪弄这么高的电压哟，他想了个土办法，把几百只手电筒的电池连接起来，这样就可以得到2000伏的高压。然而万万没想到的是，他在操作的过程中一不小心被电流击中，所幸电压虽高但电流不是很大，他只是烧伤了一只手。不料，这件事被一个好事的记者捕捉到并捅了出去，第二天的伦敦《每日快报》发了一篇题为《发明家触电倒地》的文章，该文报道说贝尔德正在搞一项异想天开的发明，差点出师未捷身先死。这下可好，贝尔德一夜之间成了英国的新闻人物。福兮祸所致，这次偶然的事故居然一下给困境中的贝尔德带来了转机。那篇新闻报道登出来没多久，伦敦一家百货商店的老板就找上门来了，新闻人物嘛总要让商人好好利用才是。那老板向贝尔德提出了一个非常诱人的合作方案，准备免费提供研究电视机所需的一切材料，另外再每周支付他一笔酬金。当然免费的午餐是没有的，老板的条件是，贝尔德必须每周三次在那家百货商店门口向顾客做表演，演示他那神奇的图像传送系统，招徕顾客。

搞科研不差钱的时候少，差钱的时候多，囊中羞涩有时候不得不向市井妥协，这在今天也一样。其实贝尔德很清楚，他这套不成熟的设备拿出来做公开演示无异于耍猴戏，那老板就是想借着新闻报道的热乎劲，摆个场子吸引路人看热闹。可是贝尔德又确实急需钱用，无奈只好答应了人家。猴戏开场不久他就感到了麻烦，虽然他很努力地演示，但效果并不好，路人看到的都是些闪烁不清的图像影子，讽刺挖苦的话语不绝于耳。这对搞研究的贝尔德来说是侮辱，他对这种玩杂耍的把戏很快就厌倦了，于是终止了与百货商店的合同，重新回到了家中实验室，继续过着贫寒窘迫的日子。

就在这个时候，贝尔德意外地收到了一封信。打开一看，原来是一份英国专利局颁发给他的专利证书。一年前，他提出了题为“通过有线或无线电波通信方式，传送图像、肖像及场景的系统”的专利申请，现在总算是获得了批准。但贝尔德高兴之余却发起愁来，他心里很清楚，自己离最后的成功只有一步之遥了，可偏偏这一步迈出去异常艰难。望着满屋子由捡来的破烂组装成的电视系统，贝尔德唉声叹气，苦恼地直摇头。此时，他在经济上已到了山穷水尽的地步，再也没钱继续搞研究了。万不得已，贝尔德只好给苏格兰老家写了信求援。实在是难以启齿呀，自己在城里混了多年居然还反过来问乡下老家要钱，弄不好会遭来老家一顿奚落。

山重水复疑无路，柳暗花明又一村。就在贝尔德感到几近绝望的时候，老家的两位表哥很快寄来了 500 英镑，估计这是他们东挪西借凑来的。但这是雪中送炭的救命钱，既救了贝尔德，也救了初生的电视机。于是他省吃俭用买来了新设备，开始了又一轮实验。1925 年 10 月 2 日，是贝尔德一生中最激动、最高兴的一天。他把一幅木偶的图像，成功地发送到了隔壁的接收屏幕上，接收到的图像黑白分明清晰逼真，他一看到这结果情不自禁地欢呼起来。1926 年 1 月 26 日，贝尔德郑重邀请英国皇家科学院的专家前来查看新发明，演示大获成功且屡试不爽，把那些专家看得先是目瞪口呆，继而一个个张开双臂跟他拥抱祝贺。这是贝尔德研制的电视机正式接受专家们的检测，相当于科研项目通过了权威验收，后来人们就把这一天确定为电视诞生的日子。

终于峰回路转了。不久，贝尔德成立了自己的公司，开启了电视业务。1929 年英国广播公司与贝尔德签订了许可合同，采用他的电视系统，开始实验性地播出电视节目。眼看着业务一天天扩展，贝尔德的腰包就要越鼓越大了。可是天有不测风云，顺风顺水玩了没多久，英国广播公司却突然宣布放弃与贝尔德的合作而转用更新的技术，原因就是他发明的机械式电视已经落后了。贝尔德了解情况后才知道，天外有天人外有人，大西洋彼岸一个更牛的家伙设计出了新式的电视传输系统，他只好自叹弗如，科技创新大潮历来就是后浪高过前浪。

那个技高一筹的牛人，就是美国发明家法恩沃斯（Farnsworth，1906—1971）。这货几乎是在同一时间也做着电视研究，只比贝尔德晚了几年，他就研制成功了世界上第一台电子式电视机，其性能远超机械式电视。

法恩沃斯出生在美国犹他州西部一个偏僻的农家，11 岁那年他全家搬到了爱达荷州的叔叔家。在那里，第一次看到电灯的他非常兴奋，从此就迷恋上了跟电有关的玩意。虽然起跑线很低，14 岁才第一次进学校读书，但法恩沃斯有一颗聪慧的头脑，他很快就发现学校的课程对他来说全是小菜一碟，而且很不解渴。一个偶然的机会，他在学校的图书馆看到了有关尼普科夫圆盘的资料，便开始琢磨电视机的事了。后来他就琢磨出道道来了，他认为靠圆盘的机械运转虽然速度很快，但永远不可能清晰地捕捉到图像的电子信号，捕捉图像信号的装置必须改成电子的。作为一个农家子弟，法恩沃斯在上课读书之余，也常常坐在田边看农民犁地。有一天，他看着马在田间犁地突然受到了启发。他寻思着，农民犁地都是从最边上开始，一条直线横着犁到头再拐回来，接着犁下一行，这样周而复始一行又一行直到整块地都犁完，看着就像是把整块地扫描了一遍。电视能不能照这种办法，造出一种电子装置替换掉那个圆盘，采用扫描方式更快地扫完整张画面呢？想到这里，他赶紧跑回学校找到他的老师托尔曼，一口气说出了自己的构想，并在纸上画出了扫描信号传输示意图。托尔曼花了很长时间，跟法恩沃斯一起认真讨论了这个构想，师生二人最后都相信这个办法是可行的。然而老师只能是给予充分鼓励，要把想法付诸实施却很难。何况，谁会为一个十几岁孩子的异想天开斥巨资搞研究哟。

1926 年，刚满 20 岁的法恩沃斯打了一份零工，为一个搞金融投资的人做市场调查工作。他做得非常认真让人家很满意，活干完以后那人问他今后有什么打算，法恩沃斯回答说，他一直想搞一项发明，但苦于缺钱干不起来。接着，他滔滔不绝把自己的构想讲给那位投资人听。人家虽然没怎么听懂，却还是决定当一回天使，给他投了第一笔资金共 5000 美元。没过多久，法恩沃斯又从银行得到了 2.5 万美元贷款，于是他在旧金山市格林街租了一间房，办起了他的实验室。有志者事竟成，1927 年 9 月 7 日，法恩沃斯和他的朋友们第一次看到了成功传输的扫描电视信号，世界上第一台电子扫描电视机就这样诞生了。这天离贝尔德发明机械式电视还不到两年。1930 年，法恩沃斯获得了扫描电视的专利权。

不料，美国无线电公司为了获得扫描电视机的垄断权，竟然把法恩沃斯告上了法庭。他们宣称，是该公司的首席工程师兹沃尔金（Zworykin，1889—1982）率先发明了电子扫描电视，他们还说兹沃尔金早在 1923 年就已经造出了这样的电视传输器。在法庭上面对实力强大的美国无线电公司，法恩沃斯要想占上风，简直比登天还难。当他告诉法庭，早在他14岁那年就已经设计出了扫描电视的时候，连法官都摇着头笑了起来。在这紧要关头，当年的老师托尔曼挺身而出为法恩沃斯出庭做证，他拿出了法恩沃斯当年画的那张扫描电视设计图作为证据。幸亏老师善收藏，关键时刻派上了用场。经过一番苦斗，法恩沃斯终于笑到了最后，赢了这场看似必输的官司。

随着时间的推移，电视的发展如山呼海啸般爆发开来，电影、广播、报纸、杂志、剧院等等，几乎所有公众传播业都受到了电视的迅猛冲击，人们的整个生活重心也忽然向电视偏去。有一位名叫威廉·曼切斯特的美国作家曾经这样描述一个美国家庭："现在他们常常是肩并肩地坐在一起，看上几个小时的电视，连目光也很少交接。如果他们交谈，也是气鼓鼓地为这个或那个节目的好坏而争吵，别的事都放到了一边。"这可能就是当初美国生活的写照，而作为电视机的发明者，法恩沃斯却在晚年对自己的这项发明非常后悔。一方面，他激烈地抨击已经开始泛滥的电视节目，另一方面他对自己也毫不留情地进行谴责，认为头脑发浑才发明出了这种浪费生命的方式。更具有讽刺意味的是，他从不许家里人看电视。呵呵，要是他知道如今那么多人整天低着头沉溺于手机电视，估计他连乔布斯也会一起痛骂。

不过骂归骂，电视不仅一天天走进寻常百姓家，而且技术也在继续发展着。1929年美国科学家伊夫斯首次传输彩色图像获得成功，标志着彩色电视诞生。1938年德国人弗莱彻西格提出三枪三束彩色显像管设想，1949年美国首次研制出三枪三束彩色显像管，1957年又研制出了全玻璃壳彩显管。1964年等离子显示技术问世，20世纪70年代又出现了液晶显示器，这两种技术经过几十年的发展已经将传统的电子管电视逐步淘汰。目前在数字化和网络化环境下，数字电视与网络的融合正在加速，电视复用交互技术、柔性显示技术、3D高清数字技术等不断运用，正在推动电视技术进入一个新的发展阶段，“千里眼”已经不满足于清晰地“看见”，而且要让人们更多地动手参与，把虚拟世界与现实世界愈益紧密地连在一起，从而创造更加美好的人类生活。

“四四方方一扇窗，大千世界全能装”，这是人们对电视机最通俗简洁的描述。从先驱尼普科夫简陋的圆盘开始，经过贝尔德和法恩沃斯等人的创造，那个四四方方的电器人见人爱，多年来一直是风靡全球的时尚宠儿。人类走进了电视时代，视野一天比一天开阔，创造出了越来越多的人造新产品，极大地丰富了人们的生活。然而说到人造新产品，还有许多看似不起眼却意义非凡的小玩意，橡胶、塑料、尼龙这类人造材料，就起着秤砣虽小压千斤的作用。

这正是：远在天边近在眼前，电视技术换了人间。

欲知橡胶、塑料和尼龙如何走进人们的生活，且听下回分解。

第四十一回 橡胶工业品登堂入室　塑料和尼龙竞相争宠

主角： 固特异，贝克兰，卡罗瑟斯。

场景： 橡胶、塑料、尼龙先后问世，新材料走上历史舞台。

看点： 人工合成材料改变人们的生活面貌。

且说有许多人造新材料看着不起眼却意义重大，这可一点不假。不妨随便环顾一下四周的生活物品，轮胎鞋底、脸盆牙刷、电器外壳、蚊帐丝袜等，可以说周围绝大多数物品都是由橡胶、塑料和尼龙材料制造出来的。但你可要知道，这三种人造材料只有短短百来年的历史，此前全世界几乎所有的物品都是笨重的铁器、石器和木器，压根就没有像今天这样琳琅满目、简洁实用的器物。原因很简单，这些材料过去在自然界里并不存在，它们都是科技创新的产物，是一个个科学家、发明家呕心沥血创造出来的。假如没有这些人造材料，也就不会有今天丰富多彩、林林总总的便捷世界了，所以说秤砣虽小压千斤，这事在科技创新史上岂能不表？那就一个个来说道说道。

按照发明的时间顺序，先来说橡胶技术的兴起。早在 1736 年法国人孔达米纳在南美洲考察时，便注意到三叶橡胶树上流出的胶乳很有黏性，而且“干”了以后有一定弹性，于是他弄了些野生橡胶样本寄回巴黎，引发了欧洲人研究和利用橡胶的兴趣。1823 年英国人麦金托什建立了第一家用橡胶制作防水雨衣的工厂，1826 年汉考克发现了提高橡胶可塑性的加工方法，他们可以说是橡胶工业的先驱者。然而那个时候加工出来的橡胶既缺乏弹性又极易变形，而且遇热就变软发黏，与我们今天所见的轮胎、鞋底、橡皮筋之类还不是一码事。后来，橡胶硫化法的问世才真正使橡胶的性能有了根本变化，进而促进了橡胶工业的逐步形成，到 19 世纪中叶已生产出了胶布、胶鞋、胶管、胶板及一些日用品。因此说，硫化法对推动橡胶的大规模应用起到了关键作用，而这项核心技术的发明者是美国人查尔斯·固特异（Charles Goodyear，1800—1860）。

出生于小商人世家的固特异，一生命途多舛。他 16 岁时到费城的五金厂当了一名学徒，26 岁那年他与父亲一起办了家冶金厂，建造了美国第一个冶金炉。但由于短时间内扩张过度而陷入了困境，最终只能倒闭。破了产自然是负债累累，固特异本人也因此入狱坐了牢。出狱后的固特异还要继续还债，他不得不东山再起，办冶金厂没戏那就看看别的喽。1834 年夏天，固特异参观了纽约早期的印第安橡胶公司，这一去让他看出了大名堂，并从此与橡胶结下了不解之缘。他觉得橡胶的高弹性、可塑性以及耐用、防水、绝缘等优点有着广泛的用途潜力，但橡胶因自身致命的缺陷困扰着整个橡胶业的发展。这些缺陷包括，橡胶对温度过于敏感，温度稍高就变得又软又黏，而且散发出难闻的臭味，温度低时则变得又硬又脆，等等。这让固特异萌生了对橡胶进行改性的念头，反正要重新创业了，不如就从这里入手。

然而，橡胶改性谈何容易。经过无数次的实验，固特异不但没有取得任何进展，反而搭进去不少钱和时间。就在他感到心灰意冷的时候，奇迹发生了。1839 年寒冬的一天，他在搓手取暖的时候，无意中把一根混有硫黄的橡胶棒掉到火炉上，他捡起来一看，突然惊奇地发现橡胶棒并没有变软，而是变成了一种具有弹性的皮革状物质。这显然是运气来了，固特异信心大增，随后又开展了一系列新的实验，终于找到了使橡胶变得稳定所需的最佳温度和加热时间。1844年，他研制成功了一种新型橡胶，并取名为“伏尔甘硫化橡胶”，这“伏尔甘”乃古罗马火神之意。随后，固特异向美国专利局提交了“硫化橡胶技术”的发明申请。

许多技术发明家一旦成功，很快就会名利双收，成为腰缠万贯的富翁。但是，固特异实在是命运不济。这项导致橡胶工业巨变的发明专利虽然获得了批准，却没有让他走上发家致富之路，反而让他更加穷困潦倒。原因在于硫化技术太容易被模仿，很多橡胶工厂本来惨淡经营着，一听说他的硫化技术特神奇，马上就无偿拿来享用，不用白不用嘛。就这样，辛辛苦苦得来的成果被无良老板们白用。为了争取自己的利益，固特异陷入了与侵权者不断交涉、不断斗争的旋涡里。尽管固特异在诉讼中获得了最后胜利，但长期的诉讼过程耗去了大量的金钱和时间，到后来他仍然是穷光蛋一个。甚至在他去世的时候，还给家人留下了几十万美元的债务。所以你看，美国历史上也曾发生过企业界大规模侵犯知识产权的事。

在固特异去世38年后，为了纪念他对橡胶工业作出的巨大贡献，美国企业家弗兰克·史柏林把自己创建的橡胶公司更名为“固特异轮胎橡胶公司”。值得一提的是，如今固特异公司这个百年明星企业，无论从血缘上还是经济上都跟固特异本人没半毛关系，但固特异公司的创始人史柏林却认为，他们不但在技术上传承了固特异的发明创造，更重要的是他们继承了固特异在逆境中不懈探索的创新精神。看看，好人终有好报，人们记住了发明家固特异的名字，也记住了固特异轮胎橡胶公司。

固特异让“臭烘烘、黏糊糊”的橡胶改头换面，堂而皇之地登上了大雅之堂，可谓功在千秋。就在他逝世后不久，另一种人造材料——塑料，也开始了技术研发历程。按现代化学理论的解释，塑料与橡胶都是以碳氢原子为主组成的高分子材料，但塑料的分子量比橡胶要大，二者最根本的区别在于形变方式不同，塑料发生塑性变形后很难恢复原状态，而橡胶是弹性变形很容易恢复原状。这种完全不同的性状，决定了它们各有各的用途，谁都知道。

塑料也同样经历了一个早期不成熟的研发阶段，那时候主要是对天然纤维素进行改性加工。1869 年美国化学家 J. W. 海厄特发现，在硝酸纤维素中加入樟脑和酒精能制成一种可塑性物质，在热压下可以成型为塑料制品，他把这种物质命名为“赛璐珞”。1872 年他和弟弟一起开办了生产赛璐珞的工厂，后来还加工成了马车和汽车的风挡以及电影胶片等，这就是最初的塑料工业。1903 年，德国化学家艾兴格林发明了不易燃烧的醋酸纤维素及注射成型法，后来在拜耳股份公司投入了生产。除此之外，一些化学家开始尝试在实验室里合成高分子聚合物，并零零散散生产起来，为塑料工业打下了基础。但那会儿塑料产量非常少，还没有形成独立的工业部门，原因在于还没有一个完全人工合成的塑料品种。

1907 年 7 月 14 日是个转折点，世界上第一种完全合成的塑料品种注册了专利，它的发明者就是美籍比利时化学家贝克兰（Baekeland，1863—1944）。这个贝克兰出生在比利时，读书却到了德国，他在德国的夏洛滕堡工业大学获得博士学位后，先是留在德国从事相片化学材料的研究，后来移居美国转向了合成塑料的研究。那时候，贝克兰因发明一种照相纸掘得了第一桶金，财大气粗地买下了纽约附近的一座豪宅，将其中一个谷仓改成了私人实验室。当时刚刚兴起的电力工业蕴藏着绝缘材料的巨大市场，贝克兰从中嗅到了技术需求。多年来，由天然虫胶加工而成的绝缘材料只能靠家庭手工业生产，市场需求一旺价格便飞涨。于是，贝克兰把寻找虫胶的替代品作为技术目标，开始了合成树脂的研究。与此同时，许多化学家也已认识到一些涂料、黏合剂等天然树脂和纤维其实都是聚合物，即结构重复的大分子，他们觉得应该能找到人工合成聚合物的技术方法。

其实早在1872年，德国有机化学家拜尔就发现，苯酚和甲醛反应后能得到一种黏糊糊的残留物。不过拜尔后来是将其用在了合成染料上，而不是绝缘材料。时过境迁，贝克兰注意到了这种残留物，并开始从绝缘材料角度研究这种化学反应。起初并不顺利，1904年他研制出了一种液体即苯酚－甲醛虫胶，但液体用作绝缘材料显然能耐有限，因而推向市场后并不成功。3年后的1907年，贝克兰终于将液体捣腾成了一种糊状物，模压后成了一种半透明的硬塑料，这就是他申请的专利品种——酚醛塑料。

塑料工业的开篇之作就这样完成了。与早期塑料产品截然不同，赛璐珞来自化学处理过的胶棉以及含纤维素的植物材料，而酚醛塑料则是一种完全人工合成的塑料，贝克兰用自己的名字将其命名为“贝克莱特”。这货比前面那个固特异幸运得多，就在他提交专利申请的第二天，英国化学家斯温伯恩也提交了完全一样的专利，可惜人家晚了一天，否则英文里酚醛塑料就要改称“斯温伯莱特”了。1909年2月8日，春风得意的贝克兰在美国化学协会的一次会议上公开了这种塑料，从此塑料品种开始大踏步走进人类生活。

酚醛塑料具有绝缘、稳定、耐热、耐腐蚀、不可燃等特点，贝克兰称其为“万用材料”。尤其是在迅速发展的汽车、无线电和电力工业中，它被制成插头、插座、收音机和电话机外壳、螺旋桨、阀门、齿轮、管道等。在日常生活中，它很快就出现在台球、把手、按钮、刀柄、桌面、烟斗、保温瓶、热水瓶、钢笔等杂七杂八的物品上。有人说塑料是20世纪的炼金术，原材料出自煤焦油那样的廉价产物，得到的则是用途广泛的新型材料。1924年《时代》周刊的一则封面广告预言，酚醛塑料在数年后将出现在现代文明的每一种设备里，这个预言还真是实现了。1940年5月20日的《时代》周刊赞誉贝克兰为“塑料之父”，他当之无愧。当然，继贝克兰之后，塑料技术又有了长足发展。1922年以后，德国化学家施陶丁格提出了长链大分子构成的新观点，为高分子材料的合成制备提供了新理论支撑。1928年英国研制出了第一种无色树脂，1931年美国接着研制出了有机玻璃，1933年美国化学家西蒙发明了用途广泛的聚氯乙烯，1941年美国又开发出了悬浮法生产聚氯乙烯的新工艺，等等。这些新的技术创新无不推动着塑料产品的迅猛增长。目前，全世界以塑料为主体的合成材料产量，早已超过了全部金属产量的总和。

说过了塑料，再来说一说尼龙。其实尼龙的学名叫聚酰胺，它本质上就是一种工程塑料，或者说是工程塑料中最重要的品种。本回之所以把它单独拉出来遛遛，那是有原因的：一来尼龙的发明走的是另一条创新道路，它不同于树脂塑料的合成技术，而是伴随着化学“缩聚反应”规律的揭示而发明出来的；二来尼龙是世上首先研制出来的合成纤维，人们现在身上里里外外穿的衣服有很多都是尼龙（锦纶）制品，创新果实就在每个人身上岂能麻木不仁；三来尼龙的合成是高分子化工的一个重要里程碑……总之原因有很多，不专门说说不行。

尼龙的发明比酚醛塑料晚了20多年，这项创新成果跟美国化学家卡罗瑟斯（Carothers，1896—1937）的名字紧紧联系在一起。卡罗瑟斯很早就表现出了卓尔不凡的独创精神，在读大二那年，他就发表了有机化学方面高水平的研究论文。

那时候，有机化学结构理论在凯库勒、布特列洛夫、马尔科夫尼科夫等人的推动下已有很大的发展，谁也没想到初出茅庐的卡罗瑟斯会来增砖添瓦，他提出了有机化学的电子“倍键”理论，让业界刮目相看。后来，卡罗瑟斯攻下了博士学位便留在伊利诺伊大学香槟分校担任化学讲师，两年后又转去了哈佛大学，教教书搞搞化学研究倒也悠然自在。然而这种自得其乐的日子没过多久就被打破了，抢挖人才的猎头找上门来了。

1927年美国杜邦公司作出了一项重要决定，要组织一批人马专门开展化工基础理论研究，不以在短时间内开发出赚取利润的化学产品为目标，而是要为新型纤维研制打基础。有人推荐了卡罗瑟斯，杜邦公司立刻发扬三顾茅庐的精神，登门聘请并许以高薪。如今回过头来看，杜邦公司之所以能经久不衰成为“百年老店”，确有其独到的经营眼界。要知道，企业的科技研发活动历来都以“短平快”为目标，不赚钱的基础研究谁愿出钱？但是，原创性的重大技术只能来自基础研究的突破，杜邦公司百年前能做到的事，很多企业现在依然做不到或者说不愿做，这是后话。卡罗瑟斯当时犹豫了一阵，最后还是选择了加盟杜邦。

卡罗瑟斯搞了3年“没利润的研究”，才开始见到“利润”的苗头。1930年他用乙二醇和癸二酸缩合制取聚酯，在实验过程中，他和同事在从反应器中取出熔融的聚酯时发现，这种熔融的聚合物能像棉花糖那样抽出丝来，而且这种纤维状的细丝即使冷却后还能继续拉伸。这种从未见过的现象让卡罗瑟斯预感到，抽丝的步骤有可能用来制造纤维。当时化学界对缩聚反应研究得还很少，得到的缩聚物并不彻底。卡罗瑟斯采用了不同于有机合成一般规程的方法，他在进行实验时，严格计算了反应物的配比而使缩聚反应的程度相当彻底，最终合成出了分子量高达2万左右的大分子聚合物。卡罗瑟斯的研究表明，聚合物是一种真正的大分子，可以通过已知的有机反应获得，其缩聚反应的每个分子都含有两个以上的活性基团，这些基团通过共价键互相连接而不是靠小分子简单聚集在一起，这就是缩聚反应的规律。在揭示原理的基础上，卡罗瑟斯随后又对一系列的聚酯化合物进行了深入的研究，筛选出了己二酸和己二胺作为合成的基本原料。1935 年，卡罗瑟斯终于制成了梦想中的新纤维，这种新纤维具有强度高、耐磨、弹性好、不怕虫蛀等特点，胜过以往人们使用的很多纤维。不知谁为这种新纤维取了个名字叫“尼龙”，就连杜邦公司也搞不清，他们那会儿只知道这是个能赚取高额利润的产品名字，谁起名不重要。

尼龙问世后，先是以袜子的形式在美国试销。用尼龙制成的丝袜既透明又耐穿，一推出就被人们视为珍稀之物而争相抢购。1939 年 10 月 24 日，在杜邦公司总部门口进行了尼龙丝袜的首次试销，立刻引起了轰动，接着就在全美形成了一股“尼龙热”，进而又使整个服装纺织品的面貌焕然一新。人们用“像蛛丝一样细，像钢丝一样强，像绢丝一样美”的词句来赞誉新问世的尼龙。很快尼龙又被制成了降落伞、飞机轮胎、帐篷、绳索、被服等军工产品，用途越来越广。随着时间推移，尼龙技术也在不断升级创新，改性尼龙产品日益增多，阻燃尼龙、透明尼龙、耐候尼龙、超强尼龙、铸造尼龙、芳香族尼龙等新产品相继推出。目前尼龙产品正朝着高刚性、合金化、纳米制造化等方向发展，继续在造福人类的道路上迈进。

橡胶、塑料和尼龙这三种新型人造物，实际上是 20 世纪新材料工业的“三剑客”，它们问世以来所向披靡，以锐不可当之势冲向人类生活的各个角落，一方面给社会生产带来了巨大变革，一方面也极大地丰富了人们的日常生活。别的且不说，看看如今人们身上五彩纷呈、花里胡哨的衣着穿戴，跟 100 年前相比便不可同日而语，世界真真切切变了样。然而也别忘了，穿得再漂亮若整天病病歪歪岂不成了中看不中用的废物，那得靠胰岛素、青霉素这样的抗击疾病利器。

这正是：三剑客橡胶塑料尼龙，新材料争先恐后杀出。

欲知胰岛素和青霉素如何登上历史舞台，且听下回分解。

第四十二回

班廷探得胰岛素秘笈　弗莱明获青霉素宝物

主角： 班廷，弗莱明。

场景： 胰岛素的发现过程，青霉素的发现和提取。

看点： 人类征服疾病的能力显著增强。

话说进入20世纪以后世界的变化步伐加快，人们的生活水平日益提高。不光是穿着变得更加光鲜亮丽，而且吃得也越来越多、越来越好。特别是欧美率先实现了工业化很快就发达起来，富裕了有钱了自然要多吃点好的，于是面黄肌瘦的人少了，肥头大耳的人多了。这大鱼大肉一多吃，毛病很快就吃出来了，糖尿病的发病率随之显著增长。这跟我国改革开放以后富起来的情况类似，就像有人描述的那样，过去一个学校也就一两个小胖子，后来每个年级都有，再后来每个班都有，再后来更不得了，每十个八个学生中就能找出一个小胖子。当然了，最近几十年我国的糖尿病发病率也呈爆发式增长，据《瞭望东方周刊》报道，1979年我国的糖尿病人不足1000万，到2013年猛增到1.14亿，挺吓人的。都说糖尿病是吃出来的富贵病，这是没错的，欧美人和中国人都一样。你想啊，人类祖祖辈辈寡水蔬食、粗茶淡饭，突然阔绰起来整天鸡鸭鱼肉猛吃，身体上由祖先们留传下来的“贫基因”，怎能一下子适应那么多“肥食物”，不得病才怪呢。

这个问题在20世纪20年代前后的欧美相当严重，比现在还要麻烦，因为当时无药可医呀。一谈到糖尿病人们就胆战心惊，唯一能对病情略加遏制的办法，就是“饥饿疗法”，得病了就少吃点饿着呗。成千上万的患者，不得不忍饥挨饿苦苦挣扎，靠这种残酷的疗法来延长生命，生活质量严重下降。然而即便如此，严格限制糖尿病患者的一日三餐，常会造成一些病人猝死于低血糖休克或者营养不良等。长此以往，糖尿病人只有死路一条。就在这种紧要关头，一位大智大勇的好汉挺身而出，向糖尿病发起了挑战。这位好汉就是白求恩的大学校友、加拿大医生弗雷德里克·班廷（Frederick Banting，1891—1941）。

班廷早年在多伦多大学医学院求学，他读书期间适逢一战爆发，大学一毕业就应征入伍到欧洲从事战地服务。在战火中，班廷因英勇顽强而荣获了英国政府授予的军队十字勋章。战后班廷回到了加拿大，在一个小镇上挂牌行医，但诊所生意极其惨淡，连养家糊口都困难。迫不得已，他在安大略省医学院找了一份兼任讲师的工作。班廷是军医出身，他的业务兴趣是在外科方面，这也是他讲课的强项。但有一天，他被要求作一个关于糖尿病问题的讲座，这下子可好，原本不怎么关注的领域闯入了他的视野。他断不会想到，这件偶然的事情会影响到他的一生，最终还会为千千万万的糖尿病人解除痛苦。

要讲好课当然要认真备课，班廷对这个领域不熟悉，他为此投入了很大精力。在废寝忘食熟悉情况、查阅文献的过程中，班廷慢慢对糖尿病问题产生了浓厚兴趣，并看出了门道。他注意到，健康人的胰脏上布满了细小的暗点，在显微镜下看着就像海洋中漂浮的一个个小岛屿（后来这些细胞团被称为胰岛），在糖尿病人死亡后胰岛会缩小很多，而其他死亡病人的胰岛却能保持原来的大小不变。他还注意到有人曾推测过，糖尿病的病因与胰岛有关，但实验事实却表明，口服胰腺提取物对治疗糖尿病并无效果。班廷认为，答案仍然在那些神秘的“岛屿”中，而胰腺提取物之所以对治疗糖尿病无效，可能是由于胰腺酶或消化酶将其中的抗糖尿病物质破坏掉了。他打定主意在狗身上做实验，避开酶的破坏作用，用健康的胰岛组织提取物直接注射进糖尿病狗的体内，看看有无效果。

但是班廷没有实验条件，后来几经周折，他找到多伦多大学生理系的麦克劳德教授求助，希望这位糖代谢的权威人物能给予支持。经过几次游说，麦克劳德终于允许他在大学暑假期间到其实验室工作两个月，并为班廷提供了 10 条实验用狗，同时还给他配了一位名叫贝斯特的学生做助手。人家权威的科研资源就是丰富，要狗有狗要人有人。有了大腕相助，班廷信心十足，他很快就撸起袖子干了起来。可是实验进展并不顺利，仅在短短的两周时间内，由麦克劳德提供的 10 条狗就有 7 条在切除胰脏和结扎胰导管的手术中死亡，而且重新买来的狗也因感染或手术创伤等原因相继死亡。一次又一次的失败，并没有动摇班廷的意志，他和助手贝斯特互相鼓励，吸取失败的教训，跌倒了再来。经过不懈的努力，实验终于有了重大进展。他们在 10 条患了糖尿病的狗身上，先后共注射了 75 次胰岛提取液，终于发现有一条狗的血液含糖量有了明显的下降。那只刚才分明还奄奄一息动弹不了的狗，已经慢慢坐了起来，一个小时后，它竟奇迹般站了起来。这让班廷和助手欣喜若狂，他们用胰岛提取液终于救活了一条狗，这是头一次。

后来又经过反复实验，班廷和贝斯特终于证实，胰岛提取物具有降低血糖的作用，他们给它取名为“岛素”。然而岛素并不容易大量得到，要用 5 条狗的胰脏提取物才能维持 1 条狗的性命，这代价太昂贵，班廷于是想到了屠宰场。不久，他和贝斯特从屠宰场带回了9只牛的胰脏，打算从中提取宝贵的岛素。牛的块头大胰脏也大，只是不知道动物之间的岛素是不是功效通用。班廷试着用牛胰脏中提取的岛素给一条糖尿病狗做了注射，结果狗的高血糖直线下降了，这证明岛素的功效通用。此后，班廷他们的实验速度加快了，一切变得顺利起来。终于，班廷他们决定把实验从狗身上转到人身上。他俩先在自己身体上做了毒性实验，证实这种能降低血糖的岛素对人体无害。接下来的工作就是把这种从牛胰脏中提取出来的岛素用在糖尿病人身上，进行临床试验。

上苍似乎刻意要助班廷一臂之力。恰巧这时候，他的好友吉尔克里斯特患了严重的糖尿病。班廷马上找到他，请他到自己的实验室来试用一种“救命仙丹”。不管怎么说，班廷心里是忐忑不安的，万一要是出点什么差错如何向老友交代？所以在为老友注射了胰岛素后，班廷不敢当面观察，而是溜回家里守着电话机等待结果。电话铃终于响了，吉尔克里斯特急切地说，他觉得呼吸轻松起来，胃口也恢复了，迫切希望再打一针“救命仙丹”。班廷长长舒了一口气。就这样，班廷在贝斯特协助下，迈出了糖尿病研究方面重要的一步。接着班廷又找到擅长生物化学的科利普教授，请他帮着对动物岛素的提取加以改进，并进行纯化。经过一段时间努力，他们最终得到了较纯的岛素，班廷将其改称为“胰岛素”。从那一刻起，世上无数糖尿病人总算是听到了福音。1922年1月23日，班廷和贝斯特带着胰岛素来到多伦多总医院，首次给一位14岁的糖尿病患者做正式治疗，一举取得了成功。从此，胰岛素用于糖尿病临床治疗便推广开来，曾经令人恐惧的糖尿病在班廷的努力下终于找到了行之有效的解救办法。

班廷的付出有了应得的回报，他荣获了1923年的诺贝尔生理学或医学奖。面对纷至沓来的各种荣誉，班廷却谦逊地说：“关于糖尿病，我做的一切可以用15分钟讲完。”后来，他以很低廉的价格把胰岛素的发明专利权一次性转让给了一家制药公司，为的是方便救治千千万万糖尿病人。同时，他把诺贝尔奖金的一半分给了贝斯特，并在信中深情地写道：“你是同我在一起的，永远如此。”然而令人遗憾的是，第二次世界大战爆发后，班廷作为一名少校军医参加了战地医疗工作，但这回参战很不幸，他在纽芬兰上空因飞机失事而壮烈牺牲。人们现在很难想象，一个诺贝尔奖得主还要亲自上战场去打仗，可见战争这种妖魔是多么可恶。为纪念这位造福于糖尿病人的伟大白衣天使，国际糖尿病协会于1992年决定，以班廷的生日11月14日作为每年的“世界糖尿病日”。在进入了21世纪的今天，富起来的人越来越多，糖尿病发病率依然在飙升，胰岛素也依然在发挥着无可替代的巨大作用，是无数“富得不舒服的人”的救星。

沉舟侧畔千帆过，病树前头万木春。如果说胰岛素解除了糖尿病患者的痛苦，让许许多多“富贵病人”大受裨益的话，那么接下来青霉素的发现及应用，则开启了人类历史上具有里程碑意义的抗生素时代，其受益面几乎波及地球上每一个人。须知在此之前，感染性疾病是人类最主要的杀手，像伤寒、肺结核之类在今天看来小菜一碟的毛病都曾属于不治之症，遇到传染病大面积流行的时候更是束手无策，哀鸿遍野。青霉素使人类第一次有了对付细菌感染的杀手锏，人类的平均寿命也因此大幅提高。仅以美国为例，从青霉素问世以后到1956年的10多年间，儿童疾病的死亡率下降了90%以上，人口平均寿命增加了10年以上。这是前所未有的人间奇迹，很多人都把青霉素的出现看作是人类“死亡率转变的重大拐点”。而最先找到青霉素这一宝物的神人，则是英国微生物学家亚历山大·弗莱明（Alexander Fleming，1881—1955）。

弗莱明出生在苏格兰，他从小就立志学医。1901年，弗莱明如愿以偿考取了伦敦大学的圣玛丽医学院。毕业留校以后，他拜当时著名的传染病学家赖特为师，跟随他从事痘苗治疗的研究工作。第一次世界大战爆发后，弗莱明参加了皇家军医部队。在救治伤病员过程中，他经常眼睁睁看着因伤口感染而死亡的伤员手足无措，感慨之余他暗暗下了决心，一定要找到一种能杀死病菌的药物。1919年退伍后，弗莱明回到圣玛丽医院开始研究抗菌物质。看到了吧，弗莱明和班廷出身一样，都曾是正儿八经的军医，“老军医专治”的说法那也是有历史由头的。

然而要寻找抗细菌的药物却非易事，弗莱明在他的实验室里杂七杂八地摆放了许多玻璃器皿，里面培养着各种细菌，准备大海捞针慢慢干。由于杂乱无章的器皿太多，他便养成了一个工作习惯，在初步研究过自己培养的细菌后，往往顺手把那些玻璃器皿往旁边放置一段时间，等过些日子再打开来看看有没有发生什么变化。1922年的一天，患了感冒的弗莱明无意中对着一个培养皿打了个喷嚏，过了几天打开一看，竟发现这个培养皿中的细菌全被溶解掉了。弗莱明很兴奋，经过仔细研究他终于弄明白了，原来在体液中有一种可溶解细菌的物质——溶菌酶。然而他进一步研究发现，这种溶菌酶只对无害的微生物起作用，对有害的病菌则几乎无效。但不管怎么说，溶菌酶的发现毕竟是抗菌药物研究的一个重大突破，说明细菌是有克星的，这让弗莱明信心大增。

岁月在慢慢流逝，奇迹也在慢慢出现。1928年9月15日下午，弗莱明在实验室一边观察培养皿，一边跟一位同事闲聊。突然，他发现靠近窗边一个盖子没盖好的葡萄球菌培养皿中出现了一种青色的霉菌。拿起来一细看，金黄色的葡萄球菌受了污染，变成了半透明状，已经完全裂解了。啊，这种青色的霉菌可能就是葡萄球菌的致命克星！弗莱明立即从培养皿中刮出这种霉菌，放在显微镜下仔细观察，他确定这种青色的菌种就是青霉菌。后来他才知道，这种青霉菌是从楼上另一位细菌学研究者的窗口飘落下来的。弗莱明于是对青霉菌开始做观察实验，几天后他发现青霉菌慢慢堆成了菌落，淡黄色的培养液也具有杀菌能力。于是他推论，真正的杀菌物质应该是青霉菌生长过程中的代谢物，他把这种代谢物称作“青霉素”。如果青霉素真有杀菌作用的话，那就等于找到了盼望已久的杀手锏。因为弗莱明知道，青霉菌是单株真菌，与面包和奶酪里的霉菌没有什么不同，几乎是人畜无害的菌种，用作药物当无问题。后来的实验证明他是对的，青霉素对许多传染病菌具有显著的抑制作用，且杀菌能力极强又没有毒副作用。1929 年 2 月，弗莱明提交了题为《青霉素的实际应用》的研究论文。这篇刊登在《新英格兰医学杂志》上的论文阐明了青霉素的强大抑菌作用、安全性和应用前景。他放胆预言，病菌猖狂威胁人类的时代即将一去不复返。

然而好事多磨，把青霉素变成药物还有关键的技术难题要解决。会养猪的人不一定会杀猪，弗莱明本人对生化技术并不擅长，他无法把青霉素提取出来用于临床，但他相信迟早会有人彻底解决这个问题，猪养出来了还怕没人杀吗？于是他没有轻易丢掉所培养的青霉菌，反而耐心地放在培养基上定期传代。10 年以后，牛津大学的生化学家钱恩和病理学家弗洛里领导的溶菌酶和抗菌物质研究小组在查找文献的过程中，从一本积满灰尘的《新英格兰医学杂志》上发现了弗莱明的论文。他们立即转移研究方向，把工作重心放在了青霉素的药化研究上，最终成功分离出了青霉素粉末并将其提纯为药剂。经过大量的动物实验，青霉素药剂取得了令人满意的抗菌效果。1940 年 8 月，钱恩和弗洛里把对青霉素的药学研究成果刊登在了著名的《柳叶刀》杂志上。这篇文章极大地震动了弗莱明，年近六旬的他立即动身赶到了牛津，面见钱恩和弗洛里，并把自己培养了多年的青霉素菌送给了他们。正是这次历史性的会见，为后来培养出效力更大的青霉素菌株打下了基础。钱恩和弗洛里是青霉素研究杰出的继往开来者，他们两人跟弗莱明一道分享了1945年的诺贝尔生理学或医学奖。

1941年，美国军方宣布将青霉素列为优先制造的军需品。在这样的大背景下，青霉素开始走上规模化工业生产的道路。到1942年末，美国已有20多家制药公司开始大量生产青霉素，世界各国也纷纷群起仿效。那些曾经严重危害人类的疾病，比如猩红热、白喉、梅毒、淋病，以及各种结核病、败血病、肺炎、伤寒等都受到了有效的抑制。青霉素奇迹般的疗效，不仅为广大患者带来了福音，也引领人们寻求更多更新的抗菌药物。随后，链霉素、氯霉素、金霉素、土霉素、四环素以及卡那霉素、庆大霉素、万古霉素等数十种各有功效的抗生素一个接一个登上了医学舞台，人类在征服疾病谋求健康的道路上越走越远。

然而随着抗生素时代的蓬勃发展，抗生素的长期滥用也带来了新的问题，抗生素抗性正日益成为人类面临的一种严重威胁。众所周知，细菌繁殖快突变也快，而且它们之间可以彼此交换对生长有利的基因。抗生素经过大半个世纪的广泛应用，已有越来越多的病菌对其产生了“刀枪不入”的抗性。特别是进入21世纪以来，已发现了一些对所有抗生素都耐药的所谓“超级细菌”，一旦这类超级细菌蔓延开来，人类将进入后抗生素时代，或将再次回到对病菌感染无能为力的“旧社会”。弗莱明曾说：“大自然创造了青霉素，我只不过是发觉了它的存在。”这话既是先辈的自谦，也是对后人的激励，大自然既然能创造青霉素，也一定创造了对付超级细菌的办法，当代有志者要努力找到它。

马克思说过：“在科学上是没有平坦大道可走的，只有那些在崎岖小路的攀登上不畏艰苦的人，才有希望到达光辉的顶点。”班廷发现胰岛素、弗莱明发现青霉素的过程就是对这话很好的诠释，他们两人都在崎岖的小路上探索过，也都在攀登高峰的岁月里不畏艰苦，才终于取得了成功。当然他们还有一个共同点就是，两人都参加过战争，班廷甚至在战争中献出了宝贵的生命。战争摧残文明，战争泯灭人性，当然战争也影响到科技创新活动。

这正是：胰岛素降服糖尿病，青霉素痛杀致病菌。

欲知战争如何影响科技创新，且听下回分解。

第四十三回 战争妖魔挟持科技　双刃利剑各砍一侧

主角： 武器装备。

场景： 科学技术在硝烟弥漫的战火中“疯长”。

看点： 战争对科技创新的巨大影响。

且说先后发现了胰岛素和青霉素的两位科学家都当过军医，也都参加过战争，这茬子事在科技创新史上不太引人注目，却是千真万确的事实。其实，科学家跟多数善良的人一样不希望有战争，但人类社会漫长的发展史就是一部战争史，想躲避也躲避不了。历史上战争与科技的关系很微妙，一方面它是人类社会最野蛮、最残酷的群体暴力活动，毁灭文明破坏一切，另一方面它对科技创新却起着一种“催化剂”的作用，刺激着科技的强力发展。道理很简单，交战双方都会把最先进的科技成果用在军事上，不惜一切代价去战胜对方。正如英国著名哲学家罗素所说，“科学的实际重要性，首先是从战争方面认识到的”。苏联军事学家 M. 基里扬也说过，“历史上，科学的每一个发展都有军事促进的因素”。这些话对近代以来的科技发展尤其适用。

战争就是这样一种妖魔鬼怪，在其挟持之下，科学技术在一个时期会出现“疯长”态势，特别是在与武器装备紧密关联的领域。早在第一次世界大战之前，德国就有过这样的邪乎经历。从1864年起，德国接二连三打了7年的仗，先是联合奥地利打败了丹麦，后来又回过头灭掉了奥地利，接着又击败了法国，于1871年建立了德意志帝国。在这一过程中，德国的很多科学家被征召来解决冶金、爆炸、发射以及其他跟武器有关的科技问题，从而使军事技术有了长足发展。1866年德国的克虏伯发明了后膛钢炮，即著名的克虏伯钢炮。1870年德国又发明了枪管带螺旋线的来复枪，大大增强了火枪的射程和准确性。紧接着还搞出了线状无烟的立德炸药，等等。这些玩意的出现，既提高了军事作战能力，也极大促进了冶金学、机械工程学、化学、材料科学的发展，德国的科技活动也由此进入了鼎盛时期。

两次世界大战更是显示了战争妖魔的双刃剑作用，每次战争既是对文明的大破坏，也是科技的大展示。第一次世界大战被人们称为“化学家的战争”，无烟火药、高爆炸药、毒气弹等竞相登场，造福人类的化学技术变成了杀戮利器。第二次世界大战被人们称为“物理学家的战争”，导弹、潜艇、坦克、雷达等迅速问世，物理学当时几乎所有的看家本领都用在了军事上，甚至还没打磨成熟的玩意也迅速出现在了战场上。

的确，战争成了科技产品最大的试验场。许多新技术、新装备还没定型，就提前进入了使用阶段，大大缩短了科技产品从实验室到实际应用的时间，其中最典型的就是飞机。莱特兄弟刚发明出来的飞机还很不完善，一战爆发的第二年就被用到了战场上进行空中侦察。意大利法西斯将军杜黑更是登峰造极，他抛出了所谓“空军制胜论”，极力鼓吹要掌握制空权，要大搞军用飞机。后来，随着飞机性能的不断改进，与之配套的空中作战、对地轰炸武器以及专门的瞄准装置等，便一个接一个快速出炉。二战前后，飞机的发展进入了一条超快车道。希特勒上台之后，很快建立了以纳粹二号头目戈林为司令的法西斯空军。到二战爆发的时候，德国已经拥有了一支包括4000多架飞机在内的强大空军，其中包括歼击机1000架、轰炸机1800架。相比之下没想要发动战争的同盟国各国，军事技术实力则要逊色得多，英国和法国的军用飞机加起来只是德国的一半多。

德国空军当时的优势不仅表现在数量上，而且表现在质量上。由于德国人一直在做战争的准备，是花了血本的，他们的飞机几乎全都是采用当时最先进的技术制造出来的，其性能大大超过了其他国家的飞机。例如，德国对发动机作了很大的技术改进，当时生产的梅塞斯米特Me109G－2式歼击机的时速达到了666公里，相当于第一次世界大战中最快歼击机时速的四倍，这也是二战初期飞得最快的歼击机。德国飞机还普遍装配了自动变距螺旋桨、增压器、收缩式起落架以及无线电等最新式的设备。而英法两国的飞机，只有很少一部分用上了这些先进设备。

以德国为首的法西斯轴心国，除了在飞机性能的改进上很下功夫之外，还在坦克、潜艇以及机枪之类的轻重武器上做足了文章。早在希特勒还未上台时，德国就已经开始在国内千方百计地秘密研制武器，并在国外成立了从事军火生产的子公司，遮人耳目假手外国军火工厂更新军备。他们把研发出来的技术弄到国外，在瑞典制造大炮，在瑞士制造机枪，在芬兰、荷兰和西班牙制造潜艇。正如克虏伯在希特勒猖狂不可一世的时候所宣称的那样："军备的基本原则和坦克上的炮塔设计，在1926年就已经搞出来了，最重要的几种枪炮在1933年就已经完全齐备了。"希特勒上台后，搞出了不顾人民死活的"要大炮，不要黄油"的4年发展计划，把全部国民经济纳入了战争的轨道，以大量的先进武器充实了德国的军库。

二战进行过程中，德国更是狂为乱道，把正处在试验阶段、原本打算用于探索太空的液体火箭改制成了 V1 型、V2 型导弹，好端端的新技术没有先造福人类，反而是先祸害人类。德意日法西斯甚至丧尽天良，在战争中拿活人做实验研究军事医学、研制生化武器，德国军医把战俘活生生砍伤做外科试验，日军研制细菌武器的 731 部队更是臭名昭著。这些“研究”是对科学的亵渎，是对全人类犯下的滔天罪行。

德意日轴心国就是靠一开始在军事技术上的明显优势，悍然发动了惨无人道的侵略战争。然而随着战争的推进，同盟国技不如人的被动局面慢慢得到了扭转。后来演化的结果是，苏联不仅造出比梅塞斯米特飞得更快的米格式战斗机，而且研制出了被德军称为“黑死神”的伊留申式低空强击机。斯大林曾告诉制造这种飞机的工厂厂长说，苏军急需的这种飞机简直相当于空气和面包。不仅是苏联，英国和美国为了对付德国的制空优势，也先后在短期内设计和制造出了“飓风式”“喷火式”“野马式”战斗机和“B－17”“B－24”以及“B－29”轰炸机。在交战双方的激烈竞争中，航空工业技术水涨船高，涡轮式飞机迅速取代了老式的螺旋桨飞机，而喷气式飞机又很快取代了涡轮式飞机。到大战后期，飞机的速度已经逼近了音速。与此同时，直升机也被发明出来并投入了战斗。

用于战争的新式武器不仅仅限于大型装备，而且还有其他各种新技术的军事应用。比如二战刚打响的时候，希特勒就抛出了他的第一个所谓秘密武器——磁性水雷。这种水雷被德国特工秘密布设在了英国沿海各港口附近，进出港口的船舰即使没有接触到水雷本身，而只是从旁经过也能引爆水雷，以至于一开始英国吃了不小的亏。面对德国法西斯的疯狂挑衅，英国政府立即召集科学家对磁性水雷展开了深入细致的研究。不久，磁性水雷的秘密就被揭穿了。原来，这种水雷安装了新式电磁感应装置，一旦感应出从它周围经过的钢铁船舰就会立刻引爆。英国科学家们很快就研究出了应对之策，在军舰船体上绕上金属线圈，一通电流就可以抵消水雷的电磁感应。同时，专门对付磁性水雷的扫雷器也很快研制出来了，磁性水雷的威胁顷刻间化为乌有。

德军见磁性水雷的秘密被揭穿，马上又转而加强了潜艇的作战攻击。但英国科学家也随即研制出水下搜索的声呐设备，对德国潜艇进行了狠狠打击。贼心不死的德军，马上以空中闪电战对英伦三岛进行狂轰滥炸，企图利用空中优势还以颜色。英国为了接招，很快对传统的雷达设备进行了技术更新，并针对德军对雷达的干扰，研制出了抗干扰的装置。就这样，轴心国在与同盟国的军事技术较量中，从一开始的明显优势，转向节节败退。

到了战争后期，垂死挣扎的德国法西斯，在 V1 型导弹的基础上又研制出了飞得更快、更远、更高的 V2 型导弹（也就是现代火箭的前身），企图挽回战争败局。但这种火箭当初刚出笼有一个很大的弱点，就是制导技术没跟上，因而命中目标的精确度不高。正当德国人打算对制导系统加以改进的时候，同盟国的军队势如破竹攻入了德国本土，宣告了希特勒法西斯的彻底灭亡。

正义的力量终究会战胜邪恶，历史必然向前进，要不然中国人民也不会凭小米加步枪打败耀武扬威的日本法西斯。然而，战争的阴影并没有因二战的结束而消除。就在希特勒法西斯土崩瓦解的那一刻，从西边打进去的美军俘获了一批德国火箭专家，而从东边打进去的苏军则缴获了一批尚未发射的 V2 型导弹。一边得到了人才，另一边得到了技术，这为战后美苏之间的军备竞赛埋下了伏笔。话到此处似乎该收官了，但在第二次世界大战中，科学技术打造出来的一件最骇人的武器还没说到，那便是原子弹。

这正是：科技创新靠需求，战争也是强动力。

欲知原子弹如何横空出世，且听下回分解。

第四十四回

原子弹横空威吓天下　大科技时代应运而生

主角：奥本海默，费米。

场景：首枚原子弹的研制过程。

看点：“曼哈顿工程”的大科学特征。

话说第二次世界大战催生了数不清的先进武器，其中最骇人的杀器非原子弹莫属。谁都知道，原子弹爆炸时奇光异彩漫天、蘑菇巨云笼罩的情景，犹如“愤怒的基督降临人间”，令人惊恐万状。这种建立在原子核裂变基础上的毁灭性杀器，具有摧毁人类、摧毁地球的强大威力，任何一种传统 TNT 烈性炸药在它面前都只能算是小巫见大巫。著名科普作家卡尔·萨根曾描绘过核武器竞赛的可怕后果，他用“核冬天”概念来提醒人们，一旦爆发一场核大战，地球生命和整个生态系统都将顷刻间化为乌有。据说爱因斯坦也讲过，他无法预测第三次世界大战会用什么武器，但第四次世界大战的武器一定是棍棒和石头。这些预言绝不是危言耸听，事实上这件大杀器从当初问世之日起，人类头顶上就如同悬上了一柄“达摩克利斯之剑”，因而弃核反核的呼声长年不绝于耳，直到今天。然而从二战末第一次投掷原子弹至今已过去了 70 多年，第三次世界大战并没有爆发，核武器当然也没派上用场，虽然这期间有过几次“狼来了”的危机，但终究是有惊无险。因而近年来也有不少人在反思，为何新的世界大战打不起来？这或许还要归功于核武器的战略威慑作用。莫说是黎民百姓，就连战争狂人也很清楚，核战争非但没有赢家，而且连活家也不会有，所以才不会出现“核冬天”。细细想来，这种说法也不无道理。人类有智慧造出核武器，也应该有智慧阻止核战争。

闲话叙过，言归正传，来看看原子弹这件大杀器是怎样出笼的。说来这件事的起因跟两个女人有关，当然这是两位不同凡响的伟大女性，一位是前面已表过的居里夫人，另一位是瑞典物理学家迈特纳（Meitner，1878—1968）。前者发现了铀元素，后者敲定了铀裂变，没有她们两人的基础工作原子弹便是无源之水、无本之木，可以说她们两人就是“原子弹的姥姥”。

二战之前，迈特纳在德国工作，是德国著名核物理学家哈恩（Hahn，1879—1968）的同事，与哈恩一道从事铀的放射性研究。1938 年底，在希特勒迫害犹太人的时候，有着犹太血统的迈特纳不得不回到了瑞典。就在她离开德国后不久，哈恩给她写了一封信。信中说，他用一种中子轰击铀原子核的时候，释放出了很高的能量，并且得到了新元素钡，但他对这一现象无法解释。迈特纳在回信中明确告诉哈恩，这种现象就是以前设想过的铀核裂变反应。她还根据玻尔原子模型画出了重核分裂的示意图，第一次明确指出了铀裂变的存在。很快，远在丹麦哥本哈根的玻尔也得悉此事，据说他一听便大叫起来：“我们过去简直是一群有眼无珠的笨蛋，迈特纳一语就道破了天机。”

紧接着到来的 1939 年，是人类历史上极不平凡的一年，第二次世界大战爆发了。也就在这一年，一些眼光敏锐的物理学家意识到，铀原子裂变引发的链式反应有可能制造出威力巨大的核武器，于是有人提醒美国海军部要予以关注，但人微言轻没有引起重视。还是在这一年，玻尔来到美国访问，向新大陆的科学家们宣讲铀核裂变制造原子武器的可能性。听众中有一位美国物理学家，他后来成了主持原子弹研制的主要人物，这个人就是奥本海默（Oppenheimer，1904—1967）。

奥本海默早年在哈佛大学求学，后去剑桥大学攻读理论物理，并加盟了卡文迪许实验室。1926 年他又转入哥廷根大学，师从玻恩开展原子物理研究，是量子力学近似值方程“玻恩－奥本海默方法”的创立者之一。后来他又回到了美国，在加州大学任教。奥本海默不仅有着丰富的学术经历，而且他的研究范围也很广，从天文、宇宙射线、原子核、量子电动力学到基本粒子，几乎无所不涉。可以说，他是个见多识广的通才，也是个科学帅才。

奥本海默是头一回听玻尔的演讲，他受到了很大震动，并迅速意识到制造巨大威力的原子武器为期不远了。一回到实验室，他就开始计算原子裂变的临界质量，并跟着劳伦斯实验小组用电磁方法来分离同位素铀。很快，奥本海默发现了一种简便分离方法，使铀分离的实验成本大大降低。奥本海默的学术天才赢得了当时美国物理学界泰斗级人物康普顿的赏识，1941 年他请奥本海默在加州大学伯克利分校领导一个研究小组，专门进行原子裂变的研究。这为奥本海默接下来主持原子弹研制奠定了良好的基础，这也算是天降大任的一种预兆吧。

玻尔那次演讲的听众中除了奥本海默，还有一位重要人物，他就是美籍意大利著名物理学家费米（Fermi，1901—1954）。

草根出身的费米，是意大利比萨高等师范学院的高才生，后来又在比萨大学获得了物理学博士学位。1926 年起费米开始在罗马大学任教，由于他在理论物理学诸多领域都有建树，因而成了意大利物理学界的核心人物。1938 年费米获得了诺贝尔物理学奖，虽然这是诺贝尔奖历史上一次“摆乌龙”事件，但以他一生在物理学方面取得的巨大成就，获一次诺奖是受之无愧的，也是科学界普遍认可的。也幸好有了这次错误的授奖，才使费米得以离开意大利移居美国。因为他妻子是犹太人，意大利法西斯那会儿正在打压犹太人，而且他本人又是墨索里尼政府的极力反对者，受到迫害是迟早的事。于是他趁着领奖之机，辗转去了纽约。哥伦比亚大学立刻聘任他为教授，并为他开展原子爆破研究提供了实验条件。1939年初，一项关于中子被吸收后引起铀原子裂变的报道引起了费米的注意，他立即意识到裂变的铀原子可以释放出足够的中子来引发持续的链式反应，并预见到这样的链式反应具有潜在的军事应用价值。听了玻尔的演讲，费米更加坚信，原子武器已到呼之欲出的时候了。

不只是奥本海默和费米，同盟国方面还有不少科学家也在关注制造原子弹的可能性，战争年代的科学家不可能不关心时事。尤其是同盟国在战争爆发之初一再失利，而德国又开始禁止占领区的铀矿出口，使很多物理学家都提心吊胆，生怕德国法西斯抢在前面造出原子弹。爱因斯坦就是在这时候出场了，他给美国时任总统罗斯福写了封信，敦促美国政府尽快启动原子弹研制计划，一定不能让希特勒法西斯抢到先手，否则就会成为全人类的灾难。美国政界军界这才重视起来，着手实施原子弹研制计划。

一项前所未有的科学大工程就要启动了，这可不是靠三五个科学家泡在实验室里就能弄出名堂的。既要啃下一个个硬骨头，又要协调联动、综合组装。万事开头难，摆在科学家们面前的一个首要任务，是要尽快建成一个模式原子反应堆，以探明持续的链式反应是否切实可行。由于费米是当时中子研究的权威人物，且集理论与实验才干于一身，因而理所当然地被选为核反应堆攻关小组的组长。费米果然不负众望，他带领一批科学家日夜奋战，终于在1941年底建成了世界上第一座原子反应堆，成功实现了自持式链式反应。这个反应堆的建成，为制造原子弹迈出了决定性的一步，也由此开启了人类利用原子能的时代。

第一座反应堆的运转成功，也让官方大受鼓舞，推进速度要快马加鞭了。1941 年 12 月 6 日，美国总统罗斯福在日本偷袭珍珠港的前一天批准了制造原子弹的庞大计划，也就是著名的曼哈顿工程。美国陆军中将格罗夫斯被任命为该项目的总指挥。

1942 年的秋天，经物理学泰斗康普顿的推荐，格罗夫斯与奥本海默在火车上第一次见了面。初次交谈，格罗夫斯就被奥本海默出众的才华所吸引，他觉得泰斗果然慧眼识才，这个奥本海默堪当大任。于是他就向奥本海默表达了一种态度，大概就是你放手干，我来给你当后勤部长。奥本海默于是提议，在位于新墨西哥州的洛斯阿拉莫斯建造一个大型的实验室，担负整个原子弹的研制任务。格罗夫斯欣然应允。不料，这个建议遭到了曼哈顿工程监督委员会的激烈反对。格罗夫斯力排众议，于 1943 年 3 月毅然采纳了奥本海默的建议，并任命他为这个史上最大实验室的总负责人。至此，曼哈顿工程全面铺开。

很快，奥本海默就展开了全国范围内的“招兵买马”工作，参与曼哈顿工程的各类人员高峰时超过了 10 万人。奥本海默收揽了包括费米在内的近百名顶级科学家，这些人代表着美国当时第一流的科学水平。别看这批科学家在各自的专业领域都是权威人物，但在奥本海默出色的协调指挥下，他们既能各自为战又能密切配合，就像一架庞大的机器一样运转流畅，卓有成效。

历史会永远记住那一刻，1945 年 7 月 16 日清晨 5 时 30 分，世界上第一颗原子弹在美国新墨西哥州的荒漠上试爆成功。这次爆炸的威力，相当于两万吨黄色 TNT 炸药，事先没有一位科学家估计到原子弹会有这么厉害。在半径 1600 米范围内，预先放置的实验动物和各种植物悉数玩完，无一幸免。在半径 400 米范围内，砂石全都熔成玻璃状物质。这一辉煌的瞬间令人瞠目结舌，在场的目击者无不心潮翻滚。奥本海默面对此情此景，不禁念起了一首梵文诗："满天奇光异现，犹如圣神显灵。只有一千个太阳，才能与其争辉。我是死神，我是世界的毁灭者。"20 天以后，由于日本法西斯拒绝无条件投降，美军于 8 月 6 日在日本广岛投掷了一颗代号为"小男孩"的原子弹，3 天后又在日本长崎投掷了一颗代号为"胖子"的原子弹。这两颗核弹的巨大杀伤力不仅沉重打击了日本军国主义的嚣张气焰，也震惊了全世界。

虽然残酷的战争结束了，但人类历史上第一次也是唯一的一次实战中使用原子弹，也杀死了大量无辜的平民，核武器向人们展现了战争史上最为惨烈的一幕。然而，战后围绕核武器展开的军备竞赛并没有偃旗息鼓，1951 年美国又率先研制出以核聚变为基础的氢弹，接着又开始研制以高能中子辐射为杀伤力的中子弹。1967 年国际《不扩散核武器条约》缔结以来，仍有一些无核国家蠢蠢欲动，至今还在开展核武器试验。人类头顶上的"达摩克利斯之剑"依然高悬着，彻底放弃和销毁核武器还任重道远。

表过了核武器的研制历程，再来看看这场轰轰烈烈的科技创新与以往有何不同，似乎跟历史上小打小闹的发现发明活动是不太一样哦。事实上，"曼哈顿工程"的意义不仅仅在于造出了一件大杀器，还在于创立了一种前所未有的科技创新模式，这种新的模式就是大科学活动，或叫大科技活动。1962 年，美国科学社会学家普赖斯提出了"小科学、大科学"的概念，他认为第二次世界大战是个分水岭，此前历史上的科技创新都属于小科学，从原子弹研制开始则进入了大科学时代。这一说还确实有道理，大科技的特点确实很明显，研究目标宏大、需要巨额投资、多学科领域交叉、实验设备昂贵复杂等等，曼哈顿工程跟以前发明电灯泡、找出青霉素还真是不一样。没错，科技创新从二战以后不断朝着集团化、大规模化方向发展，一些大科技项目甚至超出了一国的承受力而需要国际间广泛参与，如国际空间站计划、人类基因组计划、全球气候变化研究、欧洲大型强子对撞机计划、卡西尼卫星探测计划、双子星座望远镜计划等，都不可能靠小打小闹实现。大科技对创新活动的目标设立、研发机构、组织形式、管理方法等都提出了新的要求，与过去主要靠科学家单打独斗的时代不可同日而语。与此同时，大科技对科学家人才队伍也提出了更高的要求，需要有更多的科学帅才和战略领军人才出现。奥本海默就是这样一位典型人物，他本人并没有取得诺贝尔奖水平的科技成果，却主持了一项载入史册的重大创新研究，其成就绝不比任何一位诺贝尔奖得主逊色，当代科学家们对这一现象的深思还远远不够。

曼哈顿工程开启了人类的大科技时代，是有史以来科学界第一次大兵团作战、多学科联合、协调一致攻坚克难的成功范例，对当代科技创新活动产生了重大影响。别的且不说，原子弹研制涉及数学、物理、化学以及工程技术等方方面面的计算、推演，其繁琐庞杂的运算过程便孕育出了一个科技新宠儿，那就是电子计算机。

这正是：战争造出核武器，一朝迎来大科技。

欲知电子计算机如何诞生，且听下回分解。

第四十五回 战后科技日新月异　电子计算机成新宠

主角：冯·诺依曼，阿塔纳索夫，莫奇利。

场景：电子计算机的问世过程。

看点：计算机技术对人类社会的巨大变革作用。

且说随着那原子弹爆炸的一声巨响，大科技时代悄然而至。战争结束，百废待兴，各国在恢复生产、发展经济的过程中，自然而然把科学技术纳入了国民经济和社会发展的振兴轨道，这无疑对战时刚兴起的大科技模式起到了强化作用。特别是趁热打铁的事不能不干，战争期间研发的新技术岂能轻易浪费，军用转民用顺理成章。比如，原子弹有劲使不上了，核能却大有用武之地，1951 年美国率先建造出以发电为目标的增殖反应堆，开启了核能发电的新历史，1954 年苏联第一座核电厂建成并首次成功实现了向电网送电，接着英法等国也相继建成了核电站。再如，战时发展起来的雷达技术，在继续创新的同时也迅速向民用领域挺进，气象预报、资源探测、天体研究、民航业导航等都用上了雷达新技术。就连战争指挥中形成的军事运筹学，也在战后用到了工业生产、交通运输、工程建设等方面。二战后诸如此类的军转民技术不胜枚举，成了新一轮科技创新的引擎。

引擎一发动，蓬勃兴起的科技创新活动便以前所未有的劲头快速转起来，在战后短短 10 年间取得了累累硕果。在基础科学研究方面，趁着核物理学发展的强劲东风，基本粒子、宇宙射线、天体演化、化学反应、电子运动、生物大分子研究等领域捷报频传，方方面面的新发现数都数不过来。在应用技术方面，半导体材料、遥感技术、石油化工、喷气客机、机械制造、抗生素、仪器仪表研制等领域遍地开花，一项项新发明如雨后春笋般涌现出来，给人们的生产和生活带来了日新月异的变化。

在闪亮登场的一系列新技术当中，有些其实在二战期间就已经紧锣密鼓地开干了，只不过当时欠了点火候，直到战后才终于把生米煮成熟饭，端到了世人面前。电子计算机就是这样一个典型，它虽然没有像原子弹一样在战时一炮打响，却在战争中经过了充分孕育，战后一出炉同样有着一鸣惊人的奇效。而且，大器晚成的电子计算机日后成了新一轮技术革命的领头羊，它跟第一次新技术革命的蒸汽机、第二次新技术革命的电气技术如出一辙，成了第三次新技术革命的标志性技术。关于第三次新技术革命，容当后回再来细表，此处单来表一表电子计算机从十月怀胎到呱呱坠地的历史过程。

事实上，电子计算机的历史可以追溯到 20 世纪 30 年代。那时候，美国爱荷华大学有一位年轻的助教，名叫阿塔纳索夫（Atanasoff，1903—1995）。这货很爱动脑子，他看着手摇式计算器产生了一个奇妙的想法，就是想把电子技术引到计算器上。然而春兰秋菊各有所长，这个阿塔纳索夫虽然是个纸上谈兵的高手，却不擅长动手捣鼓，就缺一个动手能力强的拍档把他的天才设想变成现实了。幸运的是阿塔纳索夫找到了这样的拍档，他是一位 20 多岁名叫贝利的工程师。贝利虽然年轻却动手能力超强，他克服重重困难，把阿塔纳索夫的复杂设计用简单的设备和元器件造了出来。最难造的是数据储存装置，储存鼓上精细地装配了许许多多的电容器，由一台小电机驱动存储鼓旋转，传动装置则是自行车齿轮和链条制造的。为了解决数据输入问题，贝利找了一台旧的IBM穿孔机进行捣鼓，经过一番技术改造居然也搞定了。就这样因陋就简、东拼西凑，这台能计算会储存的机器，终于在爱荷华大学的物理实验楼里运转起来了。不明白的人都以为这台机器是个大怪物，它工作起来丑态百出，两个大鼓呼呼有声，自行车链条叮当作响，空气中充满了记录纸带烧焦的气味，穿孔机上高压电弧的噝噝声不绝于耳，整个大楼里都能感受得到。但是，机器同样不可貌相，这台机器装了300个电子管，能做加减法运算，用鼓状电容器能存储300个数字，是有史以来第一台以电子管为元件、有再生记忆功能的数字计算机。它被阿塔纳索夫命名为ABC机。

1940年底，阿塔纳索夫应邀去费城开学术会议，他在那里碰到了另一位想搞电子计算机的人，他就是宾夕法尼亚大学乌西纳斯学院的教授莫奇利（Mauchly，1907—1980）。莫奇利在这次会议的演讲中提到，利用电子技术可以解决让人头疼的数据处理问题，只是还不知道该如何去做。会后，阿塔纳索夫主动找到莫奇利，告诉他自己不久前已经造出了这样的机器，莫奇利一听眼都直了，表示要尽快眼见为实。没过几天，莫奇利果真去了爱荷华大学，找到了阿塔纳索夫。两人一副惺惺相惜的架势，闷在物理实验楼里长谈数日，对机器进行了彻底的探讨。阿塔纳索夫把他用电子技术研制计算机的设想毫无保留地告诉了莫奇利，莫奇利虚心聆听一一记下。从阿塔纳索夫身上取到了真经没多久，莫奇利就跳槽到了宾夕法尼亚大学的莫尔学院，准备在那里研制电子计算机。说来也巧，莫奇利也遇到了一位名叫艾克特的怪才，虽然这货不太招人喜欢，但他的电子制作技术一流，这样就跟阿塔纳索夫的怪物机器有得一拼了。很快，莫奇利和艾克特就搞出了一个研制电子计算机的方案，取名为“爱尼亚克”（ENIAC）。

客观说来，尽管阿塔纳索夫最早提出了研制电子计算机的方案，但他没有真正制造出一台实用的电子计算机，那台东拼西凑出来的 ABC 怪物机器只能算是个模拟装置。但有一点不可否认的是，ABC 模拟机逻辑结构的精密设计和电子电路的巧妙构思，对电子计算机的研制起到了指引方向的作用。本来这是可以据此申请专利的，但阴差阳错没来得及。据说，阿塔纳索夫曾给专利律师写过信，还提供了专利申请所需的技术资料。可是当他正要跟进此事的时候，珍珠港事件突然爆发了。大敌当前，战时物资短缺，一腔热血的阿塔纳索夫响应号召，把仅有的两台 ABC 样机当作“废物”捐了出去。专利的事，从此也就再无下文。

由于战事吃紧，军方倒是急需计算机解决作战问题。美军弹道研究实验室看中了莫奇利提出的爱尼亚克，打算投资 40 万美元进行试制。不料，这个消息在业界一传出，却引发了一场轩然大波。

阿塔纳索夫发现，爱尼亚克的设计思想完全是按照他的 ABC 模拟机来的。但在爱尼亚克研制计划中，却只字未提阿塔纳索夫此前的工作。起初阿塔纳索夫感到蹊跷却并不知情，后来一篇偶然的报道让他辨认出，爱尼亚克的设计者正是曾经造访过他的莫奇利。阿塔纳索夫再仔细一揣摩更感吃惊，不光爱尼亚克的基本设计思想，就连每个加减法电路都是他和贝利工作的翻版。这让阿塔纳索夫大为光火，他要讨个说法。就这样，在阿塔纳索夫与莫奇利之间，为争夺第一台电子计算机的发明权，掀起了一场激烈争论。莫奇利也有他的辩解理由，他认为 ABC 机只是个不能实用的装置，还没有完成计算机从模拟到数字的过渡，而他的爱尼亚克才真正是实用数字计算机的开始，因而他申请第一台计算机专利无可厚非。两个人谁也不服谁，后来不得不打起了官司。这是一场旷日持久的诉讼，直到几十年后的 1973 年 10 月 19 日，明尼苏达州地方法院经过第 135 次开庭审理才终于宣判，当年莫奇利申请的专利无效，因为他利用了阿塔纳索夫 ABC 机的构思。如今，围绕着谁发明了第一台计算机的争论已无多大意义，还原这段历史的目的在于了解当年那些天才和先驱者们的故事。这是后话了。

就在阿塔纳索夫与莫奇利双方为争夺计算机发明权闹得不可开交之际，却半路杀出个程咬金来，向爱尼亚克发起了强有力的挑战。这货是何方高人，竟如此大胆卷入沸沸扬扬的计算机发明之争？可见此人绝非等闲之辈。原来他不是别人，正是被后人誉为“计算机之父”的著名数学大师冯·诺依曼（Von Neumann，1903—1957）。

诺依曼出生在匈牙利的一个犹太人家庭，是个数学神童，12 岁时他就对集合论、泛函分析等深奥的数学领域了如指掌，不到 18 岁就发表了高水平的数学论文。后来诺依曼到瑞士求学，师从数学大家希尔伯特，在获得数学博士学位之后去了德国，后又移居美国成为普林斯顿大学的第一批终身教授之一。那时，他还不满 30 岁。据说，在一次数学聚会上，有个年轻人兴冲冲地找到他，向他求教一个数学难题，诺依曼只看了几眼就说出了正确答案。年轻人高兴地请求他告诉自己简便算法，并抱怨说数学界用无穷级数求解太难、太繁琐了。诺依曼却笑笑说：“你误会了，我正是用无穷级数求出答案的。”在场的人立时全都目瞪口呆，无不为他超人的心算能力所折服。

诺依曼不仅是个数学天才，而且在其他领域也颇有建树。他精通 7 种语言，在化学方面也有相当的造诣，炸药的化学爆轰模型就是他先提出来的。更为难得的是，他的研究视野不仅仅局限于纯数学方面，而是能把数学巧妙地运用到其他学科领域。他对经典力学、量子力学和流体力学的数理特点都进行过深入研究，并取得过不少重要成果。这些都是他后来从事计算机研究的深厚根基。

1944 年初，诺依曼也被召去参加了原子弹的研制工作，找他去肯定是看中了他不一般的数学专长。然而原子弹研制的计算工作量大而繁杂，没有高效的计算机帮助，经常搞得诺依曼一筹莫展。就在这个时候，一次意外的邂逅改变了诺依曼的思想，也改变了世界。这年夏天，在马里兰州阿伯丁火车站的站台上，诺依曼和一位年轻军官不期而遇。后者刚巧来自美军弹道研究实验室，出于对数学大师的仰慕，他告诉了诺依曼有关爱尼亚克的研制情况。诺依曼顿时萌生出浓厚兴趣。几天以后，他就专程赶到莫奇利所在的莫尔学院，一睹了爱尼亚克的“芳容”。当莫奇利和助手艾克特向他征询意见时，他提出的第一个问题就是机器的逻辑结构如何解决程序的存储。莫奇利心中暗暗佩服，不愧是天才的数学家，一下就点到了问题的要害！当时，爱尼亚克已研制到一半，正处在程序存储问题摇摆不定的紧要关头，诺依曼的出现，一下子改变了半梦半醒的局面。这之后，诺依曼就成了莫尔学院的技术顾问。

从此，诺依曼便一发不可收，一头钻进了爱尼亚克的研制工作中。面对计算机构造的关键技术难题，他提出了一个名为“爱达法克”（EDVAC）的解决方案。这个方案可以一揽子解决计算机构造难题，主要有两点重大创新，一是用二进制代替十进制，成倍提高电子元件的运算速度，二是对程序进行自动存储，将其放在计算机内部的存储器中。1945 年 6 月，诺依曼把这一设想写成了一份题为《关于离散变量自动电子计算机草案》的研究报告。这份报告长达 101 页，创造性地论证了计算机含有运算器、控制器、存储器、输入设备、输出设备共五大组件，并提出了在计算机内部的存储器中存放程序的新理念。如今，这已成为现代计算机结构共同遵循的范式，被称为“冯·诺依曼结构”。按这一结构建造的电脑称为存储程序计算机，又称为通用计算机。这份报告突破了电子计算机研制最为关键的技术瓶颈，意味着现代计算机可以正式扬帆起航了。

谁知一波未平一波又起，新的纷争又在莫奇利与诺依曼之间展开了。正是这份报告激怒了莫奇利和艾克特两人，他们大动肝火，认为这份报告不该只署诺依曼一个人的名字。你诺依曼半路才杀进来，怎么能独吞了俺俩辛辛苦苦研制了一半的成果，动动笔杆子的事有什么了不起的，挥汗如雨动手干才是实打实的。在莫奇利和艾克特看来，他俩才是爱尼亚克真正的孕产妇，而诺依曼充其量只能算个助产士。就这样，双方弄得不欢而散，再也无法合作下去了。

鹬蚌相争渔翁得利，诺依曼的设想没能在爱尼亚克上实现，但另有人帮他先实现了。1949 年，英国剑桥大学的威尔克斯顺势而为，成功研制出了第一台带有存储程序的计算机。据威尔克斯本人回忆说，他仅用了一个晚上就通读了诺依曼《关于离散变量自动电子计算机草案》101 页的长篇报告，并下了决心实现这一伟大构想。后来，仿照诺依曼提出的爱达法克，威尔克斯把他设计的计算机命名为爱达赛克（EDSAC），以表明他的基本设计思想来自诺依曼。

虽然如此，诺依曼并没有放弃他自己实现爱达法克的想法，与莫奇利分道扬镳后不久，他就准备另起炉灶从头干起，打算研制一种名叫“阿艾斯”（IAS）的计算机。几经周折和协调，由普林斯顿大学出实验场地、美军弹道研究实验室和国家原子能委员会出资的“阿艾斯”机，正式开始研制。诺依曼不计前嫌，力邀莫奇利的助手艾克特前来作技术指导，但那货觉得“非诚勿扰”而拒绝了，诺依曼也只好一笑了之。从头再来并不容易，经过多年艰苦努力，1952 年诺依曼心爱的宠儿阿艾斯机终于问世。它不仅是当时世界上最先进的电子计算机，为氢弹的研制立下了汗马功劳，而且这个新宠儿在诺依曼的进一步调教、改进下，逐渐成长为一台能“下蛋”的母机。在它的基础上一批新宠儿陆续问世，提供给了不同的使用机构。这些使用机构又在新宠儿的基础上继续“下蛋”，在各自行业领域里更新换代，迅速形成了各种结构的计算机，如奥达法克（ORDVAC）、伊利亚克（ILLIAC）、乔尼亚克（JOHNNAC）、曼尼亚克（MANIAC）、爱维达克（AVIDAC）及西利亚克（SIUIAC）等等。渐渐地，一个全新的电子计算机时代展现在世人面前。

“不是我不明白，是世界变化快”。电子计算机自诞生以来，其本身的技术进步速度之快、其对促进人类社会变革的力度之大，都是史无前例的。从第一代电子管计算机问世至今，在短短半个多世纪时间内，又经历了晶体管计算机、集成电路计算机、大规模集成电路计算机的发展阶段，技术演进日益走向成熟，已经从最初的功能单一、体积巨大发展到了功能复杂、体积微小、资源网络化的新时期。几十年前诺依曼发明的阿艾斯机，体积足足有三间库房那么大，其计算能力却只相当于现在一个小小的计算器。当年人类第一次登月时，飞船上所有计算机的数据存储量还比不上今天的一部小手机。当初更没人会想到，千百年来被人们视为高度烧脑游戏的围棋，居然会让一个叫作“阿尔法狗”的电子计算机将人类的顶级高手们杀得片甲不留。这就是电子计算机的发展速度。根据 Intel 创始人戈登·摩尔的说法，集成电路芯片上可容纳的电子元器件的数目，每隔 18—24 个月便会增加一倍，性能也将提升一倍。这个著名的“摩尔定律”大致预测了电子计算机更新换代的速度，照这样再发展下去的话，以高纯硅为基质的半导体材料在 2020 年就会接近电路集成的极限，计算机发展的天花板似乎快要到了。然而，从 21 世纪以来科技创新的趋势来看，人们几乎可以确信“摩尔定律”的终极预测将会很快崩溃。理由便是，碳纳米管芯片、分子计算机、光子计算机、量子计算机、纳米计算机、生物计算机、神经计算机等新技术正在紧锣密鼓研制之中，替代传统电子计算机的新宠儿在不远的将来定会出现。到那时，人类社会又将翻开更加辉煌的新篇章。

电子计算机是 20 世纪最具社会感染力的科技创新成果，没有之一。虽然这项重大的技术创新兴起于战争时期，虽然创新历程中充满了波折和是非，但这些丝毫不影响它的划时代意义。在电子计算机的初创阶段，冯·诺依曼高瞻远瞩地提出了现代计算机的结构基础，确立了计算机发展的基本规范，他杰出的开创性贡献是举世公认的。正如他多年的老友、美国原子能委员会前主席斯特劳斯所说：“诺依曼干得最漂亮，他有一种使人望尘莫及的能力，最困难的问题到他手里，都会被分解成一件件看起来十分简单的事情。”不幸的是，诺依曼 50 出头就患上癌症离开了人世，临终前他明白自己是由于长期接触放射线而受到了身体伤害，但他不知道那是一种在基因水平上的致命伤害，其时基因的奥秘才刚刚被揭示。

这正是：计算机问世一波三折，诺依曼结构功高盖世。

欲知基因面纱如何被揭开，且听下回分解。

第四十六回

少壮派揭开基因面纱　生物学进入分子时代

主角： 沃森、克里克、威尔金斯、弗兰克林等。

场景： DNA 双螺旋结构的发现过程。

看点： 生命科学开启了辉煌的新天地。

话说二战结束前后科技创新进入了一个空前活跃的时期，一项项新发现、新发明骈兴错出，就连冯·诺依曼的电子计算机也是那会儿曲曲折折整出来的。此话一点不假，几乎就在诺依曼开始琢磨计算机的同一时间，包括著名量子力学家薛定谔在内的许多科学家也在琢磨着方方面面的创新，不过薛定谔的脑袋伸得很长，他盯上了生物学领域。1944 年，薛定谔在英国出版了一本题为《生命是什么？——活细胞物理观》的小册子。他在书中明确提出，基因是一种结构复杂、结合巧妙的生物大分子，由数量巨大的排列组合而构成了遗传密码，要了解生命就必须搞清楚基因的结构和作用。这本书激发了人们用物理学的思想方法去探索生命物质的热情，被称为是“唤起生物学革命的小册子”，分子生物学可以说由此发端。

薛定谔虽然对分子生物学起到了仙人指路的作用，但他本人并不是该领域的专家。在他“煽风点火”之后，生物学的进一步研究表明，DNA就是操控遗传指令的物质，基因就在DNA分子上。这也就意味着，弄清DNA的物理及化学构造，是摆在科学家们面前的一项迫切任务。

于是，一场揭秘DNA结构的科研大战就此打响，围绕这茬子事的是非恩怨也就此开始酿成。当时，主要有三派人马同时在研究DNA结构，他们既各自为战，又相互间牵丝挂藤。第一派是早已在生物大分子研究方面取得过骄人业绩的业界元老，姑且称之为元老派。第二派是擅长用X线衍射分析物质微观结构的物理学家，姑且称之为衍射派。第三派则是赶浪头追热点的年轻生物学家，姑且称之为少壮派。这三派人马各有所长，对DNA双螺旋结构的发现，或多或少、或大或小都作出了不可磨灭的贡献，不妨一一道来。

元老派的掌门人是美国著名化学家卡尔·鲍林（Carl Pauling，1901—1994）。此翁非等闲之辈，他一生获得过两次诺贝尔奖。早年他就一直致力于生物大分子研究，特别是在蛋白质结构方面多有建树，他发现了氨基酸多肽链的α螺旋体和β螺旋体结构，并阐明了氨基酸螺旋体与氢键形成的关系，揭示了蛋白质二级结构的重要形式。DNA研究大战开始后，年过半百的鲍林也及时跟进，1952年他提出了DNA的三链螺旋模型，这个模型酷似α螺旋。后来，衍射派、少壮派的人都认真研讨过这种三链结构模型，从中无疑是受到了很大启发的。由于鲍林没有卷入另两派人马日后的是非纷争，因而在DNA结构发现史上鲜有人提及他的名字，鲍林也就一直不是这场大戏的主角。但人们还是不应该忘了他，不管怎么说三链螺旋也是很接近双链螺旋的嘛。

衍射派指的是剑桥大学国王学院的物理学家威尔金斯（Wilkins，1916—2004）和他的拍档、女科学家弗兰克林（Franklin，1920—1958）组成的研究小组，他们拥有一流的实验设备和资料，能把 X 射线衍射图制作得精美绝伦。这个研究小组的头领是威尔金斯，他毕业于剑桥大学物理专业，后经选拔去美国参加了“曼哈顿工程”，战后回到英国便在皇家学院从事生物大分子的 X 线衍射研究，其中也包括对 DNA 晶体结构的探测。他的拍档弗兰克林是一位杰出的物理化学家，她从剑桥大学毕业后先在法国的中央化学实验室工作了几年，于 1951 年到国王学院任职进入了威尔金斯的实验室。作为一名女性科学家，弗兰克林有其细致谨慎的长处，特别是在拍摄 X 线衍射照片方面是把好手。1952 年 5 月她成功拍摄到一张清晰的 DNA 衍射照片，她将其编号为“照片 51 号”，这张照片后来被业界形容为“有史以来最美的一张 X 射线照片”。当时弗兰克林并没有意识到“照片 51 号”的重大意义，因而没有急于公开发表，而是随手放在了实验室里，打算日后进一步做分析比对。就是这张“照片 51 号”，促成了 DNA 双螺旋结构的迅速发现，也造成了生物学史上至今耐人寻味的恩怨纠葛。

扯不清的瓜葛纷争，是从衍射派内部引发的。按说男女搭配干活不累，威尔金斯和弗兰克林这两个同龄人应该是很好相处、很好合作的，然而他们两人似乎天生就是一对冤家，从一开始就结下了梁子。当初靓女弗兰克林来实验室报到的时候，刚好威尔金斯度假不在，她便直接上手接替了他的工作。威尔金斯度假一回来大为不满，你初来乍到的一个助手难道想鸠占鹊巢吗？而弗兰克林则认为他无权干涉自己的研究工作，我是受国王学院之聘来搞科研的，不是给你威尔金斯个人来打工的，你别搞错了。从此，两人就相看相厌，龃龉不断。对威尔金斯来说，好男不跟女斗的道理他似乎不懂，当然这也跟当时英国社会环境对女科学家的偏见、歧视有关。所以这样一来，好端端的重大发现成果没有好好珍惜，反而拱手相让，被少壮派捷足先登了。

少壮派的代表人物，就是后来因构建出DNA双螺旋结构模型而闻名于世的沃森（Watson，1928— ）和克里克（Crick，1916—2004）。在美国芝加哥出生长大的沃森，自幼就表现出勤学好问、头脑灵光的特长，他曾在一次广播节目比赛中获得了“天才儿童”的称号。沃森15岁就进了芝加哥大学，大学快毕业那年一个偶然的机会，他翻阅了薛定谔的那本《生命是什么？——活细胞物理观》，顿时对控制生命奥秘的基因和染色体来了兴趣，从此便与生命科学研究结下了不解之缘。后来成功揭示DNA结构的时候，沃森还是个刚满25岁的小伙子，是个不折不扣的小字辈、少壮派。比沃森年长12岁的克里克也是因了薛定谔那本小册子才改变了命运，他是土生土长的英格兰人，小时候一直酷爱物理学。他从伦敦大学物理系毕业后本来是要攻读博士的，不料二战爆发、学业中断，他只好投笔从戎进了英国海军部研究鱼雷，战后又耽误了几年才考取了剑桥大学的研究生继续深造。看了薛定谔的书他觉得，自己在物理学上已经输在了起跑线上，但可以用物理知识去研究生物问题，改改道或许还有希望。

1951年的秋天，沃森也从美国来到了剑桥大学。不久他就结识了克里克，两人谈到DNA结构问题时大有相见恨晚的感觉，他们决定联手，轰轰烈烈地大干一场。克里克后来在一本书中回忆说，“沃森和我一拍即合，一部分原因是我们的兴趣惊人地相似，另外我们的身上都流露出年轻人特有的傲慢、鲁莽和草率”。当然，比起鲍林的深厚功底、比起威尔金斯和弗兰克林的条件积累，沃森和克里克这对在别人看来“不务正业”的组合，似乎毫无战斗力可言。所以，后来有人对少壮派的研究履历很不屑，说他们发现DNA双螺旋结构纯属瞎猫撞上了死耗子。但说这种话的人也许忘了一句更重要的话，那就是，机遇偏爱有准备的头脑。

沃森和克里克是一对“初生牛犊不怕虎”的搭档，也堪称是科研上的一对黄金搭档。两人虽然知识背景不同、年龄相差12岁而且性格也相左，却在事业上志同道合。沃森生物学基础扎实，训练有素，而克里克则不受传统生物学观念束缚，常以全新的物理学视角思考问题。两人优势互补，取长补短，在揭秘DNA结构的道路上密切配合，向成功的彼岸一点点靠近。到了合作的最后关头，沃森和克里克两人无拘无束，趴在地板上像小孩子搭积木一样，无数次地用铁丝和硬纸板搭建各种模型，玩累了就地一躺，歇够了起来再干。终于有一天，他俩把磷酸和核糖组成的链条装配成两条螺旋上升的“扶手”，把碱基垂直安放成螺旋内部一节节梯子的形状，顿时，DNA双螺旋结构的真面目呈现在了他们眼前。

在揭秘DNA结构的过程中，沃森和克里克也很善于吸收和借鉴他人的研究成果。特别是沃森，他头脑灵活、擅长交际，跟威尔金斯、弗兰克林以及鲍林的家人都有交往。当初他打听到鲍林琢磨出了三链螺旋结构的消息时先是吃了一惊，回来跟克里克一讨论大受启发，继而又连连摇头，认为鲍林老先生犯了个“基本常识错误”，生物大分子一般是对称性的，不应该是条三链。就在他俩像搭积木一样拼装DNA结构的紧要关头，沃森还跟威尔金斯见了一面，这一面非常关键，威尔金斯在弗兰克林不知情、不在场的情况下，把她那张重要的“照片51号”拿给沃森过目。沃森一看，哇噻，他“差点惊掉了下巴，心跳也急剧加快”。很显然，DNA双螺旋结构在3个月之后便迅速揭秘，跟此事大大有关。也因为这件不厚道的事，威尔金斯半个多世纪以来一直遭人诟病，并殃及其他不少人。

1953年4月25日，这天本来是个很平常的日子，却因为《自然》杂志上一篇只有一页篇幅的短文而变得意义非凡。沃森和克里克在这篇短文中宣布，他俩发现了DNA的双螺旋结构。遗传基因的神秘面纱终于昭然若揭，生命科学的领地骤然间城门洞开。

科技创新历来就是个优先权之争。像许许多多的科学发现发明一样，揭秘DNA结构也有各种各样的途径，同一个问题会有很多科学家同时想到，解决问题的办法却各有各的高招，不管是用X线衍射方法还是用搭积木拼装的办法，谁先发表了论文、谁先申请了专利，谁就最终赢得了发现权、发明权。这就是游戏规则。

沃森和克里克因发现DNA双螺旋结构，荣获了1962年度诺贝尔生理学或医学奖，同时获奖的还有威尔金斯。而“照片51号”的主人弗兰克林却已经在1958年因病去世了，她没有获得这个举世瞩目的大奖。

对于这样一个结局，科学界几十年来颇有微词，非议不断。对于涉事的几位科学家，人们褒贬不一，一方面对弗兰克林给予了高度评价，也对她没能荣获诺贝尔奖深表遗憾和同情，另一方面对威尔金斯则大加鞭挞，对他瞒着弗兰克林故意泄露“照片51号”的行为强烈谴责，同时也对沃森和克里克以不当手段获取他人成果的行为视如敝履。特别是近年来随着互联网上鱼龙混杂的信息大量披露，这种一边倒的舆论趋势愈演愈烈，给人的感觉好像是，发现DNA结构这一重大的科学事件就是一出钩心斗角的豪门恩怨大戏。然而，这并不符合历史事实。此处，在下不妨也来妄议几句。

对于为人类进步事业作出了突出贡献的科学家们，不能离开特定的历史条件求全责备，当然也不能一俊遮百丑。关于弗兰克林，从一开始人们就对这位杰出女科学家的成就充分认可，多年来一直在以各种方式纪念罗莎琳德（弗兰克林的教名），2003年，她的母校剑桥大学国王学院还把一幢新大楼命名为“罗莎琳德－威尔金斯馆”，她的名字排在威尔金斯之前。当年，她先拍摄到了“照片51号”，却被沃森和克里克抢先公布了DNA的奥秘，这也不能怨天尤人，起码她当时没有立刻意识到这张照片的重大意义，否则就该第一时间发表。至于诺贝尔奖，按照惯例是不授予已故科学家的，弗兰克林英年早逝让人唏嘘，但此事也无可厚非。

关于威尔金斯，人们几乎众口一词痛斥、鄙视了多年，这些年甚至有人骂他是科学界的败类、恶棍。有关 DNA 结构发现获诺奖一事，一度各种版本的教科书全都装聋作哑，只说沃森和克里克两人，而对他只字不提。这些做法，对威尔金斯是有欠公允的。不管怎么说，他也是个学术造诣深厚的科学家，在 DNA 衍射方面是做了很多研究工作的，把他描述成一个在科学界混饭吃的白痴不符合事实。至于他把“照片 51 号”泄露给沃森，那要看怎么去理解，如果从正面意义上说，他的行为也可以算是一种学术交流，毕竟他本人没有干抄袭、剽窃的事。退一步说，我拿给你沃森看看，我并没让你偷师学艺，再说我也不知道你正在拼装 DNA 模型等着抢先公布呀。再退十步说，沃森看到照片受了启发迅速搭建出双螺旋结构模型，这对早日揭开 DNA 面纱也是一件好事呀，难道把照片一直秘不示人让大家长期搞不清 DNA 结构就好吗？这样看来，过分贬斥威尔金斯实无必要。

关于沃森和克里克，近年来他们两人受到的指摘越来越多。有人说牛顿是“站在巨人的肩膀上”，而沃森和克里克则是“踩在巨人的脚趾上”，踩得别人生疼生疼的。克里克还算好，他一生为人低调，后来他还提出了著名的“中心法则”，进一步解决了 DNA 如何复制与传递遗传信息的难题。而沃森遭到的攻讦更多一些，有人甚至把他描述为一个投机钻营的科学骗子，这就更不真实了。双螺旋结构是他和克里克两人独立搭建出来的模型，无论他们曾受到过谁的启发，这一点是个基本事实。而且，2003 年沃森在“罗莎琳德 - 威尔金斯馆”落成典礼上还专门发表讲话说，“罗莎琳德的贡献是我们能够有这项重大发现的关键”，这已经说得很清楚了。沃森之所以后来会遭到很多人的批评，这跟他出名后经常口不择言有关，他的一些言论带有浓厚的基因歧视色彩，让人听着很不舒服，批评者往往在谴责他的时候，拖泥带水把他和克里克当年的巨大贡献也一起拿来抹黑，这实属混淆视听。沃森如今还健在，2014 年他把当年的诺贝尔奖金质奖章拿出来拍卖，不几分钟就以 475 万美元高价成交。这本来是他自己生活方面的私事，却也遭到恶意攻击，有媒体报道说他是晚年良心发现，要把本不该属于自己的奖章抛出去。这就完全是一派胡言了。

恩怨忘却，留下真情从头说。DNA 双螺旋结构的发现，是 20 世纪最伟大的科学成就之一，也是生物学史上唯一可与达尔文进化论相媲美的最重大发现，它带来了今天生命科学发展的一片辉煌。2018 年 3 月 16 日，90 高龄的沃森又一次来到了中国，他在深圳国际精准医疗峰会上发表了“谈抗癌新策略”的主题演讲。这位分子生物学大师如今老当益壮，仍在为新世纪生命科学的发展指路领航。说来也巧，沃森这个名字近几年更加如雷贯耳，不仅仅是因为这位长寿的科学巨匠依然活跃在国际学术舞台上，而且由于 IBM 研制的一个会看病的超级机器人也叫“沃森”，这个超级机器人的前身正是当年全球自动化浪潮中的产物。

这正是：恩恩怨怨是非多，基因面纱终揭开。

欲知自动化浪潮当年如何掀起，且听下回分解。

第四十七回 自动化热潮席卷而来　新技术革命再掀波澜

主角：维纳、图灵、德沃尔、加藤一郎等。

场景：自动化技术日趋成熟，机器人的问世过程。

看点：第三次技术革命的特征。

且说就在沃森等人紧锣密鼓探索 DNA 奥妙的时候，一场全球性的自动化浪潮也正在悄然兴起。此话当真？用自动装置代替人工劳动，这可是多年来人们梦寐以求的事，汽车大王福特搞的生产流水线不是早在 1913 年就启用了吗，为何慢慢腾腾隔了四五十年才掀起一波自动化浪潮？问之有理，然事出有因。一来第二次世界大战期间为解决军事问题积累了各种新技术，战后有了大搞自动化的技术供给能力，二来打仗死伤无数而且都是壮劳力，战后各生产领域人手锐减出现了“用工荒”，全社会对自动化生产有着强烈的需求。供给和需求这么一拍即合，“砰”一下就搅起波澜来了。

“自动化”一词最早是由美国福特公司的工程师 S. 哈德于 1946 年提出来的，他用自动化来描述发动机汽缸的自动传送和加工的过程。那会儿，工业生产的自动调节装置改进很快，尤其是计算机技术渗入了生产设备，使得机械化一步步迈向更高的阶段，自动化的概念便顺理成章冒了出来。最初的自动化装置还要由人工承担一部分操作，是所谓的半自动化。后来单变量自动调节系统日益完善，能在一台独立设备上实现单机自动化，进入了局部自动化阶段。再后来，自动控制与信息处理携手推进，整个生产过程从进料、加工、传送、检验直到完成产品，都能按照预定的程序自动进行，也就进入了综合自动化阶段。实际上，自动化就是对生产各环节进行自动控制的过程。1950 年以后，自动化作为提高生产效率的一种重要手段逐渐推广开来，在机械制造中得到应用形成了机械制造自动化，在石油、化工、冶金等行业的连续生产操作中得到应用形成了生产过程自动化，后来在生产的调度和信息处理中得到应用，又实现了业务管理自动化。在这过程中，现代控制理论的出现以及电子信息技术的发展使自动化如虎添翼，并逐渐开枝散叶从工业生产延伸到农业、军事、商业、交通运输、医疗卫生等社会各领域。

自动化的意义说到底是为了节省人的体力和脑力，从而不断解放生产力、提高劳动效率，这也是人类千百年来的夙愿。自动化的技术创新涉及方方面面，那是三天三夜说不完道不尽的，其成果最集中的体现便是机器人。按照国际标准化组织的定义，机器人实际上就是一种可以代替人类工作的自动化设备。千行百业、杂七杂八的活计都由机器人去干，不用人操心动手了，那不就是彻彻底底的自动化嘛。其实早在 1920 年，捷克作家恰佩克在其科幻小说《罗萨姆的机器人万能公司》中，就提出了机器人的构想。那会儿，电子计算机还八字没一撇，作家眼里的机器人完全是一种想象。然而优秀的科幻作品历来都有路标的功效，科技创新的许多成果最初往往来自于这些路标的指引。火候没到属于幻想，火候一到当然要快马加鞭让幻想实现。正由于二战后技术积累的火候到了，机器人的研制便成了自动化热潮中一个绚丽的闪光点。

恰佩克在小说中把捷克语“Robota”（原意为奴隶）改写成了“Robot”，这个术语沿用至今，他可能当初想象的机器人就是未来人类的奴隶。他的小说描绘出了机器人发展的图景，它们一开始只会按照主人的命令默默工作，后来慢慢有了自己的感觉和感情，机器人队伍也迅速扩大，再后来它们对人类的自私和不公日益反感，终于起来造反消灭了人类。实际上，恰佩克那时候就想到了研制机器人存在的安全隐患，人家老老早早就有防患于未然的意识了。1941 年，另一位来自美国的科幻小说家阿西莫夫也来了个未雨绸缪，他在一篇名为《环舞》的小说里提出了著名的“机器人三原则”。其一，机器人不得伤害人类，也不得见人受到伤害而袖手旁观；其二，机器人应服从人的一切命令，但不得违反第一原则；其三，机器人应保护自身的安全，但不得违反前两项原则。看看，当今发展机器人事业的这些“潜规则”，其实早在机器人问世之前就先行一步了。

除了科幻小说家对机器人的丰富想象力之外，催生机器人的科学理论起着更直接的重要作用。科学家们群策群力，从理论阐述的角度推动着机器人从无到有、从低级到高级的发展。其中有两位精英人物不得不提。一个是美国著名数学家 N. 维纳（N. Wiener，1894—1964），他把信息反馈的概念引入一切自动调控系统中，并于 1948 年出版了《控制论——关于在动物和机器中控制和通讯的科学》一书，创立了控制论。维纳 18 岁就获得了哈佛大学的博士学位，二战中他承担了一项与火力控制有关的研究任务，这项任务促使他对机器装置的自动调节进行了深入探索。他的控制论思想方法，揭示了机器中的通信、控制机能与人的神经、感觉机能的共同规律，从而为机器人研发提供了全新的思路。另一位大咖就是有着“人工智能先驱者”之称的英国数理逻辑学家艾伦·图灵（Alan Turing，1912—1954），他先后在剑桥大学、普林斯顿大学读书，二战中他在英国参与破译密码的工作中就开始了“自动计算机”的设计和研发，提出了抽象自动机的概念，这种把函数计算与自动机结合起来的新理念为机器人设计指明了前进方向。1950年图灵发表了《计算机器与智能》一文，确立了著名的“图灵测试”。他提出，如果超过30%的测试者无法辨别人类与机器人反应的差别，则可以断定该机器具备人工智能。这个方法在人工智能迅猛发展的今天仍有科学指导意义，所以有人说，第一代机器人还在母腹中孕育的时候，图灵已经超前预见到了第五代、第六代机器人了。然而图灵没能亲眼见证机器人的后续发展，他的个人命运非常不幸。由于他是个在当时被视为大逆不道的同性恋者，因而遭到英国政府的残忍迫害，从1952年起被强行注射雌激素达一年多。1954年图灵含恨自尽，年仅41岁。直到2013年12月，英国女王才终于为图灵颁布了赦免平反令，举世唏嘘。

在科学家们进行理论创新的同时，机器人研发的实践也在如火如荼进行着。世界上第一台可编程的机器人出现在1954年，取名为“尤尼梅特”，它是由美国发明家德沃尔（Devol，1912—2011）制造的。这个德沃尔没读过大学，是个自学成才的发明家，他的许多创造灵感来源于科幻小说。他的这个“尤尼梅特”装有机械手，能按照不同程序从事不同的工作，具有通用性和灵活性，被认为是工业机器人时代开始的标志。1956年，德沃尔又与美国另一位发明家英格伯格联手成立了世界上第一家机器人制造公司，开始为用户提供工业机器人产品，由此拉开了机器人产业化的序幕，随后便兴起了一股机器人研发的热潮。1959年美国麻省理工学院的“伺服机构实验室”向世人展示了机器人辅助制造的魅力，他们研制的一台铣床机器人能够完全自主地制造出一个个烟灰缸来。1966 年斯坦福大学研制出了第一台可自行移动的 Shakey 机器人，它带有传感装置，具有了对周围环境有限的感应能力，这标志着智能机器人走上了历史舞台。如果说德沃尔是工业机器人的先锋，那么，日本早稻田大学教授加藤一郎（1922—　）则是仿人机器人的开创者。加藤一郎长期致力于电气工程研究，1969 年他领导的实验团队成功研制出了世界上第一台能用双脚走路的机器人，这是机器人发展史上又一个里程碑，加藤一郎也因此享有了“仿人机器人之父”的美誉。就这样，全世界研制机器人的热情一直有增无减，你方唱罢我登场，好戏连台的局面经久不衰。

事实上，机器人技术的兴盛，只是自动化大潮中的一个缩影。在这一过程中，以自动化为代表的一场技术变革不只是“砰”的一声响，而是“砰砰砰砰”呈连锁反应式爆发，在信息技术、核能技术、新材料技术、生物技术、空间技术、海洋技术等诸多领域都有声声巨响传来。这场四处开花的技术变革，是人类历史上继蒸汽技术革命、电力技术革命之后科技创新活动的又一次重大飞跃，人称第三次技术革命。与以往两次技术革命不同，这次新技术革命明显表现出“四高”特点。一是高技术群体形成，以自动化、核能、计算机、航天等为代表的新技术齐头并进，庞大的高技术体系出现在人们面前。二是科技与经济实现了高度融合，科学技术转化为现实生产力的速度日益加快，第一生产力作用凸显出来。三是创新的进程高速化，科技自身的变革时间及创新周期不断缩短，摩尔定律就是个例证。四是科技发展态势高度全球化，大科学的国际合作、交流越来越密切，科技创新的触角已从少数国家蔓延到了世界各地。

大潮掀海立，巨浪挟山来。波涛汹涌的第三次技术革命，给人类社会带来了一场“旧貌变新颜”的深刻变革。在生产方式方面，以工业机器人为代表的劳动手段日益先进，以新材料为代表的劳动对象日益扩大，以智力活动为主的劳动领域日益增多，劳动生产率空前提高。与此同时，社会的产业结构在新技术革命的冲击下不断优化，形成了全球化劳动分工和协作的产业链条，第三产业的比重迅速上升。在生活方面，人们的衣食住行各方面都发生了看得见摸得着的变化，穿上了合成纤维的衣服，吃上了基因工程的食物，住上了新型混凝土房屋，坐上了超音速客机并拥有了私家汽车。同时，物质性消费支出逐年下降，精神性消费支出增多，娱乐、运动、旅游等方面的消费剧增，休闲时间也越来越多。整个人类社会的文明进程跃上了一个新台阶，一天比一天变得更美好。

关于第三次技术革命的点点滴滴，人们从 20 世纪 80 年代开始就一直在干着总结、颂扬的事，全世界有关的论著鸿篇巨制，洋洋洒洒。学术界普遍公认这场革命是高新技术的一次群体性爆发，但在论述革命中的标志性技术时却各执一词、莫衷一是。很多人把原子能、电子计算机、空间技术列为标志性技术，也有不少人加上了生物技术、新材料技术、海洋技术、激光技术等等，不一而足。没错，这些高大上的新技术都是在这场革命中迸发出来的奇葩，个个休声美誉。然而既然要讲标志性技术，就不必面面俱到搞得人眼花缭乱，还是锁定一个为好。窃以为自动化技术便可以作为这场革命的标志性技术，因为这项技术几乎渗透到了所有的新技术领域。举一个看似不搭界的例子来说，生物技术好像离自动化很远吧，其实不然，没有自动化的科研仪器设备，何来现代生物技术研究成果？这么说来，自动化对其他领域的影响如出一辙，拿它做标志倒也合适，本回就是按此道道来说事的。当然了，人类的科技探索是无止境的，技术创新的视野也不会只停留在地球上搞搞自动化、捣鼓捣鼓机器人，还要靠空间技术向宇宙太空挺进。

这正是：自动化浪潮汹涌，机器人走上舞台。

欲知空间技术如何崛起，且听下回分解。

第四十八回 火箭腾空穿云破雾　人造卫星直入九霄

主角：冯·布劳恩，科罗廖夫。

场景：航天火箭问世，人造卫星发射成功。

看点：太空争霸赛开创航天新纪元。

话说第三次技术革命大潮中发展起来的空间技术，又称作航天技术，标志着人类迈出了进军宇宙太空的步伐。然而要说飞离地球奔赴太空的梦想，人们可是古已有之，滔滔不断。早在2000多年前，中国的古书上就有了“嫦娥奔月”的故事，直到19世纪下半叶，法国著名作家儒勒·凡尔纳还在他的小说《从地球到月球》里幻想着环游月球的情景。但是千年美梦要想一朝成真，终究还得靠科学技术的支撑。20世纪初飞机问世以后，人们看到了美梦成真的希望，对航天的期待与日俱增，飞机已经上天了，再使劲一飞不就成了嘛。然而科学家们很清楚，靠飞机升空是飞不出大气层的，要想进入太空，就必须借助于更强有力的推进工具，达到足够快的速度才能摆脱地球引力，冲出大气层之外。于是，科学家们想到了火箭技术。火箭完全不同于飞机，它本身带有燃料和助燃的氧化剂，可以不依赖于大气而持续燃烧，直到飞行速度完全摆脱地球引力。

要说火箭最早的发源地，那当然非中国莫属。据史料记载，早在 12 世纪南宋与金国的交战中，火箭就作为投射武器开始使用了。这种武器利用火药燃烧向后喷出气体产生的反作用力，推动火箭向前射出。从原理上说，中国古代的火箭是后来火箭技术的老祖宗，而近代火箭则是在 19 世纪才开始出现的，但那跟老祖宗的模样已经不可同日而语了。有三个人物为近代火箭技术的发展立下了汗马功劳，他们虽然没能亲手打造出航天火箭，却是航天火箭的前期推手或者说是先驱者，不妨一一表来。

第一位是俄国科学家齐奥尔科夫斯基（Tsiolkovsky，1857—1935），他是个身体有残疾的中学老师，一边教孩子们数学课一边坚持不懈琢磨航天火箭的事。1883 年，齐奥尔科夫斯基出版了《空的太空》一书，在书中他首次提出了利用反作用力装置进入太空的观点，后来他还推导出了著名的齐奥尔科夫斯基火箭公式。1898 年他又率先提出了使用液体火箭的设想，认为固体火箭推进剂产生的能量较小，并且难以控制，而液体燃料则能克服这些不足。齐奥尔科夫斯基还对航天的未来发展阶段进行了展望，这些阶段包括：火箭汽车、火箭飞机、人造卫星、载人飞船、空间工厂、空间基地、太阳能的充分利用、外太空旅行、行星基地，以及恒星星际飞行等。他的这种预测给后来的航天事业指明了方向，他还给世人留下了一句至理名言——地球是人类的摇篮，但是人类不会永远生活在摇篮里。

另一位是美国物理学教授戈达德（Goddard，1882—1945），他一生在航空航天领域多有建树，共获得了 214 项发明专利。天资聪颖的戈达德 17 岁就开始琢磨太空旅行的事了，他认为唯一能达到这个目的的运载工具就是火箭。因而他在取得了博士学位后，一门心思钻研起了火箭技术。1919 年戈达德发表了经典性论文《到达极高空的方法》，论证了用液态氧和汽油研制火箭发动机的可行性。他不仅从理论上阐述，而且亲自动手实践。1926年戈达德在马萨诸塞州的一个农场成功发射了自己研制的火箭，这是世界上第一枚液体燃料火箭，也是美国最早带有发动机的火箭。他的工作，为后来航天火箭的设计制造奠定了坚实基础。

还有一位是德国的火箭理论专家奥伯特（Oberth，1894—1989），他一生经历丰富，一战前后学过医当过兵，还跟齐奥尔科夫斯基一样当过中学老师，却矢志不渝一直专注于宇航理论研究。1923年，奥伯特发表了《飞往星际空间的火箭》的研究论文，在文中他对火箭的推力作了重要的数学论证，并对未来的液体燃料火箭、人造卫星、宇宙飞船，以及宇宙空间站等作了精彩的设想和预言。1927年，他带领一批宇航爱好者成立了宇宙航行协会，创办了《火箭》刊物。这些工作在德国产生了广泛影响，激起了许多有志者对太空旅行的憧憬，也激发了工程技术界对火箭的关注。

上述三位大咖作为先驱者们的代表，铺好了发展的路基，现代火箭技术就开始上道了。大咖们指明了关键技术所在，二战结束前的研制重点便放在了火箭发动机上。有两位著名航天工程专家为此作出了突出贡献，一位是美国的冯·卡门（Von Kaman，1881—1963），另一位是乌克兰（苏联）的格鲁什科（Glushko，1908—1989）。

冯·卡门出生在匈牙利一个犹太人家庭，后来他到德国格丁根大学攻读博士学位，毕业后留在德国从事空气动力学研究，并多年担任亚琛工业大学空气动力研究所的所长。再后来他移居美国，提出了未来超声速飞行的阻力原则。他在固体和液体起飞助推火箭、火箭发动机飞机、自燃点火液体推进剂等方面都有建树，因而成了美国火箭技术的领军人物。1945年二战硝烟刚散，冯·卡门即受命赶赴德国考察纳粹时期火箭技术的研制情况，先后写出了《我们在何处》《通向新地平线》两份技术报告。报告预测，超声速飞行是可能的，卫星和有相当精度的远程导弹将研制出来，涡轮喷气和涡轮螺桨发动机将取得重大进展。1947 年 10 月 14 日，根据他的构思而设计的 X1 火箭飞机终于首次突破了声障，把人类带入超声速飞行的时代。作为学术掌门人，冯·卡门还培养了一批航空航天方面的工程技术人才，我国著名科学家钱学森、钱伟长、郭永怀都是他的亲传弟子。1939 年他指导钱学森对亚声速气流中空气压缩性的分布情况开展研究，两人共同创立了著名的“卡门 – 钱学森公式”，为亚音速空气动力学奠定了理论基础。凭这一点就该明白，当年美国政府为何要极力阻挠钱学森回归祖国，哪能轻易让“起码抵得上五个师兵力”的杰出专家远走高飞？

就在冯·卡门效力美国火箭技术的同一时期，另一位开展火箭发动机研制的格鲁什科则在为苏联效力。1929 年格鲁什科从列宁格勒大学毕业后，即建议在该校成立一个电热和液体燃料火箭发动机的实验室。官方采纳了他的建议，后来他就成了这个实验室的负责人。从 20 世纪 30 年代起，格鲁什科一直从事液体燃料火箭发动机的理论和实验研究工作，他在改进火箭结构设计、提高发动机推力和可靠性方面成就卓著，先后研制出了 100 多枚实验性火箭。1938 年他在苏联大清洗运动中一度也遭到逮捕关押，但二战开始后他又恢复自由继续从事运载火箭发动机的研制，后来苏联运载火箭上的发动机几乎都来自格鲁什科的设计。

话到此处，还没见火箭穿云破雾进太空、卫星腾空而起入九霄。这倒不足为怪，宇航探索的大戏确实是在 20 世纪 50 年代才正式开场。原因在于二战结束以后世界格局发生了重大变化，美苏两个超级大国展开了一场激烈的太空争霸赛，二虎相斗金鼓齐鸣，各自实力最强的宇航技术大佬这才登台掰起了手腕。

美国方面的掌门大佬，就是德裔火箭专家冯·布劳恩（Von

Braun，1912—1977）。他是个传奇式的人物，生平坎坷、大起大落。二战期间布劳恩就是德国首屈一指的火箭专家，他对成功研制V1和V2火箭起了关键性作用。大战结束之际，布劳恩及其科研团队投降盟军，成了美国大兵最有价值的俘虏，他于1955年加入了美国籍。后来他一直在美国从事火箭、导弹和航天研究，曾获得一系列勋章、奖章和荣誉头衔，被美国人视为“民族英雄”。晚年的布劳恩更是达到了事业顶峰，他1969年领导研制的“土星5号”运载火箭，把第一艘载人登月飞船送上了月球。1981年4月首次试飞成功的航天飞机，起初也是按照布劳恩的精心设计制造出来的。因此，他被誉为“现代航天设计大师”。

布劳恩出身在德国一个贵族家庭，他父亲曾任德国地方政府官员，也是德国储蓄银行的创办者之一。他母亲则是一位出色的业余天文爱好者，她对布劳恩从小的兴趣影响很大。1925年的一天，13岁的布劳恩读到一本名为《通向航天之路》的书，作者就是前面提到的火箭理论专家奥伯特，从那时起他就立志要成为一名火箭专家。后来，他考入了夏洛滕堡工学院，再后来又进入柏林大学攻读博士学位，他的博士论文对液体推进剂火箭发动机理论进行了全面论述，被柏林大学评为特优级论文，这让他毕业以后的职业生涯有了个良好开端。

不久，第二次世界大战爆发。纳粹德国对导弹技术自然是格外重视，网罗了包括布劳恩在内的一批技术专家开展研制工作。在布劳恩等人的主持下，德国于1942年成功地发射了一枚V2液体燃料火箭。这枚火箭的最大飞行速度达到7.5千米/秒，它在工程技术上实现了先驱者们对宇航火箭的技术设想。从科技创新角度来说，V2火箭堪称是航天发展史上一个重要的里程碑。战争结束后，美苏两国作为战利品从德国缴获了V2火箭技术，美国更是俘获了以布劳恩为首的130多名火箭专家，为美国航天技术的发展提供了丰富的资料和难得的人才。有了技术又有了人才，美国于 1946 年 1 月成立了 V2 改进委员会，决定研制探空火箭。经过多年摸索，1954 年美国开始着手设计人造卫星及其运载火箭的方案。1955 年美国政府敲定了运载火箭方案，并计划在 1957 年 10 月发射世界上第一颗人造卫星。然而他们没料到如意算盘最终还是落空了，第一颗人造卫星被苏联人抢先一步送上了天。

美苏太空争霸赛的本意是出于军事目的，这在客观上促成了航天事业的大发展。美国人有“外援”布劳恩掌舵，苏联人则有土生土长的航天事业掌舵者，他就是著名科学家科罗廖夫（1907—1966）。这位苏联宇航事业的伟大设计师，在其光辉的一生中领导其航天团队创造了多项世界第一，包括第一颗人造卫星、第一艘载人飞船、第一个月球探测器、第一个金星探测器、第一个火星探测器、第一次太空行走等等。他是当之无愧的“人类航天的开创者”，在地球文明发展史上留下了浓墨重彩的一笔。

如果说布劳恩生平坎坷、大起大落的话，科罗廖夫的一生则更是时乖运蹇、命途多舛。这位出生于乌克兰的天才科学家，从小就向往着制造飞机，他 18 岁考入基辅工学院，后又转学到莫斯科鲍曼高等工艺学院学习，毕业后如愿以偿成了一名出色的飞机设计师。1929 年科罗廖夫结识了前辈齐奥尔科夫斯基，并拜其门下参与组建火箭喷气推进实验室。1932 年，他成为这个实验室的负责人。第二年，科罗廖夫担任了世界上第一个国家级的火箭技术研究所——苏联国立喷气推进研究所的负责人，他的学术造诣和组织才华对当时苏联的火箭研制工作起了决定性作用。正当科罗廖夫踌躇满志，一步步实现其航天梦想的时候，1937 年肃反扩大化的灾难波及到他头上，他被判了重罪押赴西伯利亚从事重体力劳动。1942年，还在狱中服刑的科罗廖夫，担任了苏联特别设计局的发动机副主任设计师，他以戴罪之身设计和制造了战斗机用的液体火箭助推器，研制出了著名的“喀秋莎大炮”。

二战结束后科罗廖夫才出狱，他作为总设计师立刻投入到了仿制V2导弹的研制工作中。坐了多年牢的科罗廖夫虽然疾病缠身，但他感到最需要的是把失去的时间夺回来，他决心拼死工作。1957年8月，科罗廖夫主持设计的第一枚洲际弹道导弹P－7发射成功。同年10月4日，在科罗廖夫带领下，苏联在拜克努尔发射场用一枚三级火箭成功地将第一颗人造地球卫星“伴侣号”送入了太空轨道。这颗卫星看上去很简陋，却是第一个被人类送进太空的航天器，它开创了航天探索的新纪元。时隔几个月，苏联又发射了“卫星2号”，成功地将一条名为“莱伊卡”的小狗送入了太空，再一次轰动了全世界。然而令人啼笑皆非的是，当瑞典科学院要提名诺贝尔奖致信苏联政府询问运载火箭的设计者是谁时，当时的苏联最高领导人赫鲁晓夫竟回答说，“设计者是全体苏联人民”。就这样科罗廖夫与诺贝尔奖失之交臂，这也成为诺贝尔奖历史上的一大憾事。

苏联发射了第一颗人造卫星，消息传来，美国朝野一片哗然。好在布劳恩的功夫也相当了得，在他的指挥下，美国也在1958年1月31日成功发射了自己的第一颗卫星，但这比苏联迟了3个多月。此后，卫星的发射越来越频繁，世界上越来越多的国家参加到航天活动中来。继苏联和美国之后，法国在1965年11月26日、日本在1970年2月11日、中国在1970年4月24日、英国在1971年10月28日、欧洲空间局在1979年12月24日、印度在1980年7月18日相继用自行研制的运载火箭成功地发射了各自的第一颗人造地球卫星。不管怎么说，当年苏联人的卫星抢先发射，对美国人刺激是很大的。1958 年，美国政府决定加快航天发展步伐，他们采取的一项重要措施便是，成立美国国家航空航天局。如今那个时常露脸发声、牛气冲天的 NASA，就是这么来的。

美国人要急起直追，科罗廖夫不敢怠慢，他一直带领苏联航天人积极应对挑战。1961 年 4 月 12 日，科罗廖夫带病主持发射了世界上第一艘载人飞船“东方 1 号”。然而，这也是科罗廖夫最后的航天设计杰作了。1966 年 1 月 14 日，科罗廖夫因一次无关紧要的小手术而意外地死在了手术台上。

作为现代科技创新史上的重要人物，科罗廖夫的一生耐人寻味。从童年对飞机制造的憧憬到开创航天事业，从国家的囚徒到火箭和飞船总设计师，这些独一无二的经历与苏联严格保密的航天活动一起，被蒙上了一层神秘的面纱，以至于普罗大众很多年都不知道科罗廖夫其人其事。后来，随着时局的变化加上科学界的呼吁，苏联政府才把当时的城市加里宁格勒改名为科罗廖夫市，以纪念这位功勋卓著的航天伟人。1972 年，苏联还拍摄了一部名为《驯火记》的电影，这部传记性的影片就是以科罗廖夫辉煌的一生为题材创作的。此外，月球背面最大的环形山也是以科罗廖夫的名字命名的。这也充分表明，凡是为人类的进步事业作出了突出贡献的科学家，终究不会被世人忘记，因为历史是由人民写的。

有人说科罗廖夫可惜死得太早了，要不然他正当壮年还有得跟美国的布劳恩拼到底，很可能第一次登月的不是美国人而是苏联人，因为美苏当年争霸太空的时候，都是科罗廖夫抢先一步，第一颗人造卫星、第一艘载人飞船、第一个月球探测器等等，布劳恩根本不是对手。但历史不能假设，不管怎么说，布劳恩也是航天设计的顶级高手，他为美国后来在航天领域赶超苏联出了大力，抢先登月就是他的杰作。正由于长期呕心沥血一心扑在航天设计上，后来他也积劳成疾，不幸患上了肠癌。当时激光治疗技术已经用在了临床上，但他错过了最佳治疗时机。

这正是：好一场太空竞赛大戏，看两位大师命途多舛。
欲知激光技术如何问世，且听下回分解。

第四十九回
激光器射出新天地　超声波拓展新用场

主角：汤斯，梅曼，朗之万。

场景：激光的研制过程，超声波技术的崛起。

看点：技术研究在长期积累中取得新突破。

且说太空争霸赛如火如荼进行的时候，与之相关的雷达技术是要及时跟进的，不然运载火箭越飞越远却难以追踪，那就成断线的风筝了。就技术而言，雷达实际上是电磁波往超短波、微波方向发展的产物，在不断向更短的波长推进过程中，微波辐射和毫米级光谱学的研究便顺势开展起来，这样就带出了激光技术的出现。“激光”一词源于英文缩写“Laser”，其原意就是“受激辐射的光放大”，起初中文翻译为“光量子放大器”，音译为“莱塞”，香港、澳门和台湾地区喜欢称之为“镭射”。1964 年著名科学家钱学森建议把当时流行的莱塞和光量子放大器等名称统一称作“激光”，这样既能反映出“受激辐射”的科学内涵，又能表明它是一种强烈的新光源，这个建议得到了人们的广泛认可。激光技术的应用领域非常广泛，别的不说，如今人们整天都在扫描二维码，用的就是激光技术。

其实，早在 1916 年爱因斯坦就提出了受激辐射的概念，他认为在一定条件下受激辐射过程中会产生光放大的效应。虽然他的论断是发明激光的理论基础，但要从大量的自发辐射中分离出万分之几的受激辐射是很困难的事，因而在此后30多年时间内并没有发明出激光，正所谓火候未到。到了20世纪50年代，随着光子和微波技术的发展，光波振荡器的研究才有了水到渠成的条件，于是一场围绕着激光发明的角逐就此展开。

帷幕拉开，接下来便是好戏连台。首先登场的是美国物理学家汤斯（Townes，1915—2015），他1939年在加州理工学院获得博士学位后，一直在著名的贝尔实验室从事雷达系统设计，因而在研制微波器件方面是有相当功底的。战后，汤斯到哥伦比亚大学任教，从1951年起他开始专注于“受激辐射微波放大器”（MASER）的研制。1954年，汤斯跟他的两个学生一起成功制成了世界上第一台基于激发态氨分子的MASER，从而证明受激辐射原理在技术上具有可行性，这样就有可能推向可见光波进而产生激光。接着，汤斯又跟他的妹夫、贝尔实验室物理学家肖洛（Schawlow，1921—1999）合作，于1958年联名在《物理评论快报》上发表了题为《红外和光学激射器》的论文。这篇论文明确指出，根据受激辐射原理制成的放大器或振荡器，可以推广到红外、可见光和更短的波段。这实际上等于提出了制造激光的清晰思路，为研制波长更短的MASER指明了方向。这之后，业界竞相提出了关于激光器的设计方案，但苦于找不到合适的光源物质。这时候肖洛想到了红宝石，他一门心思投入到了红宝石晶体的研究中，期望能用这种材料制造出激光。然而他费了很大精力，却没能在这方面取得突破。

就在汤斯和肖洛两人制成第一台MASER的同时，远在苏联莫斯科的列别捷夫物理研究所也在开展着同样的研究工作。毕业于莫斯科工程物理学院的物理学家巴索夫（Basov，1922—2001）和毕业于列宁格勒大学的物理学家普罗霍洛夫（Prokhorov，1916—2002）合作，也于1955年制成了氨分子束微波激射器。他们还提出了把半导体应用于光量子发生器的思想，并阐述了制造各种半导体激光器的方法。同时，他们还完成了红宝石和钕玻璃大功率激光器的理论研究工作。后来，巴索夫还首先提出了用半导体制造激光器的想法，并成为第一个研制出半导体激光器的科学家。

千呼万唤始出来，犹抱琵琶半遮面。虽然各路高手做了大量的技术铺垫工作，但那激光还是没能照射出来，连一丝光也没见着。看来还要等一个画龙点睛式的人物出场才行，这个人就是美国物理学家梅曼（Maiman，1927—2007）。

出生在洛杉矶的梅曼具有很强的动手能力，他从少年时代起就会修理一些电子设备。1949年梅曼从科罗拉多大学毕业后，又继续到斯坦福大学深造，先后拿到了硕士和博士学位。随后，梅曼来到休斯飞机公司研究所担任研究员，这家公司的研究领域主要涉及飞行器设计，包括光电系统、雷达系统等。在那里，梅曼对红宝石微波放大器开展了多年的研究。他对之前肖洛的研究进行了大胆改进，使红宝石微波放大器的体积大为减小，他还用红宝石棒作为介质，并在棒的两端镀银构成反射层，这些工作均取得了明显成效。然而，休斯公司对梅曼提出要试制激光器的想法并不太感兴趣，这毕竟不是公司的主业。同时，梅曼的不少同事也对他提出的激光器方案表示质疑，认为肖洛用红宝石折腾了多年都没个结果，足以说明此路不通。业内有些专家也日益感到灰心，认为激光器或许根本就造不出来，理论上可行未必就真能实现，有人甚至扬言要在密西根大学开一门课，专门讲授激光器造不出的原因。这些都让梅曼的研究工作处在很难堪的境地。

面对种种诘难，梅曼对创新的执着追求并没有停止，他对红宝石作为激光的合适材料深信不疑，并继续开展实验。1960年5

月，梅曼改用脉冲氙灯作光泵，终于获得了波长为0.6943微米的一束激光。这是人类有史以来获得的第一束激光。梅曼立刻把这一实验结果写成论文，投给《物理评论快报》。然而让梅曼感到抓狂的是，该杂志竟把他这篇重要论文作了退稿处理，原因是该杂志当时已收到大量有关微波激射器的论文，不缺他这一篇凑热闹的东西。梅曼在不得已的情况下，通过记者招待会公布了他的创新成果。有一位记者倒是识货，把梅曼的论文寄给了英国著名的《自然》杂志，该杂志立即打破惯例予以发表。文章刊出的时候，恰好微波波谱学的一场国际研讨会在意大利罗马举办，汤斯等业界大佬们正云集在那里。梅曼成功造出激光的消息传来，立刻引起了轰动。对于梅曼是否真正得到了激光，很多人都持怀疑态度。为了验证真假，肖洛和他的同事中断会议赶回去重复了红宝石激光实验，结果证明梅曼是对的。

1960年7月，梅曼一鼓作气研制出了一台以红宝石为光源的量子放大器，这就是世界上第一台激光器。他也因此成为世界上第一个将激光引入实用领域的科学家。这之后，激光技术不断创新，各种各样的激光器如雨后春笋般相继出现。斯尼泽推出了钕玻璃激光器，佩特耳制成了二氧化碳激光器，卡斯波打造出了化学激光器，索洛金等人则研制成了液体染料激光器，等等。五彩缤纷、争妍斗艳的激光世界终于呈现在人们面前。

激光技术问世以后，很快就在光学、医学、核能、天文、军事、地理、海洋等领域广泛应用开来。光电技术、激光加工（焊接、切割、打孔）、激光医疗、激光制药、激光检测、激光全息、超快激光、激光雷达、激光制导、激光化学、激光分离同位素、激光可控核聚变、激光武器等相继走上历史舞台，有力地推动了传统产业的升级和一大批新兴产业的形成。耐人寻味的是，2018年的诺贝尔物理学奖，又一次授给了激光研究领域的科学家。人们至今看得更清楚，激光领域的科技创新仍有广阔空间，在未来的发展中将会照射出更加辉煌灿烂的新天地。

说一千道一万，看得见的激光在本质上就是一种电磁波。表过了这项技术的发明过程，再来表一表另一种看不见的波，那就是超声波。这项技术的成熟期比激光技术来得要早，可以说它是始于一战熟于二战腾飞于战后。事实上，超声波的历史可以追溯到 19 世纪末 20 世纪初，从研究电、声信号转换时就开始了。那时候，法国人皮尔（Pierre）和杰克斯（Jacks）兄弟俩发现了压电效应与反压电效应，利用石英、酒石酸等压电性材料产生超声波就已经可行了。但在随后的 30 多年时间里，压电效应并没有受到人们的重视，就连皮尔和杰克斯兄弟俩也对超声波的用途懵懂无知。

超声波发展的转机，出现在第一次世界大战期间。那会儿，德国鬼子在战术上使出了“无限制潜艇战”这种杀手锏，一艘艘鬼鬼祟祟伏在水下的 U 型潜艇，击沉了协约国大量的军舰和商船，造成了惨重损失。有一个乌云笼罩的傍晚，德军一艘 U 型潜艇仅仅花了 75 分钟，就连续击沉了协约国的三艘装甲巡洋舰，而那艘作恶的潜艇却连影子都找不着。协约国震惊了，他们立即投入大量的人力和物力，开展针对潜艇的搜寻方法研究，一定要找出一种水下探测的有效技术，否则战局难以扭转。然而令人头痛的是，磁学的、光学的、热学的各种方法都试过了，始终劳而无功。就在这千钧一发的时刻，一位科技创新的高手站了出来，他想到了尘封已久的超声波技术，这个人就是法国著名物理学家朗之万（Lanngevin，1872—1946）。

这位从巴黎工人家庭走出来的物理天才，从小学到中学都是班上最大的学霸，每次考试他不得第一就没人得第一。1893 年，朗之万再次以第一名的成绩考入了法国高等师范学校。后来，他被送往剑桥大学，在著名物理学家汤姆逊指导下攻读研究生。再后来他又到巴黎大学，在皮埃尔·居里的指导下取得了博士学位。看看朗之万的求学简历就知道，他是个名师带出来的高徒。1905年，朗之万从原子内电子电荷的角度，对法拉第的顺磁性与抗磁性现象作出了新的解释。这是他创新才华的一次崭露。

第一次世界大战全面打响后，朗之万积极投身到水深火热的抗德战争中。正当协约国被德军的潜艇战弄得焦头烂额之际，朗之万挺身而出了。眼看着磁学技术、光学技术、热学技术种种手段都不灵光，朗之万另辟蹊径大胆启用超声波技术，打算以超声波去探测潜艇并以其回音进行定位。他在俄国年轻的电气工程师希洛夫斯基配合下，设计出一种带有静电型发射器和碳粒微音器的装置。经过多次实验，他们于1916年接收到了海底的回波信号，以及200米外一块装甲板的回波信号。这之后，朗之万把研究工作重点放在了石英的压电效应上，成功地研制出了石英钢夹心型的超声换能器。他的这种换能器产生的超声波不仅工作频率高，而且具有较强的方向性，其改进型设备一直使用到现在。在研制超声波设备过程中，他还用上了当时刚刚问世的真空管放大器，这或许是电子技术在水下的首次应用。就这样，朗之万终于在1918年第一次成功接收到了水下潜艇的回波，而且探测距离长达1500米之遥。而此时，一战已近尾声。朗之万研究出用超声波侦察潜艇的新技术，可算是超声波最早的实际应用。值得一提的是，朗之万不仅是个科学家还是个反法西斯斗士，后来二战期间他因猛烈抨击纳粹主义而被捕入狱，身体饱受摧残，1946年巴黎解放没多久他就与世长辞了。

继朗之万开局之后，超声波技术的大门被徐徐打开。先是水下的回声探测仪问世，接着回声探测设备从水下扩展到了其他领域。例如，1929年，苏联的索科洛夫率先提出用超声波探查金属物体内部缺陷的建议，几年以后他制成了这种设备。1931 年德国人默哈色对超声波探查固体内部裂痕进行了研究，并据此申请了这种专利。1940 年美国的费尔斯通发明了超声回波示波器，把示波技术引入到了超声设备中。1942 年奥地利医生杜西克率先用超声波扫描脑部结构，开了超声医学的先河。经过这些前期的创新积累，在二战以后的新技术革命洪流中，超声波技术也当仁不让地蓬勃发展起来，可以说掀起了一股热潮。在超声波用于工业生产方面，根据声波反射、衍射、多普勒效应，制成了超声波物位计、液位计和流量计等，为生产的自动化控制增添了新手段。在超声波检测等方面，对不透明物体的测厚、测距、探伤、成像等都形成了相应的技术，超声波还被用到了焊接、钻孔、除尘、去垢、清洗、灭菌、加湿、除油等各个领域，可谓遍地开花。尤其是超声波的医学应用，几乎使人人受益。在诊断查体方面，1951 年韦德尔和瑞德研制出手动 B 超扫描仪，1954 年埃德尔等人发明了 M 型超声心动仪，1959 年基恩制成了脉冲多普勒超声仪，1964 年卡拉根发明了 D 型超声血管探查技术，由此超声诊断大面积应用开来。在疾病治疗方面，通过温热效应、机械效应、空化效应等作用机理，将超声波施加于人体病患部位，对肿瘤、息肉、结石等许多疾病都有良好的治疗效果。后来就连减肥手术、洗牙洁牙也用上了超声波技术，它俨然成了医学领域的一个“香饽饽”。

的的确确，超声波技术和激光技术都是造福人类的“香饽饽”。然而“梅花香自苦寒来”的道理不能忘却，正是经过了汤斯、梅曼、朗之万这样一批又一批创新勇士的艰难探索和不懈努力，才有了科技整体水平的不断提升，也才有了人类社会日益美好的生活。就连美国著名宇航员阿姆斯特朗也深有感触地说过，如果没有新技术的大量积累，他是不可能迈出人类登月这一大步的。

这正是：千呼万唤整出了激光器，蓦然回首掀起了超声波。欲知阿姆斯特朗如何成功登月，且听下回分解。

第五十回
阿波罗飞船登月成功　哈勃望远镜再添风采

主角： 阿姆斯特朗，斯必泽。

场景： 人类登月前后太空竞赛的过程。

看点： 航天科技迅猛发展的好戏还在后头。

话说阿姆斯特朗作为登月第一人，对科技的发展是有许多感受的。他在 2005 年还说过，宇航员现在去火星应该比当年去月球要容易，因为航天技术今非昔比了。他认为当年登月只有 50% 的成功率，那会儿他做好了壮士一去不复返的思想准备，他回忆说"我非常激动，也很惊讶我们真的成功了"。阿姆斯特朗说的是大实话，当年美国人抢先登月确实是匆匆忙忙上阵，那是被苏联人给"逼"出来的。要知道，1957 年第一颗人造卫星费了九牛二虎之力才发射成功，那不过是把区区 80 多公斤重的一个铝合金球打上天去，而在短短 12 年之后，近 60 吨重的载人飞船奔向月球还要再安全返回，这么快的发展速度堪称是科技史上绝无仅有的大跃进，是美苏两国激烈争夺太空霸权的产物。

之前的章回已叙过，太空争霸赛开始以后的前几年，苏联人占尽上风抢得了一连串先手，令美国朝野一片哗然。他们连忙成立了 NASA 加紧应对，要弯道超车，更要扭转局面。卫星上天已经落后一步无可挽回了，干脆直接搞月球探测器，赶紧先扳回一局再说。1958 年美国企图抢在苏联之前发射一个月球探测器，不料发射过程中第一级火箭在空中爆炸，任务半途夭折。随后美国又接连三次发射月球探测器，都以失败而告终。在此过程中，苏联于 1959 年先后发射了“月球 1 号”“月球 2 号”和“月球 3 号”三个探测器，均告成功。这边接连失败，那边接连成功，NASA 上上下下灰溜溜的，那真是无颜见江东父老了。然而这还没完，1961 年 4 月 12 日，苏联率先发射了由宇航员加加林（Gagarin，1934—1968）驾驶的第一艘载人飞船，在绕飞地球一周后安全返回地面，写下了载人航天的第一页。消息传来，美国人一下子惊呆了。

震惊之余，受了极大刺激的美国人一片恐慌，再这样玩下去美国在世人面前的老大地位就岌岌可危了。一时间，NASA 灰头土脸，军方骂骂咧咧，议会吵吵嚷嚷，民间议论纷纷。面对这种尴尬的局面，时任美国总统肯尼迪决定孤注一掷，改变原来小步赶超苏联的太空竞争目标，批准直接启动载人飞船登月的一揽子计划，要干就干一票大的，不成功便成仁。这就是阿波罗计划的由来。

从 1961 年 5 月开始，这项庞大的登月计划开始正式实施。美国这一场豪华的太空盛宴可谓穷奢极侈，光是登月前奏就开展了四项壮观的辅助计划。1961—1965 年间展开了徘徊者号探测器计划，共发射了 9 个探测器，以了解飞船在月面着陆的可能性。1965—1966 年间展开了双子星座号飞船计划，先后发射了 10 艘各载 2 名宇航员的飞船，进行医学监控、操纵飞船飞行、对接和舱外活动的训练。1966—1967 年间展开了月球轨道环行器计划，共发射了 3 个绕月飞行的探测器，对 40 多个预选着陆区拍摄高分辨率照片，据此选出了预计的登月点。1966—1968 年间展开了勘测者号探测器计划，共发射了 5 个自动探测器在月球表面软着陆，通过电视发回 8.6 万张月面照片，探测了月球土壤的理化特性数据。这些都表明，美国人为登月做准备是下了血本的。

与此同时，阿波罗系列飞船也紧锣密鼓地登台亮相。1966—1968 年间，阿波罗 1 号至 6 号飞船进行的是不载人飞行试验，主要是在近地轨道上鉴定飞船的实用性，并不断加以改进。1968—1969 年间发射的阿波罗 7、8、9 号飞船，进行的是载人飞行试验，主要作环绕月球飞行、月面降落模拟试验等，以检验飞船的可靠性。1969 年 5 月发射的阿波罗 10 号飞船，则进行了登月全过程的演练飞行，两名宇航员乘登月舱下降到了离月面仅 15.2 千米的高度，离登月真正只有一步之遥了。

完成这一步之遥的宇航员注定要成为流芳千古的风云人物，他便是尼尔·阿姆斯特朗（Neil Armstrong，1930—2012）。这个来自俄亥俄州的幸运儿，从少年时代就开始接受飞行训练，并顺利地拿到了飞行员证书。1947 年他进入印第安纳州的普渡大学，学习航空工程并成为海军后备飞行军官。毕业后，他在爱德华兹空军基地任试飞员。接着，他又参加了 X15 火箭飞机的飞行计划，并进行过六次试飞，最高飞行高度达到了 6 万米。说来这货还参加过朝鲜战争，而且是战斗机飞行员。1951 年有一天他驾机执行任务时被地面炮火一举击中，他不得不弹射跳伞才捡回了一条命，差一点日后“登月第一人”的桂冠就戴到别人头上去了。

1969 年 7 月 16 日，是个举世瞩目的日子。在美国肯尼迪航天发射场，巨大的“土星 5 号”火箭载着阿波罗 11 号登月飞船点火升空了。作为飞船指挥官的阿姆斯特朗与两位同伴奥尔德林（Aldrin，1930—　）、科林斯（Collins，1930—　）一起，驾驶飞船开始了人类首次奔赴月球的行动。7 月 20 日，他们到达了月球“静海”的预定着陆点。阿姆斯特朗和奥尔德林操控者“鹰号”

登月舱与飞船分离，经过一番惊心动魄的降落飞行，登月舱终于在月球表面安全着陆了。阿姆斯特朗立即向地球报告，“我们在月球静海报告，鹰已着陆”。本来鸦雀无声的休斯敦飞行控制中心内，顿时一片沸腾。随后又经过数小时的准备，阿姆斯特朗第一个走出登月舱，用他脚上那双特制的胶鞋在月球表面留下了人类的第一个足迹。“这对我个人来说是小小的一步，但对整个人类来说，却是巨大的一步！”阿姆斯特朗的这句名言成了人类征服月球的伟大宣言。

奥尔德林随后也登上了月球，两人在月球表面进行了两个半小时的活动，他们安放了一面美国国旗，采集了岩石和土壤样品，架设了科学实验组件，包括一台被动式地震仪和一台激光测距反射镜。完成这些任务后，他们飞离月面与停留在轨道指挥舱内的科林斯成功会合。7月24日，阿波罗11号指挥舱终于安全返回地球，完成了人类第一次踏足外星球的壮举。

这场太空竞赛的白热化较量，美国人以率先登月而大获全胜。然而，开始一直跑在前面的苏联人怎会无动于衷，突然间变得碌碌为为了？那倒也不是。事实上，苏联人一直也是蛮拼的，他们同样瞄着载人登月目标在积极努力，而且早在1959年就已将“月球2号”探测器送到了月球表面，但后来由于火箭设计存在致命的缺陷，连续多次发射失败才一蹶不振。他们已经失去了科罗廖夫那样的领军人物，最关键的N1火箭斥巨资反复折腾仍不过关，最终不得不彻底放弃了载人登月的梦想。与此同时美国人却一鼓作气乘胜前进，从1969年11月到1972年12月间，又相继发射了阿波罗12、13、14、15、16、17号飞船，其中除阿波罗13号出现故障未能登月外，其他几艘飞船均登月成功，前后共有12名宇航员踏上了月球，共带回了380千克的月岩和月壤标本。至此，阿波罗计划宣告结束，人类的登月行动也暂告一个段落。

从20世纪70年代起，美苏之间的太空争霸赛开始悄然转移战场。在新一轮争斗中，苏联又在空间站建设方面抢先一步，于1971年4月19日率先发射了世界上首个实验性空间站——礼炮1号。美国毫不示弱，也于1973年5月14日发射了自己的第一个实验性空间站——天空实验室。随后，空间站的技术竞争你来我往，从最初单舱一个对接口，发展到单舱两个对接口、多舱积木式结构、多舱混合式结构，苏联在技术上明显高出一筹。与此同时，美国也在继续寻求新的航天技术优势，1981年第一架航天飞机“哥伦比亚号”首次试飞取得了成功，标志着美国在可重复使用航天器技术上有了新突破。后来，随着苏联的解体，太空争霸赛慢慢转入了太空技术合作。1995年，美国的“亚特兰蒂斯号”航天飞机，与俄罗斯的“和平号”轨道空间站成功实现了首次对接，美国和俄罗斯两国宇航员在太空互相串起了门。有新闻报道当时即称，冷战已经在地球之外结束了。

航天飞机问世之后一项最引人瞩目的行动，就是把哈勃望远镜送上了太空。1990年4月24日，美国“发现号”航天飞机携带迄今为止造价最昂贵的卫星——哈勃太空望远镜，进入距地球612公里的轨道。第二天下午，又用巨大的机械臂把这个庞然大物在太空架设起来。从此，人类在地球之外有了观察遥远宇宙的“火眼金睛”，成为空间技术发展的一道亮丽景色。

哈勃望远镜属于美国航空航天局（NASA）与欧洲航天局（ESA）的一个合作项目，其主要目标是建立一个能长期在太空进行观测的轨道天文台。哈勃望远镜的来由，还得从20世纪20年代说起。那时候，天文学家普遍认为，宇宙中除了银河系之外空无一物。然而，这种观念却被美国年轻的天文学家哈勃一举推翻。他经过研究发现，宇宙除了银河系外还有无数的星系，这些星系由于宇宙膨胀的关系，正在互相远离。哈勃坚信望远镜能回顾宇宙的过去，总有一天模糊的宇宙史会清晰起来。

到了1946年，美国著名天文学家斯必泽（Spitzer，1914—1997）看到了火箭技术的发展趋势，他发表了《在地球之外的天文观测优势》的论文，大胆提出了建立太空望远镜的计划。当时卫星还没上天，很多人把斯必泽的这一计划视为科幻小说般的空想，怀疑者大有人在，嘲笑者也不乏其人。然而，斯必泽信念坚定，宇航时代一到来他就四处奔走，呼吁建立太空望远镜。终于在1962年，美国国家科学院决定推荐太空望远镜作为发展太空计划的一部分。1965年，斯必泽被任命为一个专门委员会的主任，该委员会的任务就是建造一架太空望远镜。

然而这件事却是一波三折经历了几十年折腾，一忽儿经费削减一忽儿改变计划，直到1983年才确定由美国NASA和欧洲航天局合作建造"哈勃太空望远镜"。此时斯必泽已垂垂老矣，所幸的是，这位一生为太空望远镜奔走呼号的天文学家总算在有生之年看到了哈勃望远镜升空。在他去世以后，NASA在2003年又向太空发射了一架红外天文望远镜，特意命名为"斯必泽空间望远镜"，这是对他的最好纪念。

哈勃望远镜是人类登月以来意义最重大的一项科技工程，它极大地开阔了人类的视野，为探索宇宙太空奥秘打开了一扇全新的天窗。2010年美国好莱坞特地制作了一部名为《哈勃望远镜》的3D纪录片。谈起太空中这个庞然大物状的望远镜，该片导演托妮·梅耶斯深情地说，"哈勃望远镜彻底地改变了人们观察宇宙的方式，其中最有趣的地方就在于，我们看到的一切有助于解开困扰已久的埋藏于星系深处的秘密，也衍生出了哈勃望远镜的设计者曾经预计到的更多的问题——我们从哪儿来？怎样才能抵达孕育出生命的本源之地？除了地球以外还有其智慧型的星球吗？这不仅是探索与发现的精神所在，也是哈勃望远镜留给我们的财富”。

话到此处，说过了哈勃望远镜再回过头来看便会发现，从1972 年阿波罗计划收场以来，全世界再也没有开展过任何载人登月行动。美国当初上去了 6 批人，那么不禁要问，至今半个多世纪过去了，其他国家一个人也没上去过，美国人也没再去故地重游，何故？这个问题说白了就是，太空探索是要有经济实力作支撑的，付出远远超过收益便难以为继。当年阿波罗计划前后历时约 11 年，总耗资高达 2000 多亿美元（现在折合），直接参与的人数超过 30 万人，除了振奋人心的精神收获之外，登月的直接物质收益就是带回来了几百斤月球石头，既不能当饭吃也不能当水喝，再派人去无异于烧钱。反过来说，假如当年一去就看见月球上有座金山或银山，那美国人肯定还会让阿波罗 N 号一趟趟接着去采矿的，其他国家就是砸锅卖铁也会凑上去抢金夺银，有丰厚回报的事谁都愿干，航天领域也一样。这么一分析又扯到了流传甚广的一种观点，说是航天领域能产生巨大的经济效益，每投入 1 元钱便会带来 7—12 元的效益，这纯属多年来以讹传讹，经不起推敲。要真有这么简单的好事，恐怕人类早就登上火星了。

然而近年来，随着全球经济的多年积累，登月热再度升温。虽然阿波罗计划开人类踏足月球的先河，但那时并没有在月面上建立起前进的基地，从未来拓展深空探测的意义上说，这是全人类共同的责任。中国作为迅速崛起的经济大国，已经在新世纪启动了“嫦娥工程”探月计划，第一期工程“绕”和第二期工程“落”已经成功实现，第三期工程“回”正在实施，之后将很快进行载人登月，不久中国人的足迹就会留在月球上。与此同时，其他国家近来也纷纷提出了各自的登月蓝图。日本计划于 2025 年前后把人送上月球并在月球建立研究基地。欧洲计划于 2020—

2025年间把人送上月球，先在上面架设一台射电望远镜，然后在月球上建立一个稳定的空间站。美国也于2017年再次宣布要重返月球，准备尽快把宇航员送上月球并建立永久性的月球基地。预计在未来的五年内，一场前所未有的探月大戏将进入高潮。这都是后话了。

就整个20世纪而言，登月可以说是人类航天探索的巅峰之作，从那时起科技创新也进入了一个最辉煌的时期。然而，水能载舟亦能覆舟，任何事物总有两面性，有人看出了科技创新活动给人类社会发展带来的潜在危机，一个名为“罗马俱乐部”的组织为此发出了警告。

这正是：美苏两强一场争霸赛，航天科技乘势大发展。

欲知罗马俱乐部如何发警告，且听下回分解。

第五十一回

罗马俱乐部敲警钟　脱缰的野马太疯狂

主角： 佩切伊，米都斯。

场景： 罗马俱乐部提出增长的极限。

看点： 科技引领经济高速增长，也带来了全球性问题。

且说阿波罗飞船登月成功之际，正是人类社会在科技创新驱动下高速发展的时期，一个名为“罗马俱乐部”的组织却在这时候跳出来发警告了。这个罗马俱乐部怎的如此不识时务，在形势一片大好的时候唱反调意欲何为，会有人听吗？其实，罗马俱乐部在 20 世纪七八十年代的名气很大，科技界几乎无人不知无人不晓，他们发出的逆耳忠言，曾推动了全球对环境保护、气候变暖等问题的高度关注。说来罗马俱乐部既不是名不见经传的蜂营蚁队，也不是赫赫威名的官方机构，而是一个由志同道合的科学家、经济学家等组成的国际性民间学术团体，它成立于 1968 年 4 月，总部设在意大利罗马。俱乐部的宗旨就是研究科学技术对人类未来发展的影响，阐明人类面临的主要困难，预测可能出现的麻烦问题，给政策制订者和社会舆论不时敲敲警钟。如今这个组织的影响力虽然不比当年，但其曾经发出过的有益呼声以及对科技创新活动的浸染作用，却在史上留下了挥之不去的一笔，本回就来说道说道。

要不说时势造英雄呢，罗马俱乐部正是在科技迅猛发展，全球性的人口、粮食、工业化、环境、资源、贫困等问题日益显露的大背景下应运而生的。20 世纪 60 年代末跟现在不同，那时候技术至上主义盛行，乐观派是全社会的绝对主流，很多人都觉得只要科技日新月异发展着，人类社会就会加速增长，就会一天天走向辉煌。就在这当儿，有一位意大利经济学家和实业家唱起了反调，他认为新技术像脱缰野马一样发展不是好事，将在未来 10 年给人类带来严峻的挑战。这位学者就是罗马俱乐部的主要创始人佩切伊（Peccei，1908—1984）。

佩切伊在意大利闻名遐迩的“汽车之城”都灵长大，1930 年他凭论文《论列宁的新经济政策》获得了都灵大学经济学博士学位。随后，他和妻子一起迁居中国，为菲亚特汽车公司掌管在华业务，直到 1938 年才离开。二战后，佩切伊在欧洲重新经营汽车公司。从 1949 年起他又移居拉丁美洲，并在阿根廷掌管菲亚特汽车公司，任该公司的总经理直到退休。正因为他长期从事在当时属于高科技产业的汽车工业，并且走南闯北见多识广，才形成了他观察全球问题的独特视角。在佩切伊看来，只有人类超前或平行于科技的发展，才有经济的持续增长，但这种增长搞不好也会慢慢导致人类走向毁灭，就像温水煮青蛙一样。

当时，人们主要按两根轴线去分析全球问题，认为造成世界动荡难管的原因都与东西南北两根轴线有关。一根轴线是东西问题，指的是美苏两大集团的对抗；另一根轴线是南北问题，指的是发达国家与发展中国家之间的不平衡。但是佩切伊却注意到了第三根轴线，那就是，人类对大自然的掠夺与科技发展之间的关系。他认为只有采取自我革命的办法改善人类自己，才能找到解决全球问题的出路，否则东西南北冲突只会愈演愈烈。佩切伊说，我们不能过分乐观地去空想未来，以为只要发展科技就会使幸福美满的社会降临，如果这样想这样做，人类就会陷入悲惨的境地。

1967 年，佩切伊认识了英国科学家亚历山大·金，两人对全球性问题交流了看法，这一交流居然碰出了思想火花。他们当即商议要召开一次会议，来讨论如何从世界体系的角度探讨人类社会面临的一些重大问题。1968 年 4 月，在阿涅尔利基金会的资助下，他们在欧洲各国挑选了 30 多名科学家、社会学家、经济学家和企业家，在罗马林奇科学院召开了一次会议，探讨如何开展全球性问题的研究。会议结束时，与会专家普遍觉得意犹未尽，应该在会后建立一个组织，以便志同道合者能保持沟通，继续深入探讨有关问题。于是，“罗马俱乐部”就这样诞生了。

罗马俱乐部在科技迅猛发展的关头，提出了各种全球问题相互影响、相互作用的系统性观点，它所开辟的全球问题研究领域，意味着人们已经开始并且能够综合地运用各种科学知识，来解决那些事关人类发展的最复杂最困扰的问题。罗马俱乐部成立以后，很快就推出了一批研究报告、文章、图书并在全世界广为传播，从而唤起了人们对世界危机的关注，增强了人们的未来意识。其中较著名的研究报告有，《增长的极限》（1972）、《人类处在转折点》（1974）、《重建国际秩序》（1976）、《超越浪费的时代》（1978）、《人类的目标》（1978）、《学无止境》（1979）、《微电子学和社会》（1982）等等。

在罗马俱乐部至今为止推出的所有研究报告中，数 1972 年出版的《增长的极限》一书影响力最大。该书预言世界经济增长不可能无限持续下去，因为石油等自然资源的供给是有限的，“零增长”时代将会来临。《增长的极限》一出版立刻引起了全世界的轰动，一度成为最畅销的出版物，被翻译成 35 种语言，总发行量超过了 3000 万册，1983 年在我国也有了最早的中译本。这本书后来被世界上1000多所大学列为教材，它的主要作者就是美国麻省理工学院教授米都斯（Meadows，1942— ）。中译本也将作者译为梅多斯（容易让人想到“没多思”，还是米都斯好听点），其实都是同一人。

米都斯1964年在美国卡里顿学院化学系获学士学位，1969年在麻省理工学院获管理学博士学位，毕业后留在麻省理工学院教书，20世纪70年代又先后转到达特茅斯学院和新罕布夏大学任教。受罗马俱乐部的委托，米都斯带领一个17人的小组完成了《增长的极限》的研究报告。这些人当中没有一个是专业经济学家，因而受传统条条框框约束少，能从各自的专业角度审视全球发展中出现的问题。他们在看到战后20多年科技发展带来经济高速增长的同时，也看到了环境严重污染、物种大量灭亡、生态失去平衡、矿产资源迅速消耗等日益突出的问题，对经济增长的沉重代价发出了警告。

米都斯等人的报告选择了对人类命运有决定意义的5个参数，即人口、工业生产、自然资源、粮食生产和环境污染，作为研究问题的切入点，阐述了不合理的增长模式给地球和人类带来的毁灭性后果。通过数学建模分析，米都斯得出结论认为，增长是存在极限的，这是由地球的有限性所决定的。如果按照现行趋势继续发展下去，人类所在的这颗星球将在2100年走到增长的极限，人口和生产力很有可能会突然出现衰退，并且这种衰退是不可控的。米都斯认为要想改变这种增长趋势，就要全球尽早采取共同行动，遏制脱缰野马进而改变社会方向，向全球均衡状态的目标前进，这样才能长久支撑未来的发展。在罗马俱乐部的这份报告看来，要想实现均衡状态下的发展，科技进步既是必要的也是应该有所作为的，要大力发展应对生态危机的新技术。这些新技术包括，收集废料以减少环境污染的新方法、降低资源消耗能够循环利用的新技术、延长工业产品寿命降低折旧率的新方法、开发无污染的太阳能技术、寻求控制害虫的天然方法、避孕手段和降低死亡率的医学技术等。报告认为向全球均衡态目标努力是当务之急的事，延误时机一代代传下去的后果不堪设想。

《增长的极限》有一个很重要的功劳，就是纠正了人们长期以来形成的一种错觉，即认为增长是一个线性过程。米都斯认为，不论是人口还是经济都不是线性增长，而是一种指数式的增长。指数增长的一个特点是，在不知不觉中会突然地接近一个固定的极限。为了让人们保持清醒，《增长的极限》引述了一个法国童话故事，说是有个池塘的水里长着一朵百合花，这种百合属植物的体积每天按两倍的速度生长。如果允许这种百合花不受限制地生长，在 30 天里就会完全覆盖住这个池塘，而闷死水中的其他生命。但在这之前的日子里，这种百合属植物给人的感觉是很微小不值得修剪，当它覆盖到了池塘的一半时，人们才会突然发现，只有最后一天的时间来挽救池塘了。这个比喻用来描述人口和经济增长，对当时正处于经济黄金时代的西方社会来说，是有警示意义的。

其实不只是人口和经济增长，同样令人担忧的还有资源消耗的速度，也是呈指数方式增长的。按照米都斯的测算，当时世界上 80% 以上的工业生产能力是 20 世纪以后出现的，带来的是资源和能源的大量消耗。特别是二战以后现代工业的高速发展，人类以史无前例的速度把各种矿藏从地下甚至海底挖掘出来，这些在地下沉睡了亿万年的不可再生性资源已被开采大半，照这样下去，人类面临的资源和能源危机将会很快到来。

难道他们说的都是真的？起初人们对米都斯的观点大不以为然。然而无巧不成书，说到曹操曹操就到。就在《增长的极限》出版一年后的 1973 年，中东战争引发了一场前所未有的石油危机，因此导致了西方发达国家一次经济上的普遍衰退。《增长的极限》在这个问题上的长远判断，等于先有了个很灵验的预演，世人为此大感震惊。罗马俱乐部也因此名声大噪。

《增长的极限》的最大贡献，是为人类在新的历史条件下如何认识人与自然的关系，如何看待科技进步带来的快速增长提出了新的思维。它从发展的角度而不是从增长的角度指出，如果一味追求单纯的经济增长，势必导致最终出现极限而走向人类社会的衰败。在40多年后的今天看来，虽然《增长的极限》的结论有些过于悲观，但在当时技术至上拼命追求发展，忽视全球出现的环境、资源等问题而对未来普遍存在盲目乐观心态的时候，这本书无疑起到了醍醐灌顶的作用，第一次向人们敲响了警钟。

限于时代的局限性，罗马俱乐部包括《增长的极限》在内的许多研究报告并非尽善尽美，无懈可击。然而近年来有不少人却说，将近半个世纪过去了，按照《增长的极限》的预测，如今该看到粮食生产、人口、能源可获得性以及预期寿命的急速下降了，但这种趋势一个也没有发生，也没有任何迹象表明将很快会发生，因此罗马俱乐部完全是杞人忧天，是大错特错的。这种说法既是对《增长的极限》的误读，也有过河拆桥之嫌。此处不妨替人家辩护几句。

实际上，罗马俱乐部一开始就表明，改变不良增长方式应该从“现在”做起，这样就可以修正未来发展的航向，避免走到不可收拾的极限。以环境污染、气候变暖问题为例。《增长的极限》用了一整章的篇幅讲述了臭氧层空洞的问题，指出氟氯化碳的增长是导致臭氧层减少的祸首，破坏到极限的后果将很严重。这种提醒是很有意义的，从那以后，减少直至全面禁止使用氟氯化碳技术就慢慢成了全世界的共识。事实上，《增长的极限》一书早在1976年就被列为了联合国第31届大会的会议文件，警钟向各国、向世人及时敲响，才有了后来一系列的全球行动。1992 年在里约热内卢召开的世界环发大会上通过了《联合国气候变化框架公约》，标志着人类对资源、环境与发展问题终于有了全新的认识，将从不可持续发展方式转变为可持续发展方式。2015 年 12 月，《联合国气候变化框架公约》近 200 个缔约方在巴黎气候变化大会上达成了《巴黎协定》，为 2020 年后全球应对气候变化行动作出了安排。这些都是修正航向的重大举措。与此同时，全球科学家也开始瞄着潜在危机，有针对性地加强了应对技术的研究。比如说粮食危机问题，高产杂交水稻的研究在 20 世纪 70 年代以后就明显加快了步伐。

这正是：增长极限亦真亦幻，全球发展警钟长鸣。

欲知杂交水稻如何化解粮食危机，且听下回分解。

第五十二回
杂交农业改变生活　克隆动物震惊世界

主角： 袁隆平，比切尔，威尔穆特。

场景： 杂交水稻的研究历程，克隆技术登上舞台。

看点： 生物技术向纵深发展引起伦理争议。

话说《增长的极限》当年警钟一敲曾预言过，说是随着人口的指数增长21世纪初将出现粮食危机，但这事真真切切没发生。罗马俱乐部展望未来忧心忡忡，却小看了科技进步解决新问题的能力，以当年的农业科技水平去预测百十年后的事，如同雾里看花，难免马失前蹄走了眼。事实上，在过去的几十年里，全世界的耕地面积有减无增，而粮食产量却成倍增长，这不得不归功于农业科技创新的巨大威力。

一提到粮食成倍增产，谁都会立刻想到杂交水稻。没错，占世界人口一大半的亚洲人爱吃大米，摄入热量的80%来自水稻。亚洲的人口增幅全球最快，如果回到20世纪60年代，只要把人口增长与大米产量的两条曲线画在一张纸上，就能一目了然地看出，用不了几年大米就真的不够吃了。所幸水稻杂交育种技术迅速发展，大米产量的曲线走势随之也高高扬起，眼看着不久将要出现的粮食危机在悄然中得到化解。因而杂交水稻代表着粮食生产的一场革命，也是农业科技创新的一面旗帜。

说来水稻的杂交育种技术很复杂，无论是常规稻还是杂交稻，利用杂种优势大幅度提高水稻产量一直是育种专家们梦寐以求的愿望。然而，水稻属自花授粉植物，这就使得杂交育种成为长期以来的一个技术难点。必须找到雄性不育系的野生稻，实现与栽培稻的杂交，培育出保持系和恢复系，才能把杂交的成果代代延续下去。需要由不育系、保持系和恢复系配套育种的，就是三系杂交水稻。不需要借助保持系育种的，就是两系杂交水稻。这么粗粗一说已经很烧脑了，总之杂交育种不是件容易的事，更不是泡在实验室里就能找到野生稻，培育出这系那系的。

波涛万丈非一江之水。与历史上许多重大科技创新活动一样，杂交水稻能有今天的辉煌成就，也是一代代科学家前赴后继、奋发努力取得的。早在 20 世纪 20 年代水稻雄性不育现象发现之初，我国广东的著名教授丁颖（1888—1964）就开始了水稻的杂交育种研究，他也是世界上最早开展这项研究的农业科学家之一。1926 年丁颖在广州郊区发现了野生稻，并于次年创建了中国第一个稻作试验基地。1933 年他选育的“中山一号”是世界上第一次用野生稻与栽培稻杂交育种的成功尝试，同年他还发表了《广东野生稻及由野生稻育成的新种》一文，论证了中国是栽培稻种的原产地，从而否定了“中国栽培稻起源于印度”之说。丁颖教授一生致力于稻作研究和农业教育，为提高水稻产量和品质作出了重要贡献，曾被周恩来总理誉为“中国人民优秀的农业科学家”。

杂交水稻育种的基本技术流程，是由美国的亨利·比切尔（Henry Beachell，1906—2006）创立的。这位出生于内布拉斯加州的水稻专家，于 1963 年受聘前往设在菲律宾的“国际水稻研究所（IRRI）”工作，在那里他选用印尼稻种与中国稻种杂交取得了巨大成功。1966 年比切尔培育出了“奇迹稻 IR8”，这个用杂交法培育出来的常规稻种，后来在菲律宾、印尼等地种植大获丰收，10 年内（1972—1982）使当地的水稻产量翻了一番。比切尔因此于 1996 年荣获了世界粮食奖。与此同时，日本水稻专家新城长友率先实现了基于“三系法”的水稻杂交技术。1968 年他找到了野生的雄性不育株，提出了赶粉育株等新的育种方法。但新城长友的方案存在着一些无法克服的缺陷，未能完成杂交水稻的大规模种植。

杂交水稻真正实现大面积种植推广是在中国。继先驱者丁颖教授之后，为解决国人的“吃饭问题”，一批又一批心怀报国之志的农业专家为此不懈奋斗了几十年。这些人包括管相桓、赵连芳、黄耀祥、李贞生、李必湖、石明松、罗孝和、颜龙安、朱英国、谢华安、田永太以及张启发、李家洋等等，人们不会也不应该忘记这些功勋专家。在他们当中，有一位杰出的代表人物被誉为“杂交水稻之父”，他就是家喻户晓的袁隆平院士（1930—　）。

1953 年袁隆平刚走出大学校门的时候，正是祖国百废待兴之际。作为一个农学专业毕业生，那时他就已经清醒地意识到，孟德尔和摩尔根提出的基因分离、自由组合及连锁互换等规律，对粮食作物育种具有重要意义。于是，他决心摈弃传统的无性杂交学说，尝试进行水稻的有性杂交试验。1960 年 7 月的一天，袁隆平在试验田里偶然发现了一株与众不同的水稻植株，这棵“鹤立鸡群”的稻株其实是地地道道的天然杂交稻。这一发现，让他对培育杂交水稻的信心大增。在接下来的几年时间里，袁隆平又找到了 6 株天然雄性不育的植株，通过繁殖育种试验，他积累了宝贵的研究数据。1966 年，袁隆平在《科学通报》上发表了《水稻的雄性不育性》一文。这是我国首次发表水稻雄性不育性的研究论文，引起了业界高度关注，当时的国家科委即表示全力支持这项能提高水稻产量的研究课题。

然而令袁隆平大为苦恼的是，在接下来的几年时间里，他和助手们先后用1000多个品种，做了3000多个杂交组合，却始终培育不出百分之百的不育系来。袁隆平经过冷静分析，决定采取“远亲杂交”的办法再试，他带领助手跋山涉水苦苦寻找远缘的不育稻株。1970年，袁隆平的助手终于在海南岛一个农场的水渠边上，找到一株“野败”的雄性不育株。这下子果然柳暗花明了，正是这一株宝贵的“野败”，为水稻不育系和随后的三系配套打开了突破口，给杂交稻研究带来了新的转机。一场水稻育种的攻坚战就此打响，经过数千个品种的测交筛选，共找到了1000多个具有恢复能力的品种。在此基础上，袁隆平育成了我国首个“野败”型不育系“二九南1号A”和第一个强优势杂交组合“南优2号”水稻品种。1973年，袁隆平发表了题为《利用野败选育三系的进展》的论文，正式宣告我国籼型杂交水稻“三系”配套取得成功。这是我国水稻育种的一个重大突破，也是袁隆平为杂交水稻育种提供的一项带有通用意义的技术成果。当年，袁隆平向全国有关的协作攻关单位无偿发放了“野败”稻种材料，从后来各地三系杂交稻所利用的不育系来源来看，“野败”不育系占有绝对主导地位。至今，“野败”仍被国内外杂交水稻公司广泛应用于三系育种。

在取得骄人的业绩以后，袁隆平并没有就此止步，几十年来他不断向新的制高点发起冲击。他提出了杂交水稻的育种发展战略，即方法上由三系到两系再到一系，促使杂交水稻一步一步向新的台阶迈进，这一思路已被国内外同行广泛采用。他还解决了两系法中的一些关键技术难题，研究并提出了核心种子生产程序和冷水串灌繁殖等重大技术，使两系法杂交水稻最终取得成功并推广应用。袁隆平还设计出了培育超级杂交稻的技术路线，并在超级杂交稻研究方面连续取得重大进展。他研究的超级杂交稻已于2000年、2004年、2012年分别实现中国超级稻百亩示范片亩产700公斤、800公斤、900公斤的目标。2013年，他启动了百亩示范片亩产1000公斤的超级杂交稻第四期目标攻关。2018年5月22日，在三亚的国家水稻公园试验田进行了测产验收，测得亩产为1065.3公斤，创下了海南省水稻单产的历史最高纪录。袁隆平已经用一生的科技创新实践向全世界证明，中国完全能够解决自己的吃饭问题，中国还能帮助世界人民解决吃饭问题。

老骥伏枥，志在千里。如今已年近90岁高龄的袁隆平，仍然活跃在杂交水稻研究的第一线。从2003年起，袁隆平又指导学生开始了外源基因组DNA导入水稻的研究，这是用生物学前沿技术开展水稻育种的新探索。袁隆平是一位真正的耕耘者，他播撒智慧，收获富足。国际国内对袁隆平在杂交水稻研究上的巨大贡献无不给予充分肯定，他先后获得了国家最高科学技术奖、国家发明特等奖，以及联合国科学奖、世界粮食奖等各种大奖，1991年他被聘为联合国粮农组织首席顾问。袁隆平献身科学、造福人类的崇高品德和不畏艰险、勇于创新的坚强意志，是当代科技人员学习的楷模，更是新时代呼唤的科学精神。

有关袁隆平研究杂交水稻的故事，如今各种媒体随处可见，此处再往下赘述纯属浮笔浪墨了。然而，就是这样一位淡泊名利、功勋卓著的科学家，近来也遭到了一些人各种各样的非议，甚至有人洋洋万言公然发文要人们“暂时遗忘袁隆平”。这些人声称袁隆平“杂交水稻之父”名不副实，其成就被“过度放大”云云，他们引经据典的主要依据就是，“我们目前吃进嘴里的大米没有几个是袁老爷子的产品，这是真的”。这种哗众取宠的论调，就跟说“我们目前使用的电灯没有几个是爱迪生发明的产品”一样荒唐。实际上，利用不育系在中国培育杂交水稻并使之变成粮食，最关键的人物就是袁隆平，正因为有了他在全国的引领作用，才有了人们吃进嘴里的多样化大米品种。了解这段创新历史的人是不难认清这点事实的，看来科普工作依然任重道远。

此处提到了科普就再顺杆爬一下，就着杂交水稻说一说转基因食品的安全性问题。最近几年，有人大谈转基因食品的危害，呼吁人们抵制，其中不乏一些公众人物。这完全是危言耸听，缺乏基本科学常识的瞎嚷嚷。实际上，作为农业育种的技术手段，转基因技术和杂交技术都是在基因水平上改良品种，二者并无本质意义上的区别。多年来，杂交农业极大地改善了人们的生活，让世人吃的食物品种越来越多、越来越好。只是近年来基因工程发展速度飞快，转基因食品的品种也剧增，让一些人误以为洪水猛兽来了。呵呵，担心转基因会转到人体内，那完全是杞人忧天一派胡言。DNA 作为一种生物大分子，吃进肚里以后经过胃肠道的消化分解，最终都会变成氨基酸、单糖之类的小分子，绝不会有基因转到人体基因里面去。人们祖祖辈辈吃了那么多猪肉，可曾听说过猪的基因转到了人身上？所谓转基因食品的安全性问题，指的是新品种有没有毒啊，会不会过敏啊之类的，其实跟普通的食品安全问题差不多。因此，凡经国家有关部门检测过的转基因食品，尽可张开嘴放心大胆享用，就跟吃杂交水稻一样不必担心。如今激烈反对转基因食品的人，实则是在误导公众，与科学精神背道而驰。

节外生枝啰嗦完，再转回正题上来接着说。杂交水稻的研究实质上是植物繁殖技术的研究，它的巨大成功也是 20 世纪生物技术迅猛发展的产物。表过了植物以后理所当然要表一表动物，实际上动物繁殖技术在分子生物学推动下也取得了惊人的突破，最令人震撼的就是动物克隆技术的出现。

克隆技术指的是人工操控的无性繁殖方式，简单来说就叫无性繁殖也无妨。克隆技术的设想在DNA双螺旋结构发现之前就提出来了，1938年德国胚胎学家斯佩曼最先动了这个念头，他认为采用细胞核转移技术有可能克隆出高级生物。从那以后，生物学界就开始了克隆技术的尝试。但在此后的20多年里，克隆技术研究一直在细菌等微生物的水平上打转转，进展很缓慢。直到1962年英国生物学家戈德宣布，他用非洲爪蟾的体细胞克隆出了蝌蚪，才算第一次实现了动物胚胎的成功克隆。随后，在重组DNA技术的推动下，克隆鲤鱼、老鼠、山羊、奶牛等纷纷出笼。到了1978年，更让世人震撼的是，人类历史上第一例试管婴儿路易斯在英国呱呱坠地了。这一轰动性事件就像一支兴奋剂，刺激着业界掀起了克隆技术研究的新一波热潮。然而，这些成就都只是胚胎细胞的核移植技术，而不是成熟体细胞的克隆，因而只能算是克隆技术的前期发展阶段。

真正意义上的体细胞克隆，要解决供体与载体细胞周期同步化等一系列技术难题，而最终攻克这些难题取得成功的是一个满脸大胡子的秃顶教授，他就是英国著名胚胎学家威尔穆特（Wilmut，1945—　）。这个学农业出身的苏格兰人聪明绝顶，他紧跟当时的基因工程热点，把兴趣转向动物胚胎学研究，以精子冷冻为课题顺利拿下了剑桥大学的博士学位。他在做博士后研究工作的时候，就已经站在基因研究的前沿了。1973年，威尔穆特参加了用冷冻胚胎技术培养高级动物的研究工作，成功地培育出一头名为“冷冻”的牛。随后，他加盟爱丁堡大学的罗斯林研究所，开始专注于克隆动物的研究。1986年前后，有一些研究机构发布虚假报告，说是用成熟体细胞培育出了老鼠、山羊之类的哺乳动物，事情败露以后，克隆技术的研究经费锐减，不少人都改弦更张放弃了这种课题。但威尔穆特不为所动，他坚信克隆技术的春天迟早会到来，坚持到底就是胜利。

1997 年 2 月 23 日，罗斯林研究所宣布，威尔穆特领导的研究小组已经在上年 7 月用一只母羊的乳腺上皮细胞，成功培育出了世界上第一只体细胞克隆羊“多莉”。消息一出举世震惊，全球各大煤体几乎都作为最重要的新闻进行了报道。这是世界上第一例用体细胞克隆出来的动物，“多莉”的特别之处在于其生命的诞生没有精子的参与，它的基因组全都来自母本单亲，而不同于胚胎细胞的 DNA 来自双亲。从基因意义上来说，这才是名副其实的无性繁殖，它翻开了生物技术历史上崭新的一页。继“多莉”之后，体细胞克隆动物像雨后春笋般冒了出来，在接下来的短短几年时间里，克隆猪、牛、猫、鼠、兔、骡、鹿、马、犬、猕猴等先后取得成功。在动物克隆技术方面，我国的发展水平基本上与国际同步，2000 年成功克隆出了世界上首例山羊“阳阳”，还克隆出了两只小白兔“鲁星”和“鲁月”，2002 年成功克隆出了一头黄牛，2005 年又成功克隆出了一头猪，2017 年首例比格犬也成功克隆出来。特别是 2017 年 11 月，世界上第一例体细胞克隆猴“中中”诞生在中国科学院，紧接着几天后又诞生了第二只克隆猴“华华”，这意味着中国在非人灵长类动物克隆技术上走在了前列。

毋庸置疑，克隆技术有着广阔的应用前景，是当代高新技术领域的一个研究热点。它可以用来培育优良的畜牧品种，对家畜进行遗传改良；它还可以用来构建疾病和药物试验的动物模型，更有效地开展医学研究；还可以用来复制和延存濒危的动物，保护大熊猫之类的珍稀物种。尤其是克隆技术可以用来生产人胚胎干细胞，在开展疑难疾病的组织替代疗法（治疗性克隆）方面具有重要意义。正因为如此，克隆技术从其诞生之日起就一天天向人类“逼近”，这意味着人类已经站在了克隆自己的大门口。然而，这种趋势让人们担心潘多拉魔盒会就此打开，特别是克隆人（生殖性克隆）在伦理道德等方面潜藏的危机不能不令人惶恐不安。

谁都可以想象得的出来，如果每个人都被允许复制出N个一模一样的克隆体，甚至把已故的人克隆成活生生的副本，那你随时都可能碰到触目惊心的事。你跟太太正在北京街头漫步，一不小心却看见，你那去世多年的爷爷正跟另一个你一起朝你们走来。再侧头一看更是血脉偾张，你太太正在街对面跟你过去的情敌卿卿我我，而你身边的太太则是一脸的尴尬。当然，此时也许警察会突然来到你面前，掏出枪来要拘捕你，说你就是两小时前发生在纽约的一起强奸杀人案的真凶，因为你跟凶手的DNA百分之百吻合，铁证如山你赖也赖不掉。这还不够恐怖、不够恶心吗？世界如果走到了这一步，那人伦关系和社会关系就会彻底乱套，继而全面崩溃，人类文明的末日也就到了。因而反对生殖性克隆是国际社会的一致观点。

但是，科学技术历来都是一把双刃剑。生殖性克隆颠覆伦理，治疗性克隆却有益于人类。这可能和原子能技术一样，既能造福人类，也可祸害无穷。因此对技术本身的恐惧是不必要的，关键在于人们如何对待它应用它。自从“多莉”问世以来，包括克隆在内的生物技术呈现出日新月异的发展势头，一方面人们期待着治疗性克隆能有更多突破，让临床上的许多疑难杂症得到有效医治，另一方面也有不少人一直在大呼反对，试图对克隆技术加以全面禁止。而越来越多的科学家已经意识到，克隆技术出现的潜在危害应当重视，但把孩子跟洗澡水一起泼掉的做法却不可取，为科学探索设置一个大禁区更没道理，让克隆技术造福人类才是根本目的。有关克隆人的伦理争议和转基因食品的无端非议都表明，进入21世纪以后的科技创新活动已经越来越远离了闭门造车的岁月。其实，当很多科学家在聚精会神进行探索的时候，另一些科学家和社会学家则站在身后进行着郑重其事的反思。

这正是：杂交水稻养活亿万人口，克隆技术引发是非争议。欲知何人站在科学家身后反思科技，且听下回分解。

第五十三回

贝尔纳断然回头反思　众精英齐齐上阵论道

主角： 贝尔纳，默顿。

场景： 贝尔纳对科学的反思，默顿的科学社会学。

看点： 科技与社会的互动关系。

且说20世纪以来科技创新活动波涛汹涌，一浪高过一浪，让人欢喜让人忧。此话怎讲？“科技”可是个无比崇高而神圣的字眼，人见人爱一点不错，那些个不痛不痒的小争议白璧微瑕，根本就谈不上什么“忧”。谁都知道，科技让人类社会变得一天比一天美好，科技让人们活得更长更潇洒。谁都知道，科技代表着智慧，代表着高大上，要不然哪会有那么多公司企业冠以“科技公司”之名，那么多产品号称“科技产品”，就连那些个大忽悠小喷子也都要弄顶“科技专家”的帽子戴在头上。总而言之“科技”代表着可信、可敬、可靠，“科技”就是真善美的化身。

然而，要是按下“快退键”回到大半个世纪前去看看，情景跟如今则是完全两样。科技带来了新的生产方法，却引发了20世纪30年代全球性的经济危机，无数人生活水准断崖式下降。科技搞出了自动化，却导致广大劳动群众身心疲惫，就像卓别林的电影《摩登时代》里描绘的那样。特别是法西斯借助科技的力量发动了两次世界大战，给全人类造成了亘古未有的巨大创伤，还弄出了令人恐惧的大规模杀伤性武器。所有这一切，在当时都造成了人们思想的极大混乱，也冲击着科学本身的发展。很多人迷茫不解，想不“忧”都难。非理性主义思潮一时甚嚣尘上，科学的价值受到了质疑，以至于有人公开提出，要限制科学研究，禁止科技成果的应用。

正是在当时这样的大背景下，一些社会精英开始对科学活动进行反思，想看看“科技”这个正在世人眼里日益成为恶魔的玩意，是不是已经无药可救了。高举科学反思大旗的重要人物，首推英国著名科学家、社会活动家贝尔纳（Bernal，1901—1971）。

贝尔纳出生在爱尔兰，他从剑桥大学毕业以后即开始了科学研究生涯，先在英国皇家科学院著名的“戴维－法拉第实验室”做了几年晶体学研究，后又回到剑桥大学工作，担任过该校分子生物学实验室的主任。贝尔纳是个高产多产的科学家，他在晶体学和生物化学领域的科学建树有很多，对金属结构、激素、维生素、蛋白质、病毒等研究都作出了重要的学术贡献，他是分子生物学结构学派的创始人，当年《大英百科全书》和《苏联大百科全书》都对他的学术贡献作过详细介绍。所以说贝尔纳即使后来不反思科学，他也是一个响当当的科学人物，当然一反思就更响当当了。贝尔纳在产业革命的发源地长大，一生又经历了两次世界大战，目睹了战争的破坏作用和经济危机的惨状，而这些似乎都跟科技发展密切相关。他曾这样说道，“科学和科学家，第一次在历史上直接地并公然地牵涉到这时期的经济、工业和军事上的主要发展，无怪乎连科学家们也越来越不相信科学发展本身会自然而然地使世界变得好一点了”。这一切都促使贝尔纳对科学本身进行深刻反思。

螳螂捕蝉黄雀在后，贝尔纳既是从事科学研究的螳螂，也是在身后冷静观望的黄雀。他以科学本身的发展规律为研究对象，创立了一门崭新的学科——科学学，也就是科学的科学。贝尔纳对科学的反思集中体现在他的科学学著作中，包括《科学的社会功能》（1939）、《必然的自由》（1949）、《19世纪的科学与工业》（1953）、《历史上的科学》（1954）、《没有战争的世界》（1958），以及《科学与社会》《宇宙、肉体、恶魔》《生命的物理学基础》《人的延伸》等等。其中，《科学的社会功能》和《历史上的科学》被公认为是科学学的奠基之作，自出版以来被译成多种文字流传全球。

贝尔纳运用宏观多维的视角，把科学放在历史和社会时空中进行分析，他从生产要素、社会建构和开放体系三个方面建立了一种新的科学观。在这三个因素当中，贝尔纳更强调科学系统的开放性，或者说创新性。他说，“科学远远不仅是许多已知的事实、定律和理论的总汇，而是许多新事实、新定律和新理论的连续不断的发现过程。它所批判的，以及常常摧毁的东西，同它所建造的东西一样多”。他认为开放的科学系统作为一种社会因素，必然对社会本身施加影响，或者说科学与社会各因素之间，根本就是作用与反作用的关系。他认为指望科学万能，去解决一切社会问题那是一种错觉。

在贝尔纳看来，科学不仅仅只有善的一面，它也有恶的一面。科技创新促进经济发展，体现了科学行善的社会功能，而科学为战争服务则充分显露出它作恶的社会功能。他认为科学的任何进展，如果不是在增进社会利益的话，则必然是在损害公众利益。他说，“除非社会能利用科学，否则就一定会变得反对科学，这就意味着不再希望取得本来有可能取得的进步”。站在科学家的立场，贝尔纳一再强调，社会反对科学，并不是反对科学本身，而是反对科学所造成的危害。他说“世界所以陷入目前的状态，完全是由于滥用科学的缘故”。科学的滥用根源在于对科学与社会关系的误解和忽视，因而，解决的办法在于对科学进行合理化的社会改造，或者说要纳入到社会的整体发展中去。贝尔纳引用马克思的话说“哲学家们只是用不同的方式解释世界，而问题在于改造世界”，他相信科学一旦与社会实现良性互动，必将发挥更大的作用造福人类。他的这种观点，对战后各国制定科技规划、科技政策、科技目标，产生了重要影响。

贝尔纳不仅从理论上阐述，也在实践上身体力行。他积极参加和平运动，为防止科学的滥用而奔走呼号，践行自己倡导的科学造福于人类的理想。二战结束后，经历了战争磨难的贝尔纳有了更加强烈的责任感，一心想着如何确保科学研究的成果不被用作战争目的。为此他频频出入世界各地发表和平演讲，宣传他的科学与社会良性互动思想，他还积极参加一些论坛讨论，包括关于冷战危害的讨论等，著名的波格瓦什会议、世界和平大会等都留下了他精彩演说的声音。贝尔纳后来大量的时间都用在了宣扬科学学的社会活动中，1947 年至 1949 年他担任了英国科学工作者协会主席，1959 年至 1965 年他担任了世界科学工作者协会副主席、世界和平理事会执委会主席，他把自己对科学反思的成果用在了保卫世界和平上。

反思科学的人当然不止贝尔纳一个，尤其是二战前后。如果说贝尔纳更侧重从科学家的立场来探究科学活动规律的话，那么，接下来要出场的这位反思高手则是更多地从社会学的角度来谈论科学的。这个人就是美国著名社会学家默顿（Merton，1910—2003）。

默顿早年在美国坦普尔大学求学，后来去哈佛大学深造，并拜社会学家索罗金和科学史家萨尔顿为师，获得了社会学博士学位。在求学拜师过程中恰逢经济危机引来社会一片萧条，他便开始尝试用社会学家的眼光打量科技，并在这一时期完成了他的博士论文《17世纪英国的科学、技术与社会》。这篇力作于1938年成书出版，后来成为科学社会学诞生的标志。默顿早期关注的焦点问题是外部社会环境对科学的影响，他考察了17世纪英国科学兴起的社会文化背景与价值观念，尤其是新教伦理与科学家的精神气质之间的关系，以及科技与军事工业、经济发展的关系。他研究的重点在于，科学作为一种建制是怎样受到以新教为标志的特殊价值关系的培育而出现的。由此他得出了这样的结论，“17世纪英国的文化土壤对科学的成长与传播是特别肥沃的”。后来默顿借鉴了英国社会学家波兰尼提出的科学共同体概念，进一步认为科学的社会功能应当由科学本身的结构去解释，要从科学体制内部考察作为共同体的科学是怎样运转的，光从外面看是看不出名堂的。

二战期间，默顿的另一本大作《科学的规范结构》问世了。他把科学共同体作为考察科学活动的切入点，认为科学具有一种独特的精神气质，从而把科学家们联系在了一起，要不然自说自话对社会就没什么影响。在默顿看来，可以把科学的精神气质划分为普遍主义、公有主义、无私利性、有条理的怀疑主义这样四种规范。形成了这样的规范，科学就有了整体感，就能囫囵着动弹起来了。默顿认为，科学共同体在对社会造成了巨大影响的同时，也不断受到政治、经济、社会和文化因素的制约和影响，战争与科技就是这样相互影响的。而科学共同体也是在科学与社会的互动中一点点发展，一点点壮大起来的，打起仗来科技创新速度就猛了嘛。默顿还集中探讨了科学共同体内部的社会现象，认为科学内部的社会系统既不能脱离整个社会环境，又应该有相对的自主性，也就是说咱这车必须顺着外面的轨道开，但车里面该干啥还得干点啥。

贝尔纳和默顿从不同的角度论述同一件事，引来了更多的人加入到反思科学的队伍中。尤其是二战以后到 20 世纪 70 年代，以科学本身为研究对象的论著纷纷推出。1952 年美国社会家巴伯出版的《科学与社会秩序》一书，进一步发展了默顿的科学社会学思想，他认为科学的发展是时代的导向与科学家个人创造性之间相互作用的结果，既非“历史决定论”也非“英雄主义论”，科学的长期进化取决于科学自身的逻辑，而短期科研兴趣的转移、科学资源的流向、科学组织制度的变更、科学发展速度等则取决于各种社会因素的影响。1960 年后，科学计量学的创始人普赖斯先后推出了《巴比伦以来的科学》《小科学，大科学》《世界大脑的一些问题》等著作，他主要是通过对科学文献的量化研究，分析科学家的集体行为及相互关系。1971 年以色列希伯来大学的本戴维写了一本《科学家在社会中的角色》，他通过探究科学家这一社会角色的出现和发展，以及这种角色所进行的各种活动，来论述科学组织制度的演化。接着，美国女社会学家克兰出版了《无形学院》一书，力图回答科学发展过程中究竟是什么因素在起作用，她根据普赖斯的研究角度，从科学内部的社会关系考察了科学发展的路径。这些论著，从各自的视野为科技发展把脉切诊，产生了较大的社会影响。他们站在理性的高度昭告世人，科学不是洪水猛兽，而是有其自身发展规律的社会活动，科技创新的目的是要为民所用、造福人类。

作为对科学进行理性反思的先驱者，贝尔纳和默顿率先揭示了科学与社会之间千丝万缕的联系。贝尔纳从宏观多维的角度透视了科学和社会的关系，默顿则从微观体制的角度洞察了科学发展的路径，两人共同描绘了一幅科学与社会互动的图景。他们向世人展示的科学共同体，自身就构成一个社会网络，同时也是人类社会大网络的一个组成部分。然而他们没有用网络概念来描述，因为那时候因特网还没有问世。

这正是：科学社会一团麻，剪不断来理还乱。

欲知因特网如何横空出世，且听下回分解。

第五十四回 互联网引发信息革命 全球化趋势愈演愈烈

主角：利克莱德、泰勒、罗伯茨、卡恩、瑟夫等。

场景：因特网的诞生，物联网、大数据、区块链出现。

看点：虚拟“新世界”对传统“旧世界”的冲击。

且说有识之士对科技活动进行反思，其中一个重要原因就是，许多高精尖技术都是出于军事目的而研究出来的。这确实不假，人人享用的因特网也是这么来的，历史经常就是这样跟人们开玩笑，大善的源头上往往带着洗不掉的原罪。说来还是二战的阴影使然，硝烟刚散去，热战就换了两个阵营变成了冷战。1957 年苏联抢先把卫星送进太空，美国军方吓了一大跳，立刻成立了一个专门研究军事高技术的机构，叫作“先进项目研究局”（简称 APPA），设在五角大楼里。紧接着到 1961 年发生了古巴导弹危机，美苏敌对态势骤然升温，战争一触即发。美军在紧急备战的时候想到了，万一自己的军事指挥中心被敌方核武器摧毁，其后果将不堪设想，因此有必要设计出一个分散的指挥系统，由一个个分散的指挥点组成，当部分指挥点的计算机被摧毁之后，其他点的计算机仍能正常工作，当然这些分散点的计算机要能联成一个信息网。于是，军用“阿帕网”的研究启动了，这就是如今互联网的前身。

APPA负责信息技术处理的头目是从麻省理工学院请来的一个教授，名叫利克莱德（Licklider，1915—1990）。这个人的技术嗅觉非常了得，也很有预见性和想象力，研究“阿帕网”的馊主意就是他想出来的，当然现在看来人家是给全世界办了一件大好事，还得承认他是因特网的开山鼻祖。利克莱德在此之前就有了电脑网络的设想，早在1960年他就预测到，未来10到15年时间内将会出现一种电脑网络，能把世界上所有的电脑都联为一体，“阿帕网”正好有了试验的机会。但要把设想变成现实却很难，可不是拉几根电线把电脑拴在一起那么简单，那会儿计算机联网技术还是一张白纸。利克莱德是个心理学家，这方面不是他的强项，他甚至不知道电脑网络的关键问题该从何入手。

1966年，从NASA调来的泰勒（Bob Taylor，1932—2017）接手了利克莱德曾担任过的位置，他开始着手实现电脑网络的设想。这个泰勒在NASA有多年的技术管理经验，却也不怎么懂电脑技术，但他知人善任，懂得如何调配技术资源，是个难得的技术创新组织者，即使在今天这样的高手也是奇货可居的。泰勒一上台首先想到的事，就是要物色一个懂行的首席专家来指导群龙无首的研究人员，他想到了麻省理工学院林肯实验室的计算机专家罗伯茨（Roberts，1937—　）。实际上林肯实验室是美国空军设立的一个研究机构，当时挂靠在麻省理工学院。泰勒想得挺美，大家都有军方背景，调个人很方便嘛。哪料到，人家罗伯茨根本不理他那茬，死活不肯去。泰勒自然也懂得礼贤下士的道道，他一连六次登门找罗伯茨磨叽，又是动之以情又是晓之以理，后来总算搞定了对方。看看，刘备三顾茅庐，泰勒六顾豪宅，要成就一番大事必须找到能成大事的人才，古今中外概莫能外。就这样，年仅29岁的计算机顶级专家罗伯茨加盟了APPA。

罗伯茨果然是个高手，他一到五角大楼很快就梳理出了电脑网络技术需要攻克的关键难点。接着，他带领研究团队用了不到一年时间，于 1968 年 8 月完成了题为《资源共享的计算机网络》的研究报告，形成了“阿帕网”的技术规范。在此过程中，罗伯茨为解决网络上各结点之间的通信难题，还找到了他攻读博士期间的同学克莱因洛克（Kleinrock，1934—　），寻求他的技术帮助。这个克莱因洛克也是个高手，他在读博期间就创立了通信的“分组交换”技术，解决了电话通信线路的“独占”问题，大大提高了线路的利用效率。如今世界上绝大多数电讯业采用的都是这种分组交换技术，成千上万的人打电话并不需要成千上万条线路，这个技术就是克莱因洛克发明出来的。把分组交换技术用在计算机网络上，就不会在交互的时候出现“交通阻塞”了。

1969 年 11 月底，美国军方的“阿帕网”正式投入试运行。虽然当时只有 4 个结点，仅联上了加州大学洛杉矶分校、加州大学圣巴巴拉分校、斯坦福大学、犹他州大学的 4 台大型计算机，但总算是迈出了成功的第一步。这下子让人看到了计算机联网的前景，产生了群起仿效研究网络技术的效应。到了 1973 年，“阿帕网”已经扩展到了几十个结点，到 1980 年已经互联到了上百个结点，甚至远在英国、挪威的计算机也联了进来。与此同时，一些跟“阿帕网”不沾边的大学、办公楼、企业也在自己的一亩三分地里试着搞起了计算机联网，“斯坦福大学网”那时就另搞了一套民间的校园网。但是，紧接着大问题就出来了。越来越多的网络和电脑结点是相互不兼容的，硬件和软件千差万别，如果都像当初“阿帕网”那样费力去联，不仅成本高昂、资源浪费，而且应用程序的开发也不能共享共用，最终只能搞成一个个“独立网国”却没办法让大家都玩到一块去。

若是不攻克这个卡脖子的技术难题，莫说是国际互联网了，就是把一个城市的计算机全联起来也很难做到。因此从整个互联网技术上来说，能否把全世界形形色色、各不相同的计算机联起来，关键就看这一锤子买卖了。这个难题最终是由两位跟“阿帕网”本不相干的计算机高手解决的，一位是后来担任了美国全国研究创新联合会主席的卡恩（B. Kahn，1938— ），还有一位是现任谷歌副总裁兼首席技术专家的瑟夫（V. Cerf，1943— ）。

卡恩在普林斯顿大学获得博士学位后，在麻省理工学院任助理教授。1969 年他被 BBN 公司相中，参加了该公司承揽“阿帕网”的“接口信息处理机（IMP）”项目研究，并且承担最重要的系统设计任务。IMP 就是今天路由器的前身，可见这个卡恩不是个等闲之辈。另一位高手瑟夫则是斯坦福大学的高才生，他本来学的是数学，却对计算机编程情有独钟，用他自己的话说“编程让人体味到一种奇妙无比的感觉，你创造了一个你自己的世界，你就是这个世界的主人”。瑟夫大学毕业后，顺利地进入了 IBM 洛杉矶公司，从此他便与计算机网络结下了难解之缘。

有缘千里来相会。1970 年初，卡恩来到瑟夫工作的 IBM 洛杉矶公司，代表 BBN 公司主持中介信息处理器的安装调试，两人就这样认识了。瑟夫向卡恩谈起自己对网络联结很感兴趣，卡恩当即表示深有同感。就这样，两个有共同爱好的年轻人一拍即合，决定联手在江湖上闯荡一番。要说还真是心有灵犀一点通，合作一段时间下来，两人不约而同都想到了用一个“网关”来协调系统之间的路由选择。1973 年春天，国际计算机通信大会在旧金山召开，两人的创新灵感也同时来了。卡恩在大会上组织了一次“阿帕网”的技术演示，他在演示过程中提出，要用一种新的“网关”办法实现不同计算机局域网的互联，并取了个名字叫 internetwork，简称 Internet。这个词一直沿用到现在。也是在这次会议期间，瑟夫在休息室茶歇的间隙，随手拿起一个旧信封在背面胡乱构思“网关”，乱画的草图居然一下画出了名堂来。会后他拿着这张草图立刻找到卡恩，两人又迅速投入到了“网关”技术最后关头的研究中。

1974 年 5 月，卡恩和瑟夫终于取得了成功，他们的研究论文《关于分组交换网络的协议》发表在著名学术杂志《IEEE 通信技术汇刊》上。在论文最后署名的时候，两人友好协商决定由上帝来做主，于是抛了一枚硬币，结果瑟夫得到上帝垂青把名字署在了前面。卡恩和瑟夫在那篇具有划时代意义的论文中，率先提出了网络联结的技术规则，即两个关键协议——TCP（传输控制协议）和 IP（Internet 协议），合起来叫 TCP/IP。至此，互联网发展的瓶颈技术取得了实质性突破，五花八门的计算机和局域网都有了相互联为一体的可能了。实际上，正是 TCP/IP 协议，标志着 Internet 正式诞生。为此，卡恩和瑟夫一道获得了包括图灵奖、美国国家技术奖、美国总统自由勋章等在内的诸多荣誉，他们两人均被称为是“互联网之父”。

在整个 20 世纪 70 年代，尽管军用“阿帕网”将其触角伸进了美国的一些主要大学，但是由于技术和成本等方面的原因，这个网络并没有引起人们太多的入网兴趣。直到 1983 年，“阿帕网”将其网络 NCP 协议改变为 TCP/IP 协议才出现了转机。实际上，因特网的真正发展是从美国国家科学基金会（NSF）利用“阿帕网”建立的 NSFnet 网开始的，有了 TCP/IP 就有了大规模联网的基础。1984 年，国家科学基金会接替 APPA 进行了网络扩建工作，形成了一个由骨干网、区域网和校园网组成的三级网络。从 1985 年开始，NSFnet 迅速发展壮大，在向商业领域扩展的同时，还陆续与其他一些国家和地区联了起来，逐渐成为因特网的中枢。随后，因特网在全球迅猛发展起来。1974 年的时候，因特网的前身“阿帕网”上还只有几十个结点，到了 1986 年结点数就增长到了

5000个，1989年又增长到了10万个，到了1992年因特网上已经有了超过100万个结点。再后来更不得了，90后们长大懂事了，他们见到的完全是一个全球联网的世界，互联网对他们来说就像空气一样毫不稀奇，本来就天经地义是生活的一部分嘛。

然而对90前的人们来说，互联网却是一种神明般的存在，它在短短二十来年的时间里使人类社会发生了翻天覆地的变化。人们的生活空间、社交空间、信息渠道等都得到了极大的延伸和扩充，世界变得越来越小了。通过互联网，人们可以随时随地、随心所欲去世界各地看一看，可以第一时间获得来自全球四面八方的资讯，可以在虚拟世界里与远方任何一个人面晤、叙谈。互联网彻底终结了信息不对称的时代，实现了供给信息和需求信息的直接对接。如今，人们在美团上订个外卖、在淘宝上购个物品或者出门前“滴滴”一下，都不再需要中介。互联网洗牌全行业，锻造出了微软、谷歌、雅虎、亚马逊和阿里巴巴、百度、腾讯、京东等一大批新型巨头企业，以及无数大大小小与网络关联的新业态公司。互联网造就了一个崭新的数字化世界，正在迅速改变着我们的价值观、世界观和情感取向。从门户网站出现到电子商务崛起不过五年时间，从智能手机普及到微商遍地开花不过一年时间，瞧瞧最近几年，网店革了实体店的命，滴滴革了出租车的命，自媒体革了报纸的命，直播革了电视的命，微信革了移动的命，支付宝正在革银行的命，虚拟平台正在革实体机构的命，这一切无不是互联网“新世界”对传统“旧世界”的猛烈撞击。

而且这种撞击还在“咣当”“咣当”持续进行着，越撞越凶猛，越撞越剧烈，大有把传统世界撞个稀巴烂之势。近年来，互联网技术应用已开始向“物”的世界急剧延伸和扩展，物联网正在蓬勃发展，未来万物联网的局面一旦形成，联上网的“物”的数量将比“人”的数量要大得多，从而将极大推动经济社会、生产生活、思维观念、政府政务、社会管理等各个方面的新发展。再往后，“物”的世界也必将逐步实现数字化，万物会通过专门的“芯片”技术变成一种网络上的信息流，人们期待着这样的科技创新早日出现，那将给人类带来更多的惊喜，世界也将变得更加美好。

而今，人们在展望未来的同时还看到，互联网技术在迅猛发展的过程中已经生下了两个“宝宝”。第一个“宝宝”就是大数据的应用，这是互联网飞速发展衍生出来的一项新技术。都说互联网能产生海量的数据，但这大数据究竟有多大？“互联网上一天”的数据告诉人们，假如把现在互联网每天产生的全部数据用过去那种 3.5 英寸的软盘来储存，那么这些软盘可以堆成一座喜马拉雅山还有余。正因为互联网成了“云”，海量数据的获取、存储、处理、分析等变得越来越便捷，大数据逐渐发展成了一门新学科、一套新理论、一种分析和解决问题的新方法。大数据的应用，已带来了思维观念至少三方面的颠覆性变革。第一个变革是，利用所有的数据，而不再是依靠随机抽样。第二个变革是，不求精确性接受混杂性，只要数据足够大就能打开认识世界的新大门，用不着精雕细琢。第三个变革是，不是因果关系而是相关关系，不必知道现象背后的原因，而是要让数据自己“发声”，大数据自会说出真相。如今大数据的技术应用已经深入人心，大数据产业蓬勃兴起，数据就是金钱、就是财富，正如亚马逊前任首席科学家魏根德所说：“数据是 21 世纪新的石油。”

互联网技术生下的第二个“宝宝”，便是当今的一个热搜词——区块链。这项技术完全是基于互联网而问世的。2008 年日本人中本聪勾画了比特币的基本框架，随后他又在网上设计了一个开放源代码的项目，宣告了比特币的诞生。一时很多人为这种超越主权、不会滥发的虚拟货币而欢呼雀跃，挖矿、炒币开始盛行于网上。2015年10月英国《经济学人》发表封面文章《信任的机器》提醒人们，作为比特币底层技术的“链”，其价值要远远大于“币”本身。科学界这才意识到，区块链是一种新的技术组合，这种去中心化的链式数据结构就像一台信任机器，有着广阔的应用前景。于是，许多国际金融大鳄包括高盛、花旗银行、英国央行、美国央行等纷纷开始在区块链方面投资，2015年也因此被认为是区块链的元年。在网络世界上，区块链架构具有非中央控制、公正和透明、防伪和防篡改、准匿名性等显著特点，对网上各种业务活动的信任建立和安全维护具有重要意义。《华尔街日报》称其为下一代互联网最关键的技术。虽然区块链的技术应用才刚刚兴起，甚至连个准确的定义还没有，但砸钱研究却在紧锣密鼓地进行着，区块链+金融、区块链+医疗、区块链+物流、区块链+能源、区块链+教育等都在悄然兴起中，人们对其前景正拭目以待。

莫道前路无知己，天下谁人不识君。放在历史长河中去看，互联网技术方兴未艾。90后们错过了互联网诞生的辉煌时刻，但他们很快将看到互联网发展更加精彩的一出大戏。因为，又一场新技术革命的“热带风暴”正在形成，狂风骤雨快要来了。

这正是：一网打尽天下，虚拟世界突起。

欲知新技术革命缘何又来临，且听下回分解。

第五十五回
人工智能引领未来　科技创新前景辉煌

主角：麦卡锡、明斯基、希尔顿等。

场景：人工智能的曲折发展历程。

看点：第四次产业革命的先兆。

话说又一次新技术革命大驾光临，这可是眼前当下的事儿，300年科技创新历程说着说着一不小心就说到了今天。然而讲故事也会有点“远香近臭”的滋味，过去的历史好白活，眼下的情况难拿捏，毕竟科技创新瞬息万变，今天和明天的事不那么容易揣摩。就拿这场新技术革命来说，所谓的第四次技术革命到底有没有发生，目前就分成了两派人马，双方说法不同，莫衷一是。一派认为由网络信息技术引发的这场革命正在如火如荼进行着，这些年来日新月异的世界变化都是革命的成果，如今动辄冒出来的一项项“黑科技”更表明革命正在向纵深推进。另一派却不这么看，他们认为这场革命还没有发生，眼前的景象正是革命的前夜，信息、能源、生命、制造等前沿技术随时将取得重大突破，革命一触即发。

公说公有理婆说婆有理，孰是孰非？不妨回顾一下历史上已经发生过的三次技术革命，前面章回已表过，此处简单总结之。

以蒸汽机为标志的第一技术革命、以电气化为标志的第二次技术革命和以自动化为标志的第三次技术革命，其共性表现在，都是以某一项或几项重大科技应用为基础，爆发了连锁反应式的革命，使人类社会的生产生活发生了根本性变革，或者说是发生了质变式飞跃。再看其各自的特性，也有规律可循。第一次技术革命，科学与技术还处在分离状态，以蒸汽机为代表变革了“人类使用工具”的方式。第二次技术革命，科学与技术结合到了一起，以电力为代表变革了“人类使用能源”的方式。第三次技术革命，科学、技术与社会三者关联，以计算机应用为代表变革了“人类与世界连接”的方式。照这样看来，人们一直在热议的第四次技术革命理当更为壮观，应该是科学、技术、社会与人的高度互动，将要变革的是“人类自身”。然而，这样的景象至今并没有出现，能够产生连锁式反应的龙头技术也还没有完全明朗。因此说，所谓的第四次技术革命到今天仍没有爆发。

那么前回刚表过，互联网技术已经“搅得周天寒彻”了，不是革命又算什么？不妨再絮叨几句。从前三次技术革命的间隔期来看，每次革命爆发后都有一个红利持续释放的过程，这中间又会形成一波波新高潮。比如说第二次技术革命，从19世纪下半叶电力应用开始，后来又出现了焦炭炼铁、转炉炼钢、汽车飞机等一系列震撼人心的技术，每一波这样的高潮也都或多或少会“搅得周天寒彻”。特别是第三次技术革命，是由计算机、核能、新材料、生物技术等共同发威而点燃的，红利的释放过程更是高潮迭起不会一闪而过，大火还在熊熊燃烧着，好戏至今还没演完。事实上，互联网技术说来也属于计算机技术的长臂延伸，所以应该算是第三次技术革命尚未演完的一出重头戏。那么要变革“人类自身”，第四次技术革命何时来临？恐怕子弹要先飞一阵子，时间上不会一触即发，还要耐心等着新技术“领头羊”孕育成熟走上前台来。然而一旦爆发将会是人类历史上最为轰轰烈烈的一次巨变，现在开始做好迎接的准备是唯一正确选项。

第四次技术革命虽然刚露出端倪，却已是山雨欲来风满楼了。哪种技术将成为这场革命的“领头羊”，近年来已成为全世界科学家们热议的话题。谁都看得到，以人工智能、量子技术、区块链、VR（虚拟现实）/AR（增强现实）为代表的新一代信息技术正在蓬勃兴起，以合成生物学、基因编辑、再生医学为代表的生命科学正处在突破的前夜，以数字化、新材料为基础的3D打印技术正在加速工业制造的更新换代，以太阳能、生物质能、核聚变为代表的清洁能源技术有望实现全球能源的绿色变革，以空间和海洋开发利用为目的的探测技术将把人类带向更广阔的生存疆域。这些日新月异发展中的技术，都有可能取得颠覆性的突破，其中最具领袖气质的当属人工智能。说来人们最近才看清这一点，还要感谢一只“狗”。

这不是一只普通生物学意义上的狗。2016年3月，一场本该属于“小众”活动的围棋比赛，因比赛双方身份很特殊，而引起了举世关注。由英国Deepmind公司研制的围棋人工智能程序“阿尔法狗”，挑战世界顶尖围棋高手李世石。比赛之前李世石信心满满地声称，他听说这个人工智能“阿尔法狗”很厉害，但他相信自己一定能赢，人类被机器打败情何以堪？然而在连输了三局之后，他不得不叹息说很感震惊，在这只人工智能“狗”面前他无能为力，以后再也不玩了。一年多之后，“阿尔法狗”又一次战胜了世界排名第一的中国围棋手柯洁。赛后柯洁眼含着热泪说，“我输得没什么脾气，它简直就像个上帝”。其实，不光是李世石和柯洁感到震惊，全世界懂围棋和不懂围棋的人们都惊诧万分，无不预感到人工智能的新时代就要开启了。可以肯定，未来书写人工智能发展史，一准会提到这两场比赛和那只“阿尔法狗”。

当然，人工智能现阶段还远远没达到“上帝”的水平，这个“阿尔法狗”除了会下围棋什么也不会干，还处在所谓的“弱”人工智能阶段。

说来“阿尔法狗”这样的弱人工智能，取得今天这种万众瞩目的成就也是很不容易的，那是一个跌宕起伏、一波三折的发展历程。早在 20 世纪 50 年代初，当第一台可编程的机器人诞生和图灵测试提出以后，有人就想到了真正具有智能的机器迟早会出现。尽管那时候并没有一个清晰的概念，但在美国普林斯顿大学数学系却有一位研究生敢想敢干，他率先开展了在机器上模拟人类智能的研究，这个人就是被誉为“人工智能之父”的麦卡锡（McCarthy，1927—2011）。后来麦卡锡获得博士学位，去了达特茅斯学院任教。在那里，他结识了人工智能的另一个主要先驱者明斯基（Minsky，1927—2016）。这个明斯基后来也享有“人工智能之父”的美誉，他是“知识框架理论”的创立者，著有《情感机器》《心智社会》等书，他还是 VR（虚拟现实）技术的最早倡导者。1956 年夏天，麦卡锡和明斯基等人一道，在达特茅斯学院组织召开了历史上第一次“机器模拟人的智能”研讨会，他在这次会议上正式提出了“人工智能（Artificial Intelligence）”这个概念，并说服与会同行接受了 AI 这一新术语。这次会议讨论了如何用数学语言描述人的智能、如何编写适用于机器的逻辑理论等问题，提出了人工智能研究的初步方向。

达特茅斯会议标志着人工智能的诞生，最早的一批人工智能学者和技术开始出现。从那以后，人工智能研究迎来了第一个黄金时代，麻省理工学院、斯坦福大学等陆续设立了 AI 研究项目和实验室，政府也开始提供大批研发资金。AI 的许多基础程序都是在那段时间里开发出来的，例如著名的搜索式推理（如何赢得游戏）、通用解题器程序、人机自然语言交流等。麦卡锡本人则在

1958年成功发明了LISP语言，该语言至今仍在人工智能领域广泛使用着。1966年斯坦福大学推出了采用AI技术的首台移动机器人，同年日本也成功研制出世界上第一台聊天机器人。然而，好花不常开好景不常在，在经历了十几年繁荣之后，AI研究遇到了难以突破的技术瓶颈。当时计算机有限的内存和处理速度都无法满足AI研究要求，既做不出巨大的数据库，也编不出程序处理大量信息，致使原定的研究目标无法实现。于是，美国国家科学委员会、英国政府等因看不到进展而大幅削减了研究经费，直至完全停止资助，从20世纪70年代初开始AI研究一下跌入了十年低谷。

AI研究的第二个春天，出现在整个20世纪80年代。这回是日本先挑头，政府宣布从1981年起启动人工智能计算机研究，并投入8.5亿美元巨资重点支持。这一动作带动了美英等国重新评估AI技术，并拨出大量专款跟上，掀起了AI研究的一轮新高潮。1984年CYC项目（知识库语言）在美国立项，将百科全书的知识内容编码为机器可识读的语言。随后，各种各样的机器人“专家系统”纷纷问世。1986年，有史以来第一台结合电脑绘图、固态激光与树脂固化技术的3D打印机登上了历史舞台，其研制者就是美国发明家赫尔（Hull，1939— ）。这个“3D打印技术之父”，让人们对一气呵成制造万物的前景充满了期待。尽管取得了以上这些成就，但也只是昙花一现，美国政府很快判定这些技术不会成为下一波浪潮。于是到了20世纪80年代后期，各国再次开始大幅削减研究经费，又一个“AI之冬”来到了。

直到20世纪90年代中期，AI研究才第三次迎来了春天。特别是随着神经网络技术的发展，人们对人工智能的认识逐渐趋于理性，不再指望一觉醒来就看见高级智能机器满地跑的情景，AI技术开始进入了平稳发展时期。1997年5月，IBM研制的人工智能系统“深蓝”战胜了国际象棋世界冠军卡斯帕罗夫，在公众中引发了AI话题的热议，算是掀起了一波小高潮。但这件事并没让科学界过多感到吃惊，因为象棋（包括中国象棋在内）的博弈原理是一种“直线思维”，只要穷尽了所有算法步骤找出最优解，机器战胜人脑是早晚的事。然而围棋却不同，其博弈过程是多种局部变化合成出来的，不是直线思维而是一种“模糊思维”，机器无法穷尽算法去应对，要真正具有自我学习、自我判断的“智能”才行。成功解决了这一问题的高人，是英裔加拿大多伦多大学教授希尔顿（Hinton，1948—　）。

希尔顿是机器“深度学习”理论的创立者，被人们誉为“AI教父”。早在爱丁堡大学攻读博士期间，他就意识到机器学习应该像人类一样依靠直觉，而不是简单的数学规则。为此，他几十年坚持不懈开展神经网络技术研究，而这项研究起初在业界普遍不被看好。1986年希尔顿率先将“反向传播算法”引入多层神经网络训练，提出了通过反向传播来训练深度网络的理论，这种模仿人脑学习的技术实际上是AI研究的一块基石。然而，这一重要理论提出以后多年仍不被看好，希尔顿却依然坚持。直到2006年，他发表了《一种快速学习的深度信念网算法》的研究论文，人们这才睁大眼睛看明白，AI历史上具有里程碑意义的新技术诞生了。

这之后，AI研究步伐明显加快。2011年，使用自然语言回答问题的AI程序被开发出来。2012年，加拿大研制的一个具备简单认知能力、由250万个模拟神经元构成的虚拟“大脑”，通过了最基本的智商测试。2013年，深度学习算法开始运用到智能产品中，谷歌、脸书、百度等行业巨头纷纷建立起深度学习研发机构。2015年AI再有新突破，谷歌开发出了利用大数据就能让机器完成训练任务的第二代学习平台，同时谷歌还在公路上测试了全自动驾驶汽车。2016年，“阿尔法狗”跳出来亮相，掀起了AI研究的新一轮热潮。可以说，以“反向传播算法”为基础的深度学习技术，标志着AI研究真正进入了拟人思维阶段。希尔顿不仅是“AI教父”，而且是AI历史上一个新技术时代的揭幕人。

路漫漫其修远兮，人工智能的发展还任重道远，目前只是刚开启了一扇新大门。实际上，“弱人工智能（ANI）”只能专注于完成某个特定的任务，例如语音识别、图像辨认、绘画、作诗、下棋等，其发展并没有达到模拟人脑思维的程度，更不会具备自主意识，因而这样的AI仍然属于“工具”范畴。然而，尚未出现的“强人工智能（AGI）”则属于人类级别的人工智能，它将在各方面和人类比肩，不仅能与人类开展思想交互，而且能胜任人类的脑力劳动。就像斯皮尔伯格导演的影片《人工智能》中的小男孩大卫那样，不仅能完全理解人类表达的信息，而且能基于这些信息采取相应行动，其思维能力和解决问题的能力应该与人类一样挥洒自如。再往后，未来的“超人工智能（ASI）”将会胜过最聪明的人类大脑，包括在科技创新、社交技能等各方面都超过人类已有的智慧。那样的AI已经超出了人类现在的理解和想象，它将打破和跨越人脑思维的局限，以前所未有的认知水平引领人类进入一个全新的文明社会。也许到那时候，人类千百年来面临的诸如战争、平等、科学疑问等难题，都将会迎刃而解。

众里寻它千百度，人们蓦然回首发现，人工智能越看越像是第四次技术革命的“领头羊”。一方面AI的发展前景完全具备变革“人类自身”的优势，想象一下人工智能有朝一日跟人脑实现了对接，人类自身岂能不发生巨大变革？另一方面，人工智能最有可能带动量子信息、绿色能源、基因工程、太空探索等前沿高技术产生连锁反应式爆发。技术的关联性且不说，就从AI由弱到强的发展这一点上看，机器智能下围棋能打败天下无敌手，将来也一定能找到相关高技术发展的突破口，帮助人类去攻克一个个技术堡垒，从而引发全方位的技术革命。如果一定要问这场革命何时到来，此处的答案便是，强人工智能出现之际，就是第四次技术革命爆发之时。大家拭目以待吧。

不是我不明白，这世界变化快。就在人们为发明“阿尔法狗”而欢欣鼓舞的时候，“AI教父”希尔顿却突然语出惊人，他说以“反向传播算法”为基础的深度学习理论应该淘汰，他还引用普朗克的话说“科学每举行一次葬礼就会前进一步”，因而必须彻底推翻、另起炉灶。2017年8月，在多伦多大学举办的“2017—2018年度机器学习进展与应用”研讨会上，希尔顿提出了一种新的“胶囊网络”理论，他认为必须把神经网络看成是多层次的“胶囊”结构，才能更有效地模拟出人类大脑的思维过程。希尔顿的新说法无论下一步是否得到证实，都是在郑重提醒一哄而上的AI研究者，人工智能本身的基础技术还大有探索余地。这无疑是在第四次技术革命前夜描绘了未来更加激烈的竞争色彩，谁先占领了基础技术的制高点，谁就会在这场革命中赢得战略主动权，挑战就在眼前。新技术革命的战鼓已擂响，中国科学家理应勇敢地迎接挑战，争当新时代科技创新的弄潮儿，为建设世界科技强国打先锋。

这正是：新技术万箭待发，领头羊初显端倪。

欲知吾中华在科技创新大潮中怎样崛起，且听下回分解。

第五十六回 大创新时代方兴未艾　大中华崛起时不我待

主角： 中国。

场景： 中国科技创新走过的曲折道路。

看点： “三箭齐发”顺应新时代发展要求。

且说第四次新技术革命风雨欲来，中国也张开了双臂准备拥抱这场革命。然而，全球新技术竞争大舞台上迎来雄赳赳气昂昂的中国科技大军，这还是有史以来第一次。要知道，此前发生过三次轰轰烈烈的技术革命，中国几乎都是游离在外，作壁上观。回想一下前面已叙说过的几十章回，从中国在全球 300 多年科技创新历史中“缺位”也可以看出，我们今天取得的成就是多么来之不易，中国过去的科技基础与那些“江湖大佬”相比又是多么薄弱。

说来令人扼腕，现代科技和工业文明不但没有在华夏大地上诞生，而且后来还屡次与中国失之交臂，致使我文明古国从曾经的繁荣走向了近代的衰落，差点被地球开除了“球籍”。其实，早在明朝万历年间，第一次“西学东渐”的时候，“科学”这个舶来品就在中国碰了一鼻子灰。那时候，以利玛窦为代表的一些西方传教士不远万里来到中国，他们在传播基督教的同时，也带来了哥白尼科学革命之后的新思想新技术。但在当时，中国从士大夫到平民各阶层都对科学蒙昧无知，将其跟基督教一样视为夷人的“雕虫小技”。到了清朝雍正时期，又来了禁教这么一招，管你什么科学不科学，少在我天朝地头上瞎白活。乾隆皇帝更绝，干脆把传教士们连人带书一起赶出了中国，历时 100 多年的第一次西学东渐就这样无果而终。你看不上“雕虫小技”，人家可是靠科技打造出了坚船利炮。第二次西学东渐就不跟你客气了，1840 年西方列强张牙舞爪，用鸦片夹带着科学硬是闯了进来，开始在中华大地上肆虐。这下子终于惊醒了一批又一批仁人志士，从鸦片战争到洋务运动、从戊戌变法到辛亥革命、从推翻帝制再到五四运动，经过东西方文化的剧烈碰撞，科学思想开始在中国生根发芽，社会也随之发生了翻天覆地的变革。

新中国成立后，中国人对科学技术的认知在探索中不断深化，但也经历了一波三折的发展历程。1956 年提出“向科学进军”以后，取得了以“两弹一星”、人工合成牛胰岛素等为代表的一些重大科技成果。但那个时期中国社会的大舞台是由工农兵唱主角的，知识分子相当于路人甲、路人乙。特别是 10 年“文革”内乱，让刚有点起色的科技事业遭受了最严重的挫折，走进了风刀霜剑的寒冬。直到 1978 年改革开放，“科学的春天”才终于来临，中国的科技实力和创新能力也由此一天天发展壮大起来，走到现在已有资格跟世界一流高手掰掰手腕了。

尤其是近些年来，中国的科技创新密集发力、加速跨越，发生了历史性、格局性的重大变化。在基础研究和应用基础研究领域，化学、材料、物理等学科跃居世界前列，量子纠缠、超导材料、中微子振荡、干细胞、体细胞克隆猕猴等取得了重要原创性突破，悟空、墨子、慧眼、碳卫星等系列科学实验卫星成功发射，500 米口径球面射电望远镜、全超导核聚变装置等重大科研基础设施相继建成。在面向重大战略需求的高技术领域，超级计算机连续多年蝉联世界之冠，载人航天和探月工程取得了“天宫”“神舟”“嫦娥”“长征”系列等重要成果，北斗导航正式进入组网时期，载人海下深潜、国产航空母舰、可燃冰勘查开发、金属纳米结构材料等正在进入世界先进行列。在产业引领支撑方面，特高压输变电、杂交水稻等世界领先，高铁迈出了从追赶到领跑的关键一步，移动通信、新能源汽车、掘进装备等跻身世界前列，集成电路制造、C919大型客机、高档数控机床、大型船舶制造装备等正在向国际先进水平挺进，自主研发的人工智能深度学习芯片已实现商业化应用，超导磁共振等医疗器械已走向国产化替代，重大传染病防控和疫苗研究、创新药物研制等也在向更高层次发展。总之我国的科技创新从基础到应用均取得了重大突破，主要创新指标已进入世界前列。

然而，未结黄金果先开白玉花。正因为在短短几十年里取得了骄人的业绩，让科技界一些人近来头脑发热，对中国科技实力的整体评价偏离了实事求是的轨道。神话体的宣介一度充斥媒体，动不动就会出现“这位中国专家一举突破核心技术无人区，美国人立刻慌了”“中国人的新四大发明，彻底震惊了全世界”之类的报道，夜郎自大，言过其实。有些自欺欺人的说法几近无知，比如说什么中国古代的许多发明为近代技术奠定了基础，没有中国人发明的火药哪会有后来的火炮、导弹？殊不知，近代诺贝尔等人根据化学原理发明的“黄色炸药”，与中国古代的黑火药根本不是一码事。妄自尊大的自吹自擂甚至走向了极端，有著名的公知人物在全国媒体上大肆声称，“中国目前的科技实力已经超过了美国，位居世界第一”，而且据说这是经过多年“追踪研究”得出的结论。然而就在这种狂妄鼓噪甚嚣尘上的时候，2018年4月“中兴事件”突然爆发，让极度依赖美国芯片的中兴通讯几乎陷入了停摆的状态，引起举国哗然。人们这才清醒地看到，貌似不可一世的“超越”说实则是井底之蛙的一种自恋。事实上，我国科技创新的一些短板目前依然突出，对基础研究长期投入不够，致使重大原创性成果缺乏，底层基础技术、基础工艺能力不足，特别是高端芯片、基础软硬件、开发平台、基础元器件、基础材料等领域还没有突破瓶颈，关键核心技术受制于人的局面并没有得到根本性改变，这正是中国科技界要花大力解决的问题。

吃一堑长一智，但也不能妄自菲薄，从一个极端走向另一个极端。几十年来中国科技创新已取得的历史成就足以证明，中国已具备了“可上九天揽月，可下五洋捉鳖”的科技实力，一定能在不远的将来赶上和超过世界先进水平。在当今全球性的大创新时代，从互联网和人工智能这两个对未来影响最大的科技领域，就能管中一窥中国科技的迅猛发展势头。在互联网方面，我国虽然起步晚但发展神速，踏着网络科技的节奏奋起直追跃居到了前列。1994 年我国才正式获准加入国际互联网，而今欣欣向荣的局面说来难以置信，目前全世界互联网的十大企业，美国占了 6 家，其余 4 家就是中国的 BATJ，而且中国在网购、扫码支付等方面引领了世界潮流，英、法、德、日等老牌发达国家则没有一家跻身世界十强。“互联网之父”瑟夫曾两度到访中国，记者问他怎样评价中国的互联网发展，瑟夫信心满怀地回答说，“中国的网络令全球瞩目，我毫不怀疑，中国互联网将会有更大的发展”。在人工智能方面，这个极有可能引发第四次技术革命的领域，如今也是中美双雄并立的格局。从 2012 年以来，中国和美国的 AI 研究论文和企业数量都远远超过其他国家。在原理、算法层面的基础研究当中美国仍占主导地位，中国则在论文增速上远远超过其他国家。虽然中国跟美国相比还有不少差距，但上升势头是格外引人注目的。

科技创新大潮澎湃，千帆竞发勇进者胜。在新一轮技术革命的前夜，中国既面临着千载难逢的历史机遇，也面临着差距拉大的严峻挑战，必须在日益激烈的全球科技竞争中抢占先机、赢得主动。当然，在全球化这一不可阻挡的世界潮流面前，科技竞争并不是战争，虽然人们常常这样比喻。谁都知道，战争是破坏性的、是零和博弈，而科技竞争却是正和博弈，是通过创新竞争发挥第一生产力的作用，共同把蛋糕做大。因而当代的科技竞争并没有传统意义上的失败者，全世界各国都会从科技进步中受益。从这点上说，科技创新是全人类共同的事业，而且是人类共同体最伟大的事业。就中国而言，加快新时代科技创新的步伐，是实现中华民族伟大复兴的历史需要，泱泱中华大国理当对人类作出更大的贡献。

2018 年 5 月 28 日，习近平总书记在两院院士大会上发表了重要讲话，他高屋建瓴地指出："中国要强盛、要复兴，就一定要大力发展科学技术，努力成为世界主要科学中心和创新高地。我们比历史上任何时期都更接近中华民族伟大复兴的目标，我们比历史上任何时期都更需要建设世界科技强国。"党的十八大以来，习总书记还在多个重要场合讲过，面向未来、增强自主创新能力，最重要的就是坚定不移走中国特色自主创新道路，建设创新型国家。他指出，在创新过程中，既不能妄自菲薄，也不能妄自尊大，必须认识到，自主创新是开放环境下的创新，绝不能关起门来搞，而是要聚四海之气、借八方之力，深化国际科技交流合作，融入全球科技创新网络，深度参与全球科技治理，在更高起点上推进自主创新。总书记这些振聋发聩的话语，为科技界在新时代乘势而上、奋勇争先，在更高层次、更大范围发挥科技创新的引领作用指明了方向。

创新决胜未来，改革关乎国运。新时代的科技创新，应按照习近平总书记的要求，坚持以改革的精神提升整个创新体系效能，着力激发全社会的创新活力。过去40年来，我国的科技导向主要是面向经济建设主战场，以支撑引领经济发展为重，取得了历史性建设成就。新时代的科技发展要与时俱进，采取“三箭齐发”的举措推动科技创新跃上新台阶。“一箭”仍要坚持面向经济建设，使科技创新成为我国产业变革和转变发展方式的强大引擎，驱动经济社会全面走向现代化。“二箭”是要加大基础研究的力度，既然核心技术是最大的命门，要想在关键共性技术、前沿引领技术、颠覆性技术上取得突破，那就必须从源头做起，舍得大投入、摈弃短平快方能见效。“三箭”是要大力加强科普建设，只有肥沃的土地上才能长出更多更好的庄稼。事实上，目前我国公众的科学素养指数，与欧美发达国家相比明显偏低。这个问题长期没有得到应有的重视，甚至还有很多误区。科普绝不仅仅是青少年科学教育的事，而是全社会弘扬科学精神、传播科学知识、普及科学思想的大事，只有让社会各阶层及时跟上日新月异的科技创新步伐，才能有万众创新的良好氛围。对各级政府来说，转变工作职能，应该把更多精力放在“二箭”和“三箭”上，这样才能让“一箭”飞得更高、更远。

江山代有才人出，各领风骚数百年。改革开放40年来取得的巨大成就举世瞩目，人们因此有理由期待，中国会在不久的将来成为世界科学活动的中心。在实现中华民族伟大复兴中国梦的征程中，新的技术革命与大中华崛起走到了历史交汇点上，只要中国科学家们把握大势、抢占先机，瞄准世界科技前沿，引领科技发展方向，肩负起历史赋予的重任，一个蒸蒸日上的现代化中国必将呈现在我们这颗文明星球上。果如是，中华儿女幸甚，世界人民幸甚。

这正是：科技代有盟主出，最是风流大中华。

参考资料

［1］齐世荣. 世界史：近代卷［M］. 北京：高等教育出版社，2007.

［2］恩格斯. 自然辩证法［M］. 北京：人民出版社，1984.

［3］丹皮尔. 科学史［M］. 北京：中国人民大学出版社，2010.

［4］席泽宗. 科学史十论［M］. 上海：复旦大学出版社，2003.

［5］林德宏. 科学思想史［M］. 南京：江苏科技出版社，2007.

［6］托马斯·库恩. 哥白尼革命［M］. 北京：北京大学出版社，2003.

［7］王士舫，等. 科学技术发展简史［M］. 北京：北京大学出版社，2010.

［8］约翰·舒斯特. 科学史和科学哲学导论［M］. 上海：上海科技教育出版社，2013.

［9］全林. 科技史简论［M］. 北京：科技出版社，2002.

［10］王悦. 试论康德－拉普拉斯星云说的提出［J］. 牡丹江师范学院学报，1997（2）.

［11］张庆麟. 赖尔——地质科学的奠基者［J］. 自然杂志，1987（2）.

［12］张晓斌. 达尔文［M］. 北京：光明日报出版社，2009.

［13］路水. 发现能量守恒和转化定律的艰难历程［J］. 科学教育研究，2007（1）.
［14］李云玲. 爱迪生［M］. 北京：光明日报出版社，2009.
［15］方一兵. 焦炭炼铁发明与英国工业革命［J］. 科技导报，2009（21）.
［16］何法信，等. 化学史上的双子星座李比希与维勒［J］. 化学通报，2000（8）.
［17］张美翔. 诺贝尔［M］. 北京：光明日报出版社，2009.
［18］李红丽. 爱因斯坦［M］. 北京：光明日报出版社，2009.
［19］代国强. 孟德尔：种豌豆的修道士［J］. 科学大观园，2005（12）.
［20］于松. 影响人类历史发展进程100位科学家［M］. 北京：中国致公出版社，2010.
［21］黄安年. 美国的崛起［M］. 北京：中国社会科学出版社，1992.
［22］张勇. 汽车大王福特［J］. 中外企业家，2009（11）.
［23］炎龙. 莱特兄弟与飞机的诞生［J］. 科学大观园，2010（20）.
［24］成晓旭，等. 卡罗瑟斯与尼龙［J］. 自然杂志，1982（4）.
［25］王渝生. 弗莱明：偶然发现青霉素［J］. 科技导报，2008（4）.
［26］陈海燕. 从科学技术的角度看第二次世界大战［J］. 湖北大学学报（哲学社科版），1982（3）.
［27］方兴东，等. 冯·诺依曼：电子计算机之父［J］. 软件工程师，2007（12）.
［28］诺诺. “坏小子”詹姆斯·沃森［J］. 生命世界，2005（5）.
［30］张雁，等. 贝尔纳与默顿：科学社会研究的两种进路［J］.

科学学与科学技术管理，2010（7）.
[31] 赵东，等. 罗马俱乐部的科学精神［J］. 自然辩证法研究，2004（7）.
[32] 何霞. 新一代信息技术与新产业革命［J］. 中国信息化，2015（1）.
[33] 林永青. 新技术革命将改变人类什么［J］. 金融博览，2018（1）.
[34] 董光壁. 21 世纪的科学与中国［J］. 学会，2002（3）.